"十三五"国家重点图书出版规划项目
湖北省公益学术著作出版专项资金资助项目
智能制造与机器人理论及技术研究丛书

总主编　丁汉　孙容磊

设计-制造-服务一体化 协同技术

张映锋　任　杉　黄　博　赵永宣◎著

SHEJI-ZHIZAO-FUWU YITIHUA
XIETONG JISHU

http://www.hustp.com
中国·武汉

内 容 简 介

全球制造业生产经营模式的转变,使得从全生命周期协同管控的角度谋求创新发展与转型升级以提升复杂产品制造企业的全球竞争力成为学术界和工业界的研究热点。随着大数据概念的提出及其核心技术的迅猛发展,复杂产品设计-制造-服务等生命周期业务的网络化、协同化和智能化管控有了重要的支撑。

本书以上述全生命周期协同管控研究前沿和热点为背景,从设计-制造-服务一体化协同的概念与体系架构、产品生命周期大数据获取与增值处理方法、面向设计-制造-服务一体化协同的建模方法、运维数据与知识协同驱动的产品创新设计方法、实时数据驱动的制造过程自适应协同优化方法、基于运维数据的产品主动维修与智能运维服务方法、DMS 一体化协同技术行业应用等方面展开深入阐述,为复杂产品设计-制造-服务一体化协同模式的落地应用提供了重要的理论基础、技术指导和解决方案。

本书可供从事机械工程、工业工程、企业管理等专业的研究人员和工程技术人员阅读,亦可作为上述专业研究生的选修课教材。

图书在版编目(CIP)数据

设计-制造-服务一体化协同技术/张映锋等著. —武汉:华中科技大学出版社,2022.6
(智能制造与机器人理论及技术研究丛书)
ISBN 978-7-5680-8122-1

Ⅰ.①设… Ⅱ.①张… Ⅲ.①智能制造系统-研究 Ⅳ.①TH166

中国版本图书馆 CIP 数据核字(2022)第 101738 号

设计-制造-服务一体化协同技术   张映锋 任 杉
SHEJI-ZHIZAO-FUWU YITIHUA XIETONG JISHU   黄 博 赵永宣   著

策划编辑:俞道凯 胡周昊
责任编辑:刘 飞
装帧设计:原色设计
责任监印:周治超
出版发行:华中科技大学出版社(中国·武汉)   电话:(027)81321913
         武汉市东湖新技术开发区华工科技园   邮编:430223
录   排:武汉市洪山区佳年华文印部
印   刷:湖北新华印务有限公司
开   本:710mm×1000mm 1/16
印   张:20
字   数:365 千字
版   次:2022 年 6 月第 1 版第 1 次印刷
定   价:158.00 元

智能制造与机器人理论及技术研究丛书

作者简介

▶ **张映锋** 教授、博士生导师、西北工业大学机电学院党委书记。先后入选教育部"新世纪优秀人才支持计划"、陕西省青年科技新星。担任陕西省"三秦学者"创新团队负责人，中国双法学会工业工程分会副理事长，中国机械工程学会机械工业自动化分会副主任委员，*Journal of Cleaner Production*、《机械工程学报》、《计算机集成制造系统》等期刊的编委。主要从事智能制造系统、信息物理系统、工业大数据等方面的教研工作。主持国家重点研发计划课题1项、国家自然科学基金重点项目1项、面上项目2项、十二五"863计划"项目1项。作为第一作者出版学术专著2部，发表论文100余篇。

▶ **任杉** 博士、西安邮电大学硕士生导师。主要从事工业大数据、产品服务系统、产品生命周期管理等方面的教学和科研工作。主持国家自然科学基金青年科学基金项目1项，陕西省教育厅专项科研项目1项；参与国家重点研发计划课题2项。作为第一作者、通讯作者发表论文10余篇，其中：中文期刊《机械工程学报》收录论文1篇，SCI收录论文9篇。

作者简介

▶ **黄博**　高级工程师、中国航发商用航空发动机有限责任公司研发体系与仿真技术部部长、上海市航空发动机数字孪生重点实验室学术带头人、国际系统工程协会（INCOSE）认证系统工程专业人员（CSEP）。具有十多年商用飞机及发动机研制经验，从2020年开始主要推进了国产大涵道比涡扇航空发动机的数字化产品研发体系建设和仿真能力提升的工作。主要研究方向是复杂产品系统工程、数字孪生、数值仿真、智能制造等。先后荣获第二十七届全国企业管理现代化创新成果一等奖、上海智慧城市建设"智慧工匠"等荣誉。出版专著2部，译著2部。

▶ **赵永宣**　高级工程师、中国航空发动机研究院信息技术研究中心主任。担任中国航空发动机集团有限公司信息化专家组成员、中国航空学会信息化技术分会会刊《BASIC倍思》编委、复杂装备MBSE联盟数字孪生及使能技术委员会副主任委员。主要从事中国航空发动机集团有限公司信息化规划、中国航空发动机运营管理系统（AEOS）的IT统筹建设和推进工作，负责中国航空发动机集团有限公司信息化技术的研究、开发与应用。主持国家重点研发计划课题2项，参与国家重点专项课题1项。作为第一作者发表相关论文10余篇。

 # 总序

　　近年来,"智能制造＋共融机器人"特别引人瞩目,呈现出"万物感知、万物互联、万物智能"的时代特征。智能制造与共融机器人产业将成为优先发展的战略性新兴产业,也是"中国制造2049"创新驱动发展的巨大引擎。值得注意的是,智能汽车与无人机、水下机器人等一起所形成的规模宏大的共融机器人产业,将是今后30年各国争夺的战略高地,并将对世界经济发展、社会进步、战争形态产生重大影响。与之相关的制造科学和机器人学属于综合性学科,是联系和涵盖物质科学、信息科学、生命科学的大科学。与其他工程科学、技术科学一样,制造科学、机器人学也是将认识世界和改造世界融合为一体的大科学。20世纪中叶,*Cybernetics*与*Engineering Cybernetics*等专著的发表开创了工程科学的新纪元。21世纪以来,制造科学、机器人学和人工智能等领域异常活跃,影响深远,是"智能制造＋共融机器人"原始创新的源泉。

　　华中科技大学出版社紧跟时代潮流,瞄准智能制造和机器人的科技前沿,组织策划了本套"智能制造与机器人理论及技术研究丛书"。丛书涉及的内容十分广泛。热烈欢迎各位专家从不同的视野、不同的角度、不同的领域著书立说。选题要点包括但不限于:智能制造的各个环节,如研究、开发、设计、加工、成形和装配等;智能制造的各个学科领域,如智能控制、智能感知、智能装备、智能系统、智能物流和智能自动化等;各类机器人,如工业机器人、服务机器人、极端机器人、海陆空机器人、仿生/类生/拟人机器人、软体机器人和微纳机器人等的发展和应用;与机器人学有关的机构学与力学、机动性与操作性、运动规划与运动控制、智能驾驶与智能网联、人机交互与人机共融等;人工智能、认知科学、大数据、云制造、物联网和互联网等。

　　本套丛书将成为有关领域专家、学者学术交流与合作的平台,青年科学家茁壮成长的园地,科学家展示研究成果的国际舞台。华中科技大学出版社将与

施普林格(Springer)出版集团等国际学术出版机构一起,针对本套丛书进行全球联合出版发行,同时该社也与有关国际学术会议、国际学术期刊建立了密切联系,为提升本套丛书的学术水平和实用价值,扩大丛书的国际影响营造了良好的学术生态环境。

近年来,高校师生、各领域专家和科技工作者等各界人士对智能制造和机器人的热情与日俱增。这套丛书将成为有关领域专家、学者、高校师生与工程技术人员之间的纽带,增强作者与读者之间的联系,加快发现知识、传授知识、增长知识和更新知识的进程,为经济建设、社会进步、科技发展做出贡献。

最后,衷心感谢为本套丛书做出贡献的作者和读者,感谢他们为创新驱动发展增添正能量、聚集正能量、发挥正能量。感谢华中科技大学出版社相关人员在组织、策划过程中的辛勤劳动。

华中科技大学教授

中国科学院院士

熊有伦

2017 年 9 月

前言

制造业是国民经济的重要基础和国家综合实力的重要标志。新一代信息技术的迅猛发展以及制造系统和制造产品越来越复杂和智能,对制造企业基于生命周期大数据实现设计-制造-服务等跨企业、跨阶段业务的协同化和智能化管控能力提出了新挑战,如传统的制造服务模式难以满足为用户提供定制化产品、智能化生产、精准化服务等新需求,严重阻碍了制造企业的价值链延伸、转型升级和创新发展。因此,急需构建一种生命周期数据互联互通、企业内外业务协同创新、产业链上下游横向集成的闭环管理模式与运作机制。

作为国内率先系统性地探索和介绍设计-制造-服务一体化协同技术的著作之一,本书主要论述了一种复杂产品生命周期大数据驱动的设计-制造-服务一体化协同的理念、模式、方法、解决方案与实现技术,目的是将物联网技术和大数据技术引入产品生命周期管理过程中,实现生命周期数据的透明增值、产品服务设计的闭环创新、制造执行过程的动态优化、运维服务策略的主动预测,并期望为复杂产品全生命周期业务的一体化协同和智能化管控提供参考和借鉴。

本书是作者在制造业大数据和产品生命周期管理领域研究成果的系列化总结,所涉及内容主要来自作者 2016 年以来的研究成果和课题组博士研究生和硕士研究生的论文。全书分为八章。其中:第 1 章主要介绍了制造业大数据、基于大数据的产品生命周期管理、设计-制造-服务一体化协同技术的研究现状;第 2 章介绍了设计-制造-服务一体化协同模式的内涵、体系架构、工作逻辑和关键使能技术等;第 3~7 章主要对支撑设计-制造-服务一体化协同实现的主要方法与核心技术进行了深入阐述,包括产品生命周期大数据获取与增值处理方法、面向设计-制造-服务一体化协同的建模方法、运维数据与知识协同驱动的产品创新设计方法、实时数据驱动的制造过程自适应协同优化方法、基于运维数据的产品主动维修与智能运维服务方法等;第 8 章系统地阐述了设计-制造-

服务一体化协同技术在数控机床、轨道交通、航空发动机三个行业中的应用需求、场景、实例等。

全书章节规划与设计以及统稿与定稿工作由张映锋教授和任杉博士负责完成。具体撰写分工如下：张映锋教授负责第1~3章内容的主要撰写，共计约10万字；任杉博士负责第4~7章内容的主要撰写，共计约16万字；黄博硕士和赵永宣硕士负责第8章内容的主要撰写，共计约10万字。赵欣硕士和杨尚瑞学士参与了第1章和第8章的撰写与校对工作，马帅印博士和田星硕士参与了第3章的撰写工作，史丽春硕士和魏双双学士参与了第4章和第8章的撰写工作，林琦硕士和盛勇硕士分别参与了第5章和第6章的撰写工作并参与了全书的校对工作，王晋博士和王刚硕士参与了第7章的撰写工作。此外，张诚、刘佳杰、税浩轩、高尚基、张国平等承担了大量的素材收集和材料整理工作，并参与了第8章的撰写工作。在此对他们表示由衷的感谢。

本书的研究工作得到国家重点研发计划课题（模型驱动的设计-制造-运维服务一体化集成方法与技术，2018YFB1703402）的支持，作者借此机会表示衷心的感谢！研究生张党、钱成、朱振飞、郭振刚、李积明、王士杰、徐自涵等参与了上述项目的研究工作，在此表示感谢！撰写书稿的过程中，作者参考了大量的资料文献，在书中尽可能地予以标注，在此对本书中所引用资料文献的作者们表示衷心的感谢！若有疏忽未标注的，敬请谅解。西安精雕软件科技有限公司、中车唐山机车车辆有限公司、中国航发商用航空发动机有限责任公司等企业同行和专家为书稿撰写提供了行业企业案例资料，并提出了宝贵修改建议，在此表示感谢。

与大数据驱动的产品生命周期管理相关的理论、方法、技术与应用正处于迅猛发展中，基于生命周期大数据的复杂产品设计-制造-服务一体化协同方法已引起越来越多的国内外学者的关注。由于本书的内容涉及面较广，加之时间和水平所限，书中疏漏在所难免，希望读者不吝赐教，作者在此表示衷心的感谢。

作 者

2022 年 1 月 30 日

目录

第 1 章
绪论

1.1 产品生命周期管理概述

1.1.1 产品生命周期管理的起源与发展

近年来,随着新一代信息技术的迅猛发展以及制造产品复杂程度愈来愈高,制造企业间竞争的焦点已不再是单纯地缩短研发周期、提升产品质量、降低生产成本,而是在其产品价值链以及产品全生命周期的各个环节不断增加服务要素的比重,重构价值链和商业模式,从而实现为其用户提供具有高附加值的个性化定制产品、智能信息服务、整体解决方案等目标。在此基础上,形成一种产品研发设计、生产制造、运维服务等跨生命周期阶段多业务协同的制造与服务模式,进而构建产品设计-制造-服务等生命周期业务活动与服务化理念深度融合发展的全新生产经营模式。

制造企业生产经营模式的这种转变为产品生命周期管理(product lifecycle management,PLM)的发展提供了新的动力。PLM 的概念最早是由 Dean[1] 和 Levirt[2] 提出的,其目的是满足制造企业对产品生命周期数据和信息管理的需求,并解决企业信息化发展到一定阶段的"信息孤岛"问题。PLM 是为提升企业市场竞争力而形成的一种战略思维和管理模式[3]。一般来说,产品生命周期主要包括三个阶段:生命初期(beginning of life,BOL),包括需求分析、产品设计、生产制造等;生命中期(middle of life,MOL),包括产品使用、售后服务、维修保养等;生命末期(end of life,EOL),包括再制造、回收、再利用、处置等。

经过半个多世纪的发展,特别是随着情景智能(ambient intelligence)[4]、自动身份识别(automatic identification,autoID)[5]、射频识别(radio frequency identification,RFID)[6]、泛在计算(ubiquitous computing)[7]、区块链(block-chain)[8]、多 Agent 系统(multi-agent system)[9]、数字孪生(digital twin)[10] 等

技术的发展,PLM 的概念和内涵在不断演化。例如,Kovács 等[11] 提出了情景智能 PLM(ambient intelligent PLM)的概念,以确保产品相关数据的实时、智能更新和高效、便捷访问,提升企业从产品设计到回收的终生管理能力和自身竞争优势。Jun 等[12] 基于 RFID 技术设计了一种闭环产品生命周期管理(closed-loop PLM,CL-PLM)体系架构,对整个产品生命周期的信息进行跟踪和管理,旨在通过生命周期数据的反馈和共享,提升各阶段业务活动的效率。为了解决产品离开制造商后数据获取不及时、不准确的问题,Lee 等[13] 基于泛在计算技术提出了一种泛在产品生命周期支持系统(ubiquitous product life cycle support system,UPLCSS),通过开发原型系统将其应用到机床的运行和维护场景,以实现机床使用和维修过程中数据的实时收集。Liu 等[14] 基于工业区块链技术,提出了一种基于区块链的 PLM(blockchain-based PLM)框架,以促进产品全生命周期中的数据交换和服务共享,提高了 PLM 系统的开放性以及各利益相关者之间的互操作性和协作性。苗田等[15] 提出将数字孪生技术应用于 PLM 中,并分析了数字孪生在产品研发、制造、维护、报废等产品全生命周期各阶段典型场景中的应用方式。任杉等[16][17] 提出了生命周期大数据驱动的复杂产品智能制造服务模式和基于大数据分析的可持续产品生命周期管理模式,设计了相应的体系架构,并探讨了支撑上述模式且有效实施的关键技术。这些 PLM 模式的提出及其在产品设计、制造、服务等阶段的应用,为制造企业整个产品生命周期生产经营活动的优化提供了理论和技术支撑。

从上述几个典型的 PLM 概念和模式中不难发现,随着全球制造业生产经营模式的转变,制造企业需要从产品全生命周期业务协同管控的角度,有效获取并全面打通产品生命周期各阶段的数据通道,进而分析并挖掘不同阶段、不同部门、不同利益主体需要的知识和信息,为其决策提供辅助和支撑,并快速响应企业内外部环境变化,从而提升其核心竞争力。为此,世界各制造大国纷纷从国家战略层面提出了不同的制造强国规划,通过制造业转型来提升自身的可持续竞争优势。例如:美国倡导的"工业互联网",旨在将人、设备和数据连接起来,形成一个开放的、全球化的工业网络,实现物理世界与信息世界的深度融合;德国提出的"工业 4.0",旨在通过物理世界与虚拟世界的融合,实现产品全制造流程和全生命周期的数字化、智能化、智慧化;我国正在大力推进实施"制造强国"战略,其核心在于智能制造、绿色制造、服务型制造,以及产品全生命周期生产经营活动的网络化、协同化、智能化、服务化。

在上述新一轮全球制造业转型的大背景下,新一代信息技术得到了迅猛发展,特别是物联网(internet of things)、工业互联网(industrial internet)、云计算(cloud computing)、大数据(big data)、人工智能(artificial intelligence)等技术的发展为制造业的转型升级提供了有力支撑。这些信息技术的应用,使制造企业在整个产品生命周期的生产经营活动中产生了大量数据,包括产品设计阶段的工艺文件、设计图纸等,生产制造阶段的车间物流信息、产品质量检测图像等,运维服务阶段的设备运行状态参数、维修记录等。这些数据中不仅包括结构化数据,还包括半结构化和非结构化数据,具有数据量大、类型多、实时性强等特点,属于典型的"产品生命周期大数据"。整个 PLM 过程中自然存在的这些海量、多源、异构、实时的数据为制造业的转型升级及跨越式发展提供了重要源泉,但也给 PLM 带来了更大的挑战。尤其是在当前新一代信息技术和先进数据分析技术对整个 PLM 过程提供支持的背景下,人们对生命周期数据的互联化、企业内外业务的协同化、产品服务需求的个性化、生产经营活动的服务化等方面提出了更高的要求,具体如下。

(1)生命周期数据的互联化 产品全生命周期跨企业内外多个阶段并涉及多个利益相关者,随着产品复杂程度的日益增加,各阶段产品数据和业务数据的高效管理对提升整个生命周期管理的效率十分重要。虽然,诸如 CAD、CAM、CAPP、MES、SCM、PDM、CRM、ERP 等各类企业信息系统(enterprise information system,EIS)在产品生命周期前端的应用使得产品设计和制造数据的管理能力得到了一定的提升。但是,在整个生命周期数据的互联互通方面仍然存在着诸多问题。例如,产品端缺乏主动感知数据的手段,造成在运行、维护、回收等阶段的数据获取不及时、不准确等问题,导致产品生命周期后端的利益相关者无法根据完整、可靠的数据对运维和回收过程进行管控和优化,进而影响运维和回收管理过程的透明化和智能化。因此,人们需要利用新兴技术来实现并促进企业内外各生命周期阶段数据的互联互通。

(2)企业内外业务的协同化 跨企业、多阶段业务活动的自主交互与协同联动对于整个 PLM 过程的智能化管控具有十分重要的作用,也是"工业 4.0"战略的核心目标。在企业内,产品设计阶段与生产制造阶段之间缺乏有效的协同联动机制,容易造成现场加工人员对设计人员设计意图理解的偏差、产品加工质量稳定性差等问题;产品设计、生产制造阶段与运维服务阶段之间缺乏有效的协同联动机制,会造成产品故障诊断不准确、维修服务响应慢等问题,影响客户满意度。在企业外,备件备品供应商与产品设计、生产制造、运维服务阶段之间缺乏有效的协同联动机制,会导致产品研发周期长、订单交付周期长、维修维护成本高等问题。因此,需要借助先进的数据分析技术,对生命周期各阶段和企业内外交互与协作过程中的动态业务数据进行分析,主动发现业务优化的目标和关联关系,为各阶段业务的协同联动提供支持。

(3)产品服务需求的个性化　不同用户对产品及其服务在不同生命周期阶段的价值期望和功能需求呈现出定制化、个性化和多样化的特征。即使是同一个用户,随着外部环境的动态变化,其对相同产品及其服务在相同生命周期阶段内的需求也不尽相同。例如,随着随机性订单的加入,生产企业可能需要设备制造商为其加工设备提供专业的升级改造服务、范围更广的状态监控服务等,以确保订单的准时、高效交付。对于制造企业而言,通过分析和识别生命周期各阶段用户对产品及其服务的个性化需求,有助于促进产品或服务的创新设计、重构生产系统和工艺规划、改善维修策略和服务质量等,从而提升用户的满意度。对于产品用户而言,在产品设计、生产制造、运维服务等生命周期阶段中,用户可以主动参与并将其个性化需求融入上述各阶段,为新产品及其服务的开发提供见解,实现产品、服务的开放式创新,以此来实现用户期望价值的最大化并提升其参与感。

(4)生产经营活动的服务化　从制造业的发展来看,各国都将服务型制造作为未来制造业发展的方向之一,原因在于服务型制造在提高产品附加值、延伸产品价值链的同时,有利于企业摆脱对资源的依赖、减少对环境的污染等,提升综合竞争力。促进制造业由生产型制造向服务型制造转变,不仅是全球制造业转型升级的重要趋势,也是我国实施"制造强国"战略的必由之路,而数据对制造企业的服务化实践具有重要的作用。因此,随着产品全生命周期数据的不断积累和丰富,整个产品生命周期各个阶段生产经营活动的服务化成为可能。一方面,通过主动分析设计、制造、服务等阶段的业务和流程数据,制造企业可以实现主动为产品生命周期各利益相关者提供服务性生产目标。另一方面,各阶段生产经营活动的服务化还体现在制造企业为各利益相关者提供专业的生产性服务上,在利用生产性服务和对外提供生产性服务的动态协作过程中,制造企业和各利益相关者之间可协同创造价值,实现产品全生命周期的高效联动和协同管理。

综上分析,上述四个方面的特征和需求是当前 PLM 及制造服务模式转型的核心动力。在当前经济环境、市场竞争、技术进步等因素的影响下,制造企业需要积极、主动地探索更多有利于向价值链两端延伸的制造服务模式,以提升自身应对竞争环境动态变化的能力,并创造更多利润。一方面,从作业方式变革的角度出发,通过新兴技术的集成应用,促进产品价值链以及产品整个生命周期过程中人、物、数据、业务的泛在互联与动态联动;另一方面,从运作模式变革的角度出发,通过基于内外协作的组织管理模式,在动态协作中实现生产性服务和服务性生产的高效融合与优化配置,以满足用户多样化与个性化的需求。

当前制造业环境下 PLM 转型的需求与总体逻辑如图 1-1 所示。围绕个性化产品生命周期活动,跨企业、跨阶段的生命周期利益主体及设计、制造、服务资源等主动参与其中,自主形成生命周期制造服务网络并交互协同,以生产性服务和服务性生产等形式完成生命周期活动。上述过程体现了大数据环境下产品全生命周期利益主体与各方资源参与个性化 PLM 的自主性、协同化和服务化特征。同时,分散的设计、制造、服务等资源通过横向集成构建价值网络,并通过纵向集成实现端到端的数字化整合与信息集成,为利益主体与各方资源在个性化产品全生命周期中业务的协同交互与服务的高效增值提供支持。聚焦于个性化的产品服务需求,生命周期数据互联化和全产业链横向集成化是实现企业内外业务协同化的基础,而跨价值链纵向集成化则是实现生产经营活动服务化以及促进制造企业创新与高质量发展的重要支撑。

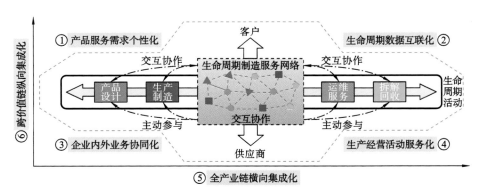

图 1-1　PLM 转型的需求与总体逻辑

1.1.2　产品生命周期管理的核心技术

产品生命周期管理过程中涉及多个领域技术的交叉应用,其核心技术可分为基础支持技术和运行管理技术。

1．基础支持技术

1）智能传感器技术

智能传感器是一种检测装置,由嵌入式计算机或微处理器与传统传感器相结合而成,具有高精度、高可靠性、强适应能力等特点,可按照一定规律将被测信息以所需形式进行输出。各类智能传感器的应用是实现产品生命周期各阶段数据采集的重要手段之一。在实际运用过程中,由大量智能传感器组成的传感网可实现海量的产品制造及运行数据的实时准确获取,为整个 PLM 提供坚实的数据基础。

2）物联网技术

物联网技术指依托 RFID、因特网、无线传感器网络等技术,将各种信息传感设备通过网络连接起来,实现物物感知、物物互联以及多种感知、通信与计算技术的集成。在整个产品生命周期中,需应用物联网技术打破各物理单元间的信息隔阂,促进设计、制造、服务过程中多设备、多业务主体间的无缝对接与协同管理,实现数据和信息互联互通。

3）数据处理技术和数据建模技术

数据处理技术是依据 PLM 实施过程中具体的应用需求,从各阶段获取的大量、杂乱无章的数据中抽取出有价值、有意义的数据,以提升数据质量。例如,数据格式转换、无效数据剔除、缺省数据补全等。数据建模技术是指为提高 PLM 过程中数据的可重构性,通过构建标准化数据模型,实现数据标准化封装,从而提高数据在存储、传输、使用过程中的整体效率。

4）数据库系统技术

数据库系统技术是由数据库及其附属管理软件组成的系统,用于各类型数据的高效存储、管理与维护。为了满足 PLM 过程中产生的海量、多源、异构数据的存储、管理和维护需求,需以传统的关系型数据库为基础,综合运用非关系型数据库、分布式文件系统、大数据处理等新兴数据库系统技术,实现跨企业、跨阶段、多源异构生命周期数据的高效管理。

5）数据挖掘与知识管理技术

数据挖掘与知识管理技术是解决制造企业在 PLM 中普遍存在的"数据爆炸、知识匮乏"等问题,从海量、多源、异构产品生命周期大数据中挖掘和提取有价值信息的核心技术,通过与知识库、知识图谱等新兴知识工程技术结合,可实现产品生命周期中各类知识统一高效的建模、存储、推理、查询、管理等,进而实现生命周期数据的增值和"数据-信息-知识"的转变。

2. 运行管理技术

1）企业信息框架

PLM 的实施和部署依赖于产品全生命周期中所涉及企业的基础信息框架。因此，为促进制造企业 PLM 的实现与应用，需要设计和构建技术成熟、性能稳定、功能实用的企业基础信息系统。此外，PLM 通常运行和集成于企业基础信息框架之上，为适应 PLM 过程中不同阶段的应用需求，企业基础信息系统需满足可扩展性、规范性和开放性等基本原则，并能够按照产品业务流程来设计和开发高效合理的信息系统架构。

2）企业应用集成技术

企业应用集成（enterprise application integration，EAI）技术是指综合利用应用服务器、中间件技术、远程近程调用、分布式架构等先进的计算机技术，通过建立底层系统架构，实现横贯产品全生命周期各个阶段异构系统、应用软件、数据源等的集成，使制造企业业务活动以及产品全生命周期所涉及的大量数据通过平台进行共享和交换，进而实现产品全生命周期跨阶段数据信息和业务流程的高效管控。

3）PLM 标准与规范体系

为实现 PLM 的稳定高效运行，必须建立支持产品全生命周期数据和信息共享、交换、通信、集成、管理等的统一规范与标准体系，以便为整个 PLM 过程的有序和高效开展提供指导。因此，围绕 PLM 的核心技术体系和业务流程需求，我们需要从系统管理、资源管理、资源使用、运行控制、流程管理、操作规范以及数据采集、存储、处理、分析等多个方面，建立相应的标准和规范体系。

1.2　制造业大数据概述

1.2.1　制造业大数据的概念与特征

1. 制造业大数据的概念

随着云计算、物联网、智能传感器、无线通信等技术的迅猛发展及其在各个领域的广泛应用，人们能够获取数据的途径越来越多，速度越来越快，而且所获取数据的类型也越来越多，从而促使大数据时代的到来。大数据是一个比较抽象的概念，仅从字面意思来看，它表示数据量或数据规模的庞大。然而，仅仅数量上的庞大无法区分大数据这一概念与海量数据（massive data）、超大规模数据(very large data)等概念的差别[18]。目前,对于大数据的定义大多是从其特征进行描述的。其中,具有代表性的大数据定义总结见表1-1。

表 1-1　大数据的定义

定义机构/学者	大数据定义
META 咨询公司(现为 Gartner)[19]	一种无法在一定时间范围内用常规软件工具进行捕捉和管理,且需要通过新的处理模式才能使其具有更强的决策力、洞察发现力和流程优化能力的海量、高速增长和多样化的数据集合
麦肯锡全球研究所(McKinsey Global Institute,MGI)[20]	一种在获取、存储、管理、分析方面规模大到超出了传统数据库软件工具能力范围的数据集合,具有海量的数据规模、快速的数据流转、多样的数据类型和低价值密度四大特征
美国国家标准与技术研究院(National Institute of Standards and Technology,NIST)[21]	数据量、采集速度,或者数据表示限制了使用传统关系型方法进行有效分析的能力,或需要使用重要的水平缩放技术来实现数据的高效处理
维基百科(Wikipedia)[22]	采用传统数据处理软件或工具无法充分处理的海量、复杂数据集

在大数据时代,为了充分利用"数据爆炸"所带来的红利,实现及时、高效且准确地从海量数据中挖掘出有价值的信息,大数据分析(big data analytics,BDA)技术应运而生。BDA 是指对海量、异构、实时或非实时数据进行分析以发现隐藏的模式、未知的关联关系和其他有用信息或知识的过程[23]。因为BDA 能够为企业的业务决策提供有用的模式、信息和知识,以增加业务效益、提高运营效率、预测市场趋势和客户偏好等,所以备受关注。

制造业大数据,可简单理解为制造行业或制造企业所产生的大数据。一些学者通过将上述主流的大数据定义与制造业所产生的数据的特点相结合,对制造业大数据进行了更加准确和完善的定义。例如,张洁等[24]在《制造业大数据》一书中指出,制造业大数据是指从制造车间生产现场到制造企业顶层运营过程中所有生成、交换和集成的数据,包含了所有与制造相关的业务数据和衍生附加信息。顾新建等[25]从制造业大数据的价值角度指出,制造业大数据不仅包括来源广、种类多、呈指数增长的海量数据,还包括信息与知识,这些数据、信息以及知识的正确分析与利用将为企业甚至整个制造业创造巨大价值。徐颖等[26]认为制造业大数据是贯穿制造业整个价值链的、可通过大数据分析等技术实现智能制造快速发展的海量数据。Wan 等[27]指出制造业大数据是设备数据、产品数据和需求数据的集合,可通过对其进行深入分析和利用创造价值。Lee[28]则从制造业大数据的应用角度,将其描述为"以工业系统的数据收集、特征分析为基础,对设备、装备的质量和生产效率以及产业链进行更有效的优化管理,并会为未来的制造系统搭建无忧的环境"。

2. 制造业大数据的特征

作为大数据的一种,制造业大数据也满足大数据所具有的数据量大、种类繁多、产生和更新速度快、价值密度低等特征。但相较于其他行业的大数据,制造业大数据还具有以下鲜明的特征。

1）数据来源广

制造业大数据的来源十分广泛,具有多源性,产品全生命周期中的设计、制造、运维、拆解回收等各个阶段均有各种类型的数据产生,且这些数据广泛分布于产品生命周期的各个物理实体和应用系统中,如设计图纸、制造设备、生产物料、制造产品、MES、ERP 等。

2）数据结构和蕴含信息复杂

制造业大数据具有异构性。制造业大数据从数据结构上可分为结构化、半结构化和非结构化等类型,且不同类型的数据贯穿于产品生命周期的全过程。制造业大数据还具有高维性,例如在制造加工过程中,对于不同的加工状态需要从多个不同的维度来描述。不同结构、不同来源的数据之间还具有强关联性,这种关联往往是隐式的,且其中蕴含着复杂的信息。

3）数据的处理速度多样化和实时性

制造业大数据具有处理速度多样化的特性。例如,制造过程中不同数据的采集和处理速度有很大不同,加工过程中的刀具运行速度、加工区域温度等信息由对应传感器实时采样,而产品的质量参数则在加工完成后通过检测获得。制造业大数据还具有实时性,在数据采集阶段需持续采集,其过程具有明显的动态时空特性,且在存储、处理时对数据的实时性要求很高。

4）数据价值不均匀

制造业大数据具有价值不均匀特性,即不同来源的数据价值密度有很大不同。例如,来源于产品图纸或加工工艺的数据往往具有较高的价值密度;来源于制造车间中各类传感器所采集的数据不可避免地带有大量噪声,需要进一步清洗,以剔除噪声,提高数据的价值;而来源于图片、音频、文本等的非结构化数据的价值密度不高,需要对这些数据进行挖掘分析。

5）数据与具体制造业领域密切相关

由于制造业行业涉及门类广泛，不同制造业行业的组织形式、生产规模、业务侧重点以及对于大数据的应用依赖程度都不尽相同，因此在不同制造业领域，大数据的数据来源、数据规模、处理方式、应用细节等都有所差别，其具体特征与其所属制造业领域有很强的关联性。

1.2.2 制造业大数据的来源与分类

1. 制造业大数据的来源

从产品全生命周期的角度来看，制造业大数据可看作复杂产品在设计、制造、运维、回收等生命周期阶段所产生数据的总和。对于复杂产品，在从研发设计到拆解回收的整个产品生命周期过程中，每个阶段都会自然地产生大量的数据，其主要来源见表1-2。

表1-2　制造业大数据的主要来源

产品生命周期阶段	大数据来源
产品设计阶段	需求定位信息（如产品定位、功能需求、市场需求）、产品设计信息（如产品图纸、产品方案、设计文件）等
生产制造阶段	生产规划信息（如工艺路线、生产系统配置、物料需求）、制造现场信息（如生产设备状态、产品库存、车间环境）等
运维服务阶段	产品使用信息（如运行监控视频、使用手册）、产品维护信息（如故障特征、维修记录、用户反馈）等
拆解回收阶段	产品拆解信息（如零部件退化状态、产品拆解说明书）、产品回收信息（如回收利用性能、回收利用成本）、环境影响信息（如材料环境影响、焚化掩埋环境危害）等

2. 制造业大数据的分类

制造业大数据以其相互关联的程度以及数据的表示形式，可分为结构化数据、半结构化数据和非结构化数据三类。结构化数据是指具有关系模型的、数据结构字段含义确定清晰的数据。典型的结构化数据是关系型数据库中的表结构。半结构化数据是指具有非关系模型的、有基本固定结构模式的数据，其中具有代表性的是日志文件以及以HTML、XML、JSON等标记语言所表示的数据。非结构化数据是指没有固定模式的数据，例如文档、表格、图片、音频、视频等。表1-3总结了产品生命周期各阶段常见的数据及其分类。

表 1-3　制造业大数据常见数据分类

产品生命周期阶段	数据来源	类型
BOL	生产设备状态、零部件检验信息、实时加工状态信息、物料需求、车间物流信息、产品库存等	结构化
	XML 格式的设计文件、制造工艺表单、生产日志、工艺/工装方案等	半结构化
	产品需求文档、产品设计图纸、设计概念模型等	非结构化
MOL	产品实时运行数据、故障记录等	结构化
	运行表单、XML 格式的维修手册、系统运行日志、生产计划/批次等	半结构化
	用户反馈信息、产品运行监控视频、故障图片、产品支持信息、客户服务信息等	非结构化
EOL	零部件退化状态、拆解/回收/再制造/再利用成本、产品剩余寿命等	结构化
	HTML/XML 格式的产品拆解说明书等	半结构化
	焚化掩埋环境危害、再制造/回收/再利用产品信息、产品/材料环境影响等	非结构化

1.2.3　制造业大数据与产品生命周期管理

新兴信息技术在现代制造业生产和运营管理中的应用,促使制造企业在产品的整个生命周期过程中积累了大量的数据。以生产制造过程为例,由于制造车间的加工设备、人员、物料、在制品、搬运设备等配备了大量的智能感知装置,在生产过程中这些装置会自动收集关于自身和周围环境的数据。制造企业可以从这些海量的制造过程数据中挖掘隐藏的信息和知识,一方面可为制造执行过程关键性能指标的改善和预测提供支持,另一方面也可为研发设计和运维服务阶段的产品优化设计、服务动态预测等业务决策提供参考。由于大数据在制造业 PLM 中具有上述优势和潜能,近年来其得到了学术界和工业界的广泛关注。

Li 等[29]在分析和总结产品全生命周期各阶段数据特征的基础上,探讨了大数据在市场分析、产品设计、设备管理、产品制造、运维服务、回收决策等产品生命周期阶段的应用优势。Dekhtiar 等[30]综述了人工智能和 BDA 技术在制造业 CL-PLM 中的最新研究进展以及潜在的应用优势,并对深度学习技术识别和处理非结构化生命周期数据(如 3D 模型、照片、视频等)这一具有挑战性的问题进行了案例研究。Zhang 等[31]提出了一种大数据驱动的产品生命周期管理(big data-driven PLM,BD-PLM)体系架构,以解决大数据背景下各生命周期阶段业务优化决策面临的缺乏可靠数据和可用知识支撑的问题。在上述研究的基础上,任杉等[16]基于对智能制造、BDA 和 PLM 的理解,先后提出了一种生命周期大数据驱动的复杂产品智能制造服务模式和一种生命周期大数据驱动的可持续智能制造服务模式,并对支撑这两种新模式实现的体系架构、使能技术、潜在应用以及未来的研究方向进行了分析和讨论。屈鹏飞[32]结合复杂产品知识利用与集成研究的现状,提出了一种复杂产品生命周期设计知识大数据的集成和应用方法,并以工业汽轮机为例,对其设计阶段、制造阶段和维护阶段知识大数据的集成应用进行了研究。Lou 等[33]提出了一种生命周期大数据驱动的客户需求识别方法,该方法采用直觉模糊集理论对客户需求语义表达层面的模糊性进行管理,同时利用脑电波数据对客户需求神经认知层面的模糊性进行处理,实现了客户需求的高效、精确识别。Tao 等[34]探讨了如何利用数字孪生技术产生的大数据更好地解决产品设计、生产制造和运维服务过程的问题,并提出了一种数字孪生大数据驱动的 PLM 体系框架,阐述了数字孪生大数据在产品设计、制造和运维三个阶段的应用前景。Fahmideh 等[35]采用面向目标的建模方法,提出了一种大数据架构,并将其应用在 PLM 大数据分析平台中。Lim 等[36]总结了制造业大数据以及数字孪生在 PLM 中的发展和应用前景。

1.3　基于大数据的产品生命周期管理

1.3.1　基于大数据的产品创新设计

产品设计是产品生命周期的第一个阶段,而客户需求的识别与获取是产品设计阶段中一个重要的环节。大数据为制造企业客户需求的获取带来了机遇。例如,制造企业可以从不断增加的客户数据中系统地提取和发现最重要、最有价值的客户需求,以改进现有的产品设计方案、缩短产品的研发周期,并通过包括开放创新在内的各种方法来降低产品的研发成本。此外,制造企业还可以通过联合分析并挖掘包括社交媒体上的客户评论数据,以及描述实际产品运行、维护状态的传感器数据等开发新的产品。由于上述优势,基于大数据的产品创新设计引起了研究者们的广泛关注。通常,产品创新设计阶段包括早期的客户需求识别与分析、中期的产品技术特性分析与冲突解决、后期的设计方案配置与评价三个环节。本节将对与上述产品创新设计三个环节有关的研究进行综述。

1. 基于大数据的客户需求识别与分析

在基于大数据的客户需求识别和分析方面,Jin 等[37]针对消费者价值主张大数据,提出了一种基于卡尔曼滤波的客户需求预测方法和基于贝叶斯网络的产品设计特征比较方法,以帮助企业理解客户需求的变化并分析企业产品设计的优势。针对问卷调查和专家访谈等客户情感偏好收集法存在的数据收集耗时且不准确的问题,Jiang 等[38]提出了一种基于客户在线评价大数据的多目标粒子群优化(particle swarm optimization,PSO)产品情感设计关联规则挖掘方法,该方法通过观点挖掘从情感维度上对客户在线评价大数据进行情感分析,应用多目标粒子群优化方法,在产品形态分析的基础上,生成了能够准确描述客户情感偏好与产品设计属性的关联规则。Ma 等[39]结合用于大规模数据分析的决策树模型、用于需求建模的离散选择分析模型和用于趋势分析的自动时间序列预测模型,提出了一种产品设计需求趋势挖掘(demand trend mining,DTM)算法。Lai 等[40]通过对互联网中的产品评论文本进行挖掘,得到了用户对产品功能和性能的隐性需求,并以智能手机为例证明了方法的实用性。Wang 等[41]提出了一种基于图的上下文感知需求获取方法,从用户生成的数据和产品感知的数据中提取用户需求,并以智能自行车为例说明了需求获取过程的可行性。Ali 等[42]开发了一个基于本体(ontology)的推理系统,用来提取和分析客户评论大数据,从而提供有关产品或服务需求的相关信息。

2. 基于大数据的产品技术特性分析与冲突解决

在基于大数据的产品技术特性分析与冲突解决方面,Li 等[43]提出了一种基于相似度的排序方法,用来优化模糊质量功能展开(quality function deployment,QFD)中产品及服务技术特性的优先级排序问题,并将此方法与发明问题解决理论(theory of inventive problem solving,TRIZ)相结合,实现了技术特性冲突的识别和解决。Song 等[44]在产品功能与属性分析、非平衡语言标度集群体决策和 TRIZ 的基础上,提出了一种能够系统地识别和解决产品设计技术特性冲突的方法,以提升产品交付的质量和客户满意度。

3. 基于大数据的设计方案配置与评价

在基于大数据的设计方案配置与评价方面,Afshari 等[45]提出了一种基于大数据的分析方法来评估产品设计过程中外部和内部的不确定性,实现了产品设计过程外部(如产品用户偏好的变化)和内部(如产品组部件之间的依赖关系更改引起的变化)不确定性的量化分析。基于产品结构特征和关联特征,汪星刚[46]研究了零件综合相似度加权评价算法与部件匹配算法,提出了满足产品零部件详细设计检索需求的零部件模型检索方法,并以乘用车产品为例,对产品材料、功能、结构、工艺等特征进行了相关性分析,采用层次分析法(analytic hierarchy process,AHP)对产品设计方案进行评价。为辅助工程师进行方案设计,Yin 等[47]提出了一种基于客观数据的产品设计方案配置规则挖掘方法,并将该方法应用于数控机床企业历史案例数据库的数据挖掘中。

除此以外,近年来基于大数据的产品创新设计体系架构、设计原则、设计思维等也引起了学者们的广泛关注。例如,清华大学的 Yin 等[48]在分析目前互联网产品在应用支持、资源利用等方面所面临挑战的基础上,探讨了大数据对未来互联网产品体系结构、通信模型和资源管理机制设计等方面的机遇,并指出了大数据驱动的产品设计的未来研究方向。为了实现在役产品运行大数据向产品设计端的反馈应用,厦门大学的王少杰等[49]以装载机变速箱为研究对象,提出了一种基于运行大数据采集、分析和应用的变速箱优化设计方法,设计了运行大数据采集方案,建立了基于变速箱运行大数据的多目标优化模型。

1.3.2　基于大数据的制造过程优化

产品制造过程大数据是制造商改进生产工艺、重构制造流程、控制产品质量、优化车间调度等的重要参考。本小节将对基于大数据的制造过程优化方面的研究进行综述。

为提升生产制造过程的效率和可靠性,Zhuang 等[50]提出了一种基于数字孪生技术的复杂装配车间智能生产与控制体系,研究了装配车间数字孪生模型的构建方法和基于大数据的装配车间生产管理与主动控制机制。Wang 等[51]设计了一种大数据分析系统,用于处理晶圆制造过程的大数据,以提高半导体晶圆制造系统的可靠性。Li 等[52]提出了一种数据驱动的生产设备故障影响量化评估方法,利用停工事件对生产损失进行了定量分析。Huang 等[53]基于车间实时生产数据,结合深度神经网络和时间序列分析,提出了一种基于未来瓶颈预测的智能工厂主动任务调度方法,以实现生产瓶颈的精确预测。Morariu 等[54]使用大数据技术和机器学习算法来处理大规模制造系统中的实时信息流,并建立了制造过程云计算平台,并将数据聚合、机器学习、智能决策等技术应用在制造过程的性能预测中。Kong 等[55]以半导体制造车间的实际生产数据为数据对象,开发了一系列基于领域知识的数据分析技术,用于加工过程的质量缺陷诊断。为了实现加工制造过程中数控机床的在线智能评估和优化,Zhu 等[56]提出了一种智能工具状态监测(tool condition monitoring,TCM)的大数据分析框架,实现了制造过程大数据驱动下的刀具磨损智能监测与补偿。Ma 等[57]应用车间大数据,提出了一种基于案例-实践-理论(case-practice-theory-based,CPTB)的高能耗制造企业能源管理的方法,优化了制造过程中的能源消耗。为实现从车间能耗大数据中挖掘信息,Zhang 等[58]提出了一种基于能量感知的信息物理系统(energy-aware cyber physical system,E-CPS),并通过大数据分析方法实现了生产大数据和能源大数据在 E-CPS 中的综合利用。王婷 等[59]提出了一种大数据驱动的制造模式,研究了基于数字孪生的制造资源主动配置与调度方法。姚锡凡等[60]提出了一种大数据驱动的主动制造模式,设计了大数据驱动的主动制造体系架构,并从数据价值利用的深度和广度分析了主动制造模式与现有制造模式的异同。刘伟杰等[61]从离散制造过程的大数据应用特性出发,基于车间智能 Agent 建立了制造过程的大数据采集模型,实现了制造过程大数据的采集和处理分析。Majeed 等[62]提出了一套基于大数据分析的增材制造过程优化方法,深入分析了大数据采集、集成、挖掘和知识共享机制等多项关键技术。周昊飞等[63]针对制造过程运行状态的实时智能监控问题,提出了一种基于深度置信网络的制造过程大数据智能监控方法。为了提高调度系统的抗干扰能力,实现最优生产,Wu 等[64]围绕制造过程中装配大数据的分析与应用问题,研究了复杂装备大数据分析与装配调度优化的关键技术,开发了一套大数据分析与制造过程调度优化系统。

1.3.3 基于大数据的运维服务优化

随着状态监测、多传感器等技术的应用,在产品的运行和维护过程中产生了大量与产品实际使用状态和性能有关的数据。这些数据是制造企业改进产品设计和优化服务策略的重要资产。例如,通过将产品运维状态数据与研发部门共享,可以改进制造企业现有产品的设计并进行新一代产品的开发;通过分析来自产品运维现场的传感器数据,可以实时调整产品的运行状态、改进产品的维修维护服务、优化备件备品服务等。同时,产品制造企业可以实施主动、智能的预防性维护服务,从而可以在产品或者其组部件出现故障之前对其进行预防和消除。目前,学术界针对基于大数据的运维服务优化的研究主要集中在产品故障诊断与健康状态监测、产品维修策略与维修服务优化等方面。下面将对以上两个方面的相关研究进行综述。

1. 基于大数据的产品故障诊断与健康状态监测

在基于大数据的产品故障诊断与健康状态监测方面,雷亚国等结合机械装备大数据的特点与机器学习理论的优势,先后提出了针对机械装备的健康状态监测方法[65][66]、智能故障特征提取和诊断方法等[67][68]。Si 等[69]提出了一种物联网环境下针对工业大数据分析的智能故障诊断方法,以机床数据为例对比了基于支持向量机(support vector machine,SVM)和基于神经网络(neural networks,NN)故障诊断方法的性能,结果表明,基于 NN 的故障诊断方法在视频等高维数据分析中非常有效,而基于 SVM 的方法具有更高的故障诊断准确性。Qi 等[70]将机器学习技术应用于大数据分析和故障诊断领域,开发了一种面向活塞式压缩机的故障诊断系统。Hu 等[71]提出了一种基于深度神经网络的高速列车转向架故障智能诊断方法,通过对列车转向架运行大数据分析,实现了对不同速度、不同类型高速列车转向架的故障诊断。针对目前大部分故障预测与健康管理(prognostics and health management,PHM)系统缺乏重构性与算法通用性的问题,余骋远[72]以轴承与工业电容的健康管理与故障诊断分析为研究目标,提出了一种可重构、通用化的 PHM 系统流程,同时搭建了分布式集群下的工业大数据分析平台,提高了系统的适用性与运行效率。Kumar 等[73]提出了一种用于云制造系统故障诊断的 MapReduce 大数据分析架构,以降低云制造环境下产品的测试成本,提高产品的加工质量,并以钢板制造过程的故障诊断为例,对所提出方法与传统故障诊断方法的准确性和灵敏度进行了对比。

2. 基于大数据的产品维修策略与维修服务优化

在基于大数据的产品维修策略与维修服务优化方面,O'Donovan 等[74]探讨了在智能制造环境下,实时进行设备维护服务的重要性,并以大数据驱动的工业设备维护服务应用为出发点,建立了一套能够集成、处理和分析工业设备大数据,且具有可伸缩性和高容错性的信息系统模型,确保了工业大数据环境下设备维护应用的有效实现。Wan 等[27]提出了制造大数据环境下,基于运维大数据实施产品主动预防性维护的系统架构。Lee 等[75]在企业现有大数据分析平台的基础上,开发了一种用于产品维修策略管理的系统框架,并对某半导体制造企业的维修服务决策过程进行了仿真。为辅助制造企业做出更好的清洁生产决策,Zhang 等[76]提出了一种面向复杂产品运维服务过程的大数据分析体系架构,并通过案例分析对所提出的架构进行了验证。在大数据分析和预测性维护服务需求的背景下,Bumblauskas 等[77]提出了一种用于智能维护决策支持的概念框架,并详细分析了应用大数据进行电力行业预测性维修的具体案例。

Matyas 等[78] 提出了一种制造车间大数据驱动的设备失效和维修策略预测方法,该方法通过对实时的设备运行状态数据与历史的产品质量数据、设备失效数据、生产规划数据等进行联合分析,提高了故障特性和维修策略预测的准确性。近年来,为了顺应智能制造模式下可持续生产与消耗的要求,大数据驱动的视情维修(condition-based maintenance,CBM)方法也得到了一些研究者的关注。例如,Kumar 等[79] 开发了一种用于 CBM 预测的大数据分析架构,该架构可通过 CBM 来优化维修计划、提升维修服务预测的精度并量化产品剩余寿命预测的不确定性,从而提升制造企业的可持续制造能力。

1.4   设计-制造-服务一体化协同技术

随着互联网、大数据、云计算、机器人、人工智能等技术的快速发展以及信息物理系统、工业物联网、智能感知等技术在制造业的应用,产品生命周期各阶段的信息壁垒正在被逐步打破,制造业生产组织模式正在朝着扁平化、专业化、分散化、协同化的方向发展。与此同时,制造业的管理模式也由之前的仅专注于制造过程本身向设计-制造-服务一体化协同的模式转变。产品设计-制造-服务一体化协同技术已成为促进制造业转型升级和高质量发展的新动能。

杨叔子等[80] 通过分析产品制造的特点,剖析了人、设计、制造、服务之间的关系,结合当今国情和信息技术的发展程度,从制造系统的角度,提出了面向制造和服务一体化的“和谐制作”。赵福全等[81] 分析了设计-制造-服务一体化工程在汽车制造领域应用的重要意义,并对该一体化工程涉及的关键技术进行了深入研究和系统梳理,给出了实施汽车产品设计-制造-服务一体化工程的具体建议。Wu 等[82] 提出了一种适用于云制造平台上个性化产品设计服务过程的系统架构,用来连接客户需求和制造资源,实现设计-制造的一体化协同。李浩等[83] 将数字孪生技术应用于复杂产品设计与制造融合的研究中,设计了基于数字孪生的复杂产品设计-制造一体化开发框架,并研究了其关键技术。周新杰等[84] 针对工业产品在研制造过程中对于过程协同、数据协同、知识协同的设计与制造协同的需求,构建了基于模型、数据和知识的设计与制造协同框架。张凯等[85] 提出了以决策模块、设计模块、制造模块、运行维护模块和回收模块为驱动的服务型制造信息集成策略,构建了服务型制造信息框架结构。为提升航空机载产品的研制质量和效率,黄斌达等[86] 分析了航空机载产品设计-制造一体化研制的需求,设计开发了航空机载产品设计-制造一体化研制平台,该平台在航空机载产品生产企业中得到试运行。Siiskonen 等[87] 提出了一种药品大规模定制生产的设计-制造一体化集成系统平台,提升了药品制造过程的灵活性。Hu 等[88]对产品协同设计和云制造服务进行了深入的研究,提出了云制造服务技术在产品协同设计领域的应用方法,建立了基于云制造服务的协同设计系统架构。Zhao 等[89]研究了一种面向产品生命周期的服务设计信息模型,通过该模型可以将产品生命周期各阶段的数据联系起来,并将制造和维修信息反馈给服务设计过程,实现了云制造环境下的产品设计、制造、服务信息协调管理。Do[90]提出了一种可扩展的产品数据模型,集成了产品生命周期的各个阶段,最终实现产品设计和制造的数据协调一体化管理。

综上所述,目前学术界围绕设计-制造-服务一体化协同已经开展了较为广泛的研究,并结合具体的行业领域构建了设计-制造-服务一体化集成平台。相较于传统的制造模式,产品设计、制造、服务等多阶段的协同管控有助于打破产品生命周期各阶段间固有的数据和信息隔阂,可促进数据流、信息流的互通,同时也为深入挖掘用户需求、开展大规模定制化生产、提高产品研制质量和效率、优化运维服务过程等应用场景带来了新的机遇。然而,设计-制造-服务一体化协同尚处于学术研究的起步阶段,目前相关的研究更多涉及的是宏观的顶层设计和概念描述,或是针对特定制造行业的具体应用和分析。虽然设计-制造-服务一体化协同相较于传统的制造模式已经实现了颠覆性的革新,也在具体的制造业领域表现出了其所具有的优势,但是在设计-制造-服务一体化协同技术的实际落地应用方面仍缺乏一套自底而上,且能够指导不同类型制造企业进行顶层设计和底层基础技术描述的统一体系架构。

1.5 设计-制造-服务一体化协同技术面临的挑战

信息化、数字化与制造业的深度融合促使产品生命周期各个环节的数据通道正在被逐步打通,基于产品生命周期大数据的设计-制造-服务一体化协同模式将成为未来制造业发展的必然趋势之一。当前,从实施产品全生命周期管理的主要流程来看,设计-制造-服务一体化协同所面临的挑战主要包括以下五个方面。

1. 生命周期大数据获取与增值处理

在整个产品生命周期中会产生大量的数据,这些数据既包括企业内研发、设计、加工等过程中的数据,又包括企业外运行、维修等数据,还包括跨企业的业务协作过程中的交互数据。这些来源于产品全生命周期的数据具有数据量大、数据维度高、数据结构复杂等特点,难以用特定的方式全面且高效地获取。因此,如何利用多种数据采集与处理技术,从自然存在的产品生命周期大数据中全面高效地获取有价值的数据,并对其进行增值处理,提升数据的价值和精确度,为产品生命周期管理提供可用、可靠的数据支持,是产品设计-制造-服务一体化协同技术发展面临的首要挑战。

2. 产品设计-制造-服务一体化建模

制造业企业要实现产品设计-制造-服务的一体化协同,首先需要以产品全生命周期的数据和信息为驱动力,打破产品生命周期各阶段的信息隔阂,为产品设计、制造、服务等全生命周期数据的集成统一和交互共享提供支持。因此,如何利用先进的数据建模技术,建立一种面向设计、制造、服务各阶段数据的一体化产品信息模型,对全生命周期的多源异构数据进行统一,形成单一产品数据源,进而构建一种单一数据源驱动的企业内外部业务信息横向集成与业务活动协同联动模式是跨阶段、跨企业数据和信息交互共享的重要基础,也是产品设计-制造-服务一体化协同技术有效实施所面临的重要挑战之一。

3. 数据与知识驱动的产品创新设计

复杂产品的创新设计一般需要经历产品用户需求分析与识别,用户需求传递与分配,工程技术特性冲突分析与解决,设计方案产生、配置、评价、择优等多个环节。在制造业大数据背景下,通过融合分析制造、运维、回收等阶段反馈的数据,可以快速、准确地识别用户需求,并将其融入产品设计过程,为产品的创新和改进设计提供支持。然而,如何构建一种数据和知识协同驱动的闭环设计模式,一方面使得动态的运维数据能够被反馈支持产品设计,另一方面使得历史的产品设计知识能够被继承重用,进而实现产品设计方案的高效配置与关联推理,是产品设计-制造-服务一体化协同技术应用中面临的挑战之一。

4. 制造过程自适应协同优化

产品制造全流程涉及物料配送优化、产品质量追溯、车间调度优化等制造服务。传统的车间生产管理与过程管控主要依赖单一的制造现场数据,通过建立准确模型来提高产品质量、生产效率等。然而,随着工业物联、智能传感等技术在制造车间的广泛应用以及制造产品复杂程度的提升,制造系统变得愈发复杂,制造数据也愈发丰富,传统的方法已经难以应对。因此,融合分析产品设计、制造现场、运维服务等不同生命周期阶段的数据,对车间运行状态及性能指标进行动态预测,实现制造过程的协同联动与自适应优化是制造系统高效、优态运行的关键,也是设计-制造-服务一体化协同技术面临的挑战。

5．产品主动维修与智能服务

复杂产品所具有的运行寿命长、工作工况复杂、故障危害大等特点决定了运维服务在其整个生命周期中的重要地位。目前，在产品运维过程中，由于缺乏对产品全生命周期数据的有效融合和集成应用，复杂产品的运维服务仍以事后维护为主。因此，如何通过实时的、历史的产品运行状态数据，以及生命周期前端的产品设计和制造过程等数据的集成分析与应用，揭示产品故障的演化机理和故障特征与生命周期各阶段数据的映射关系，主动发现产品运行过程中的潜在异常，并准确预测故障的出现时间和产品的剩余寿命，最终实现产品的主动维修与智能服务是设计-制造-服务一体化协同技术有效实施的关键挑战。

第 2 章
设计-制造-服务一体化协同体系架构

现代产品生命周期管理中,企业信息系统、工业物联网及智能感知技术的普及与应用,使得制造企业在生产与运营管理过程中积累了海量的与产品设计、工艺规划、生产制造、销售物流、供应及运维服务有关的多源异构数据。通过先进的数据分析技术,可以从这些海量-多源-异构的生命周期数据中挖掘出用于辅助不同生命周期阶段和不同层级企业管理人员决策的知识。针对不同生命周期阶段的应用需求,需要采用不同的数据处理工具和分析方法,对通过异构企业信息系统和智能感知设备中收集的生命周期数据进行清洗、转换、集成和分析,以实现数据的价值增值与知识发现,并将其反馈应用于不同生命周期阶段的业务决策,可提升设计-制造-服务一体化协同的效率和智能决策水平。

针对上述目标,本章首先提出了一种设计-制造-服务(design & manufacturing & service,DMS)一体化协同模式,对该模式的内涵进行了探讨。进而在 DMS 一体化协同模式下,提出一种生命周期大数据驱动的设计-制造-服务(product lifecycle big data-driven design & manufacturing & service,PLBD-DMS)一体化协同方法,详细讨论了该方法的体系架构,并对支撑该方法有效实施的关键使能技术进行了分析与讨论。

2.1 DMS 一体化协同模式的内涵

2.1.1 DMS 一体化协同模式的相关概念定义

定义 1 产品生命周期利益相关者 管理学意义上的利益相关者(stakeholders)是组织外部环境中受组织决策和行动影响的任何相关者[91]。本书中所提出的产品生命周期利益相关者是指对产品设计、制造、服务、回收等生命周期阶段的活动施加影响或者受这些生命周期活动影响的所有利益主体。这些利益主体可能来自于组织内部,也可能来自于组织外部。例如,在产品设计阶段的利益相关者包括：产品制造商、产品终端用户、产品服务提供商、外部供应商、产品使用环境、相关法律法规等。

定义 2 产品/服务用户期望价值 它是指存在于用户头脑中的对使用现有产品/服务所能达到的预期目标的一种理想化的要求，是影响用户是否选择购买产品/服务，以及评价产品/服务效用的重要因素，揭示了用户需求的现状与趋势。例如，如果某用户对某种产品/服务的期望价值越高，说明用户获取满足该价值的愿望越强烈。对于该用户来说，该产品/服务显得越重要，也越有可能促使该用户选择购买或优先购买该产品/服务。

定义 3 产品/服务用户需求 它是指为了实现预期的价值或目标，用户对所要购买和使用的产品/服务应该具有的属性或功能的要求，是对用户期望和偏好的描述。产品/服务用户需求的识别与分析是产品服务设计活动的开始，也是在 DMS 一体化协同模式下实现产品/服务个性化和实施 PLBD-DMS 一体化协同优化方法的关键输入。

定义 4 智能对象 它是指一类配备或安装了信息自动感知装置（如 RFID 标签、智能传感器等）的制造资源（如生产设备、设备操作人员、物料、AGV（automated guided vehicle，自动导引车）小车、在制品等）或产品等物理实体。通过为各类制造资源及运维过程中的产品配备信息自动感知装置，可提升这些物理实体的自我感知能力，并使其具备一定的智能，从而使这些物理实体在生产和运行过程中能够主动、实时地感知自身及周围环境信息，并与其他物理实体进行信息交互与推理。智能对象的建立是 DMS 一体化协同模式下实现企业内外业务的协同化保障。

定义 5 PLM 智能 Agent 它是指各生命周期阶段所使用的各类信息自动感知与读写装置，如个人数字助理（personal digital assistant，PDA）、RFID 阅读器、数据采集卡等。PLM 智能 Agent 可将各生命周期阶段不同节点获取的制造资源、产品、环境等数据进行处理，并通过底层通信网络传递给产品数据和知识管理（product data & knowledge management，PDKM）系统或决策支持系统（decision support system，DSS），以实现整个生命周期数据共享和增值。此外，具有自我感知能力的智能对象集成了数据采集、处理、存储、分析、通信等功能与模块，因此，PLM 智能 Agent 可随时向智能对象发送多源数据，这些数据会伴随着产品的整个生命周期过程而动态更新。PLM 智能 Agent 的配置是 DMS 一体化协同下实现生命周期数据互联化的基础。

定义 6 生命周期 PDKM & DSS 系统 它是一种分布式的产品数据与知

识管理和决策支持系统。一方面,该系统主要用于存储和管理产品在设计、制造、运维和回收等全制造流程和全生命周期过程中与产品相关的业务数据;另一方面,针对不同生命周期阶段的应用需求,该系统可通过嵌入其中的数据挖掘和大数据分析工具,将各阶段的业务数据转化为有用的信息与知识,来支持企业内外不同利益相关者的决策。生命周期 PDKM & DSS 系统可通过与其他信息系统的集成,实现信息或知识的集成应用与协作共享,从而为设计-制造-服务一体化协同优化决策提供知识支撑和智能信息服务。

定义 7   生命周期制造服务   它是指将服务化的理念融入产品的整个价值链中,通过整合生产性服务和服务性生产两种方式,来实现设计-制造-服务各阶段生产经营活动服务增值和生命周期利益相关者之间价值共创的一种业务模式。其中:生产性服务是指辅助完成产品研发、服务设计、制造运营的服务,如设计服务(包括产品设计和产品/服务设计)、测试服务、加工制造服务、仓储服务、物流服务等;而服务性生产是指附加在制成品上,以提供附加功能的方式来辅助生命周期各阶段利益相关者高效管控和使用产品,从而实现产品价值增值的服务,如运行保障服务、维修维护服务、拆解回收服务等。在 DMS 一体化协同模式下,整个生命周期的生产经营活动均以制造服务的形式体现。

定义 8   利益相关者交互   它是指在实现生命周期各阶段的产品/服务用户需求和用户期望价值的过程中,对生命周期各阶段生产经营活动施加影响或者受生命周期各阶段生产经营活动影响的所有利益主体之间所进行的数据、信息、知识的迁移与反馈,有形产品和无形服务的传递与承接,操作技术和工艺方案的协助与继承等大规模交互协作活动。在 DMS 一体化协同模式下,利益相关者的动态交互是实现跨企业、跨阶段业务流程信息共享和价值共创的有效途径。

BD-PLM 模式下相关概念定义的关系可由图 2-1 表示。

2.1.2 DMS 一体化协同模式的特点

随着企业信息化和产品智能化水平的提升,复杂产品全生命周期管理过程中涉及多阶段的复杂数据。区别于传统的生命周期管理模式,DMS 一体化协同模式是一种建立在各生命周期阶段数据互联与互通、知识共享与反馈、业务协同与联动的基础上,且用户高度参与、面向全生命周期服务化的先进管理模式。DMS 一体化协同模式具有以下六个方面的显著特点。

1. 生命周期各阶段数据的互联与互通是 DMS 一体化协同的基础

DMS 一体化协同是跨阶段、跨企业的管理模式。生命周期各阶段数据的

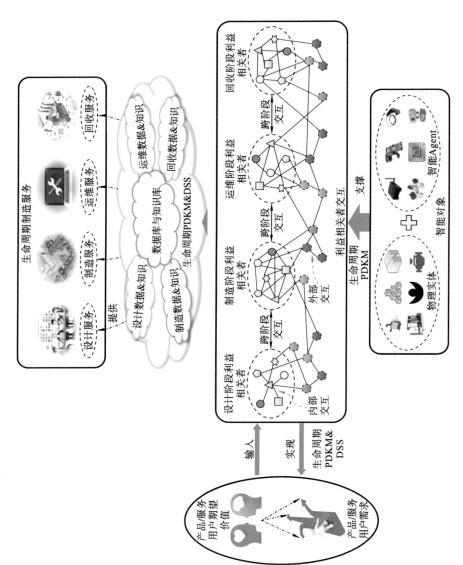

图2-1 DMS一体化协同模式下相关定义的关系

互联互通是应用 DMS 一体化协同的前提与基础。除了需要在产品设计和生产制造等生命周期前端实现企业内跨部门、跨信息系统数据的互联互通以外,还需要从生命周期后端跨企业业务协同的角度,实现从产品交付到运维服务,直至报废回收等整个产品生命周期过程数据的主动感知与全面获取。基于物联网技术和企业信息系统,异构制造资源之间可实现物物互联、互感,为企业内的业务协作与数据共享奠定基础;基于智能传感器技术和产品嵌入式信息装置(product embedded information devices,PEIDs),运维过程中的产品可实现物理-信息互联,为跨企业业务流程的协同优化和智能管控提供支持。因此,生命周期各阶段数据的互联与互通,建立了企业内和企业间数据交互与业务协作的纽带,是 DMS 一体化协同的基础。

2. 业务流程物理上分布式管控和逻辑上数据统一是 DMS 一体化协同的本质

在复杂产品的生命周期管理过程中,跨阶段、跨企业和异构系统产生的海量、多源数据,在物理上具有分布性。各阶段利益相关者通过面向服务的数据接口采集不同来源和不同结构的数据,包括产品设计、生产制造、运维服务、拆解回收等阶段,并根据各阶段的应用服务与需求,从本阶段的数据中挖掘信息与知识,以辅助业务决策。因此,在 DMS 一体化协同模式下,各阶段业务流程的管控在物理上是分布式的。同时,为了提升全生命周期业务决策的准确性,需要对分散于不同阶段和异构系统的数据采用形式化描述和多视图关联等方式,建立多层次、多粒度的统一数据模型,以形成逻辑上唯一的单一数据源,为研发设计、生产制造、运维服务、拆解回收等业务数据的共享、集成以及信息的可追溯提供支持。因此,通过在逻辑上构建统一数据源以打通各生命周期阶段间的数据通道是实现 DMS 一体化协同模式下业务管控的本质。

3. 各阶段知识共享与反馈应用是 DMS 一体化协同实现闭环机制的保证

基于 PEIDs、物联网、智能传感器等技术,可对制造过程中的异构制造资源数据以及运维过程中的产品运行状态进行实时跟踪与监控,进而可实现工序、质量、仓储、物流等制造过程,以及物料、设备、人员、产品等资源状态的透明化与可视化。通过对这些实时的过程和状态数据进行处理与分析,可从中挖掘出支撑各生命周期阶段业务决策的信息与知识。这些信息与知识,一部分可以从本阶段的数据中得到,还有很大一部分需要与其他生命周期阶段的数据进行融合才能获取。此外,对于从某个生命周期阶段数据中挖掘的知识,其除了用于满足该阶段的应用需求外,还需要和其他生命周期阶段的知识进行集成、共享和反馈应用,从而帮助决策者做出更加准确和可靠的业务决策。因此,生命周期各阶段知识的共享与反馈应用是 DMS 一体化协同实现闭环机制的保证。

4. 各阶段业务的协同与联动是 DMS 一体化协同运作实施的有效手段

在产品的整个生命周期过程中,某一阶段发生的随机性扰动和非计划异常事件将对其他生命周期阶段的业务决策产生一定的影响。通过将制造物联、智能传感器等智能技术应用于产品设计、生产制造、运维服务等阶段,构建异构制造资源端和复杂产品端的物理-信息智能化模型,可为各阶段利益相关者之间的动态交互和业务的协同联动提供即时有效的途径,以实现随时随地地交互与协作。而生命周期各阶段利益相关者之间的动态交互,有助于对随机性扰动和非计划异常事件进行实时处理,以支持有效和一致的协作。在此基础上,借助于先进的数据分析工具,可对交互与协作过程中的实时、动态业务数据进行处理与分析,以识别业务执行干扰、判断业务控制需求、主动发现业务优化目标,为各阶段业务的协同与联动提供信息与知识支持。因此,生命周期各阶段业务的协同与联动是 DMS 一体化协同运作实施的有效手段。

5. 用户高度参与是 DMS 一体化协同的重要特征

市场竞争的激烈化及产品/服务的个性化,促使制造企业必须探索新的设计、制造及服务模式来满足用户需求。生命周期大数据为整合和解决分散化、多样化和个性化的用户需求提供了机遇。在 DMS 一体化协同模式下,通过分析不断增加的市场调查数据、销售数据、用户反馈数据、社交媒体上的用户评论数据及反映产品实际使用状态的传感器数据等,制造企业可从中提取出更多定量的、个性化的用户需求和用户价值特征。这些来自于企业外且用户高度参与的重要需求和特征有助于改进现有的产品/服务设计、产品生产规划、运维服务策略等,可以为新产品的开发、生产系统的重构、服务策略的优化等提供见解,从而可实现产品或服务的开放式创新。此外,利用这些用户参与数据,还可以准确地预测用户需求变化与趋势、市场潜在规模与动向等,以更好地满足用户需求,获得更高的忠诚度和价值体验感。

6. 各阶段生产经营活动服务化是 DMS 一体化协同的增值方式

服务化作为一种有效的、能够与竞争对手保持产品或服务差异化的商业策略,以及其在提升企业竞争力和避免产品缺陷方面具有优势,已被现代制造企业广泛采用[92][93]。在 DMS 一体化协同模式下,生命周期各阶段生产经营活动的服务化是将服务化理念融入产品设计、生产制造、运维服务等阶段的业务活动中,同时,在上述业务活动中整合并应用生产性服务和服务性生产两种方式,从而实现各阶段业务活动价值增值的一种生产运营方式。在此过程中,通过将新一代信息技术和先进的数据分析技术应用到生命周期各阶段的运营和管理过程中,主动获取并分析各阶段的业务和流程数据,并为各阶段的利益相关者主动提供专业化的生命周期制造服务,使得整个生命周期的生产运营模式从传统产品驱动的模式向数据和服务驱动的模式转变,在满足多样化与个性化用户需求的同时,支持各阶段数据的无缝连接与动态同步,进而实现全制造流程和全生命周期业务的协同管控和决策的主动优化。

2.1.3　DMS 一体化协同模式下的信息交互机制与运作逻辑

在分析 DMS 一体化协同模式特点的基础上,本节进一步对 DMS 一体化协同模式下各阶段的信息交互机制与 DMS 一体化协同模式的运作机制进行分析。DMS 一体化协同模式着眼于优化从产品市场需求分析、产品设计、生产制造、使用、维护、服务到产品最终报废等所有的生命周期过程和活动,以提升企业产品的综合竞争优势。一般来说,产品的综合竞争优势包括产品质量、产品价格、交付周期、可靠性、易用性、产品支持、服务质量和产品环境影响等多个方面[94][95]。为了提升产品的竞争优势,制造企业需要依托新一代信息技术、各类信息系统等,在其产品的整个价值链和产品的全生命周期业务活动中,主动地与各阶段的利益相关者进行产品数据和业务数据的交互与共享。因此,仔细分析各生命周期阶段所涉及的数据或信息,并梳理这些数据或信息之间的交互机制及其对其他阶段业务活动的影响与支持作用,对 DMS 一体化协同模式运作实施至关重要。此处以产品生命周期的三个典型阶段(即 BOL、MOL、EOL)为主线,以各典型阶段的子阶段(即产品设计、生产制造、运维服务、拆解回收)为核心,对产品生命周期各阶段的主要数据进行分析并总结,如表 2-1 所示。

表 2-1　产品生命周期各阶段的主要数据

生命周期阶段		主 要 数 据
BOL	产品设计	产品定位,市场需求,产品 2D 图纸/3D 模型,设计 BOM,产品结构/功能/材料,产品/服务设计方案,产品/服务方案评价与决策信息,产品设计指标与参数,产品价格/成本,设计使用年限,工艺/工装方案,维修/服务规范,装配规范,拆解规范,HTML/XML 格式的产品设计文件
	生产制造	产品订单,供应商信息,生产计划/批次,制造 BOM,产品质量检测数据与图像,工艺路线/参数,装配难易程度,再制造装配信息,物料需求,车间物流信息,产品库存,生产设备状态/故障,生产异常/瓶颈信息,生产系统配置信息,销售数据,车间生产环境(如温度、振动),HTML/XML 格式的生产说明书

生命周期阶段		主 要 数 据
MOL	运维服务	产品使用环境(如温度、湿度、振动),使用时间,故障记录,运行状态,产品失效协议与原因,维修记录/频率/时间/成本/策略,产品支持信息,客户服务信息、备件备品供应商/库存/需求/更换信息,用户投诉,用户反馈,HTML/XML格式的产品使用手册
EOL	拆解回收	再制造/再利用/回收产品质量与性能评价信息,零部件退化状态,拆解/回收/再制造/再利用成本,材料回收率,产品回收/再利用率,再制造/回收/再利用产品信息,产品/材料环境影响,产品剩余寿命,拆解难易程度,再制造装配信息,HTML / XML格式的产品拆解操作说明书

从表 2-1 中可以看出,在产品的整个生命周期过程中所涉及的数据不仅包括各类控制系统、电气系统、传感器等所产生和收集的设备运行参数与产品运行状态等结构化数据(如机床加工深度、主轴转速、产品运行环境温度等),还包括产品设计图纸与模型、产品质量检测图像、产品失效协议、维修记录等以图片和文本形成存在的非结构化数据。这些数据具有类型多样、数据量大、实时性强等特点。在 DMS 一体化协同模式下,其目标就是通过采用数据采集、传输、处理、存储和分析等技术,实现多源异构生命周期数据的自主交互、集成共享和价值增值,进而改善各阶段业务流程、优化企业管理决策、实现各阶段业务的协同优化、提升企业产品综合竞争优势等。

在分析表 2-1 所示生命周期各阶段的主要数据的基础上,本小节将进一步围绕产品设计、生产制造、运维服务、拆解回收四个阶段,对各阶段间的信息交互机制进行详细阐述,并对各阶段信息交互过程中涉及的主要数据进行梳理,以促进生命周期各阶段数据的集成共享与应用创新,并为企业内外不同部门、不同层级决策者的业务协同优化决策提供数据参考。

图 2-2 所示为生命周期各阶段信息的交互机制,主要包括"设计→制造,设计→运维,设计→回收,制造→运维,制造→回收,运维→回收"各阶段间的正向信息流,以及"回收→设计,回收→制造,回收→运维,运维→制造,运维→设计,制造→设计"各阶段间的反向信息流。各正向信息流和反向信息流中包含的主要数据,以及这些数据对其他生命周期阶段业务活动的支持和反馈作用归纳和总结如表 2-2 所示。

基于对生命周期各阶段主要数据及各阶段信息交互机制的分析,本小节将进一步阐述 DMS 一体化协同模式的运作逻辑。根据 PLM 概念及其内涵的演

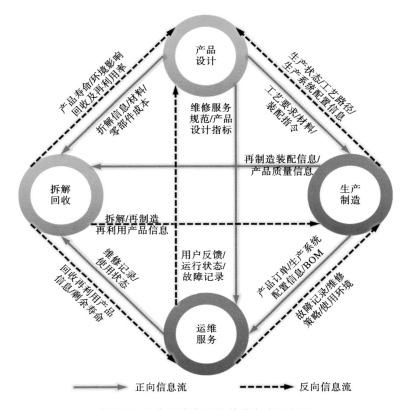

图 2-2 生命周期各阶段的信息交互机制

变过程,对实现整个生命周期闭环管理的 DMS 一体化协同模式的运作逻辑进行归纳。如图 2-3 所示,该运作逻辑由以下三个相互联系又相互作用的部分组成:PLM 智能 Agent、智能对象(包括制造资源和产品)、生命周期 PDKM & DSS 系统。

DMS 一体化协同模式的运作逻辑阐述如下:

(1)通过为各阶段的物理实体配置大量异构的 PLM 智能 Agent 形成不同阶段、不同形态的智能对象;

(2)根据不同阶段利益主体提出的个性化、多样化的设计-制造-运维等服务需求,抽取来自于智能对象和生命周期 PDKM & DSS 系统,且与服务需求相关的实时和历史生命周期数据与知识,以形成面向个性化、多样化设计-制造-运维服务需求的动态数据源(这些数据会伴随着产品的整个生命周期过程而动态

表 2-2 正/反向信息流中包含的数据及其作用

信 息 流		涉及的主要数据	支持和反馈作用
正向信息流	设计→制造	市场需求,设计 BOM,产品设计指标,图纸,使用材料,装配规范,工艺要求	生产计划制定,工艺规划,生产系统配置,材料采购,计划制定,供应商选择,生产物流管理,工艺工装方案制定
	设计→运维	维修/服务规范,设计 BOM,产品设计指标,设计使用年限	维修策略/计划制定,产品健康状态监控,备件备品管理,剩余寿命评估
	设计→回收	拆解规范,产品使用材料,产品成本(包括材料、人员等),设计使用年限	拆解计划制定,评估产品环境影响,评估产品再制造/再利用/回收成本,剩余寿命评估
	制造→运维	产品订单,制造 BOM,加工工艺参数,生产系统配置信息	备件备品库存管理/供应商选择,维修策略/计划制定,故障诊断与追溯
	制造→回收	再制造装配信息,产品质量信息,产品成本(包括材料、人员、制造等)	再制造物流管理/工艺规划,再制造/再利用/回收决策制定,再制造/再利用/回收成本评估
	运维→回收	产品使用状态,使用时间,历史维修记录,故障记录	产品剩余寿命统计与预测,产品质量/性能评价,再制造/再利用/回收决策制定
反向信息流	回收→设计	产品寿命,材料回收率,拆解/再制造/再利用成本,回收/再利用率,环境影响,拆解难易程度	产品设计改进与优化(包括结构、功能、成本、材料、装配方案等),产品拆解方案优化
	回收→制造	产品拆解信息,产品质量/性能评价信息,产品退化状态,再制造/再利用产品信息	再制造装配计划制定,生产工艺优化,加工参数优化,产品质量改进,生产系统重构与再配置
	回收→运维	产品剩余寿命,产品退化状态,再制造/再利用产品信息	维修策略/计划制定,产品运行参数调整与优化,产品质量/性能评价
	运维→制造	故障记录,维修策略,产品运行状态,产品使用环境	生产工艺与工艺参数优化,产品质量改进,生产系统重构与再配置
	运维→设计	用户反馈与评价,产品运行状态,故障记录,维修策略/时间/成本/频率	产品设计改进与优化(包括结构、功能、装配方案等),产品创新设计,维修/服务方案改进与优化
	制造→设计	产品订单,制造 BOM,生产状态,工艺工装,生产系统配置信息,装配难易程度	资源计划改进,产品设计改进与优化(包括结构、功能、装配方案等),产品工艺改进,供应商评价与选择

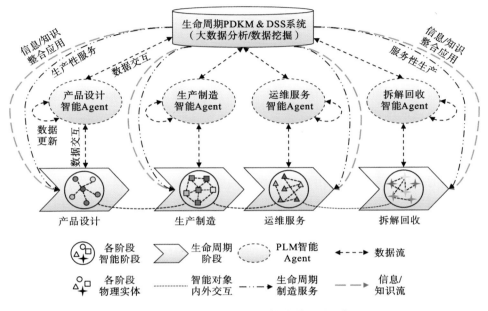

图 2-3　DMS 一体化协同模式的运作逻辑

更新)与知识库,通过分析这些数据并整合应用所获得的信息与知识,来为用户提供个性化、多样化的生命周期制造服务(包括生产性服务和服务性生产);

（3）各阶段的智能对象随时接收 PLM 智能 Agent 发送的数据,并通过 PLM 智能 Agent、工业物联网等实现与本阶段和其他阶段智能对象业务活动的动态交互和协作,进而通过生命周期 PDKM & DSS 系统,主动识别设计-制造-运维等服务过程中的业务执行干扰、实时处理非计划异常事件、主动发现业务优化目标等,最终向不同阶段的利益主体提供个性化、多样化的产品或服务。

2.1.4　DMS 一体化协同模式下的应用案例分析

作为一种新兴的、能够适应制造业未来发展趋势的商业模式和运营策略,DMS 一体化协同模式有广阔的应用前景。但是,目前大数据在 PLM 中的应用还停留在解决某些特定领域问题的理论探索的初级阶段。尚未出现依据上述运作逻辑,将大数据贯穿于产品整个价值链,实现整个生命周期各阶段业务高效协同与联动的解决方案和企业应用案例。然而,在当前制造业向网络化、智能化、服务化转型的趋势下,一些复杂产品和高端装备制造企业聚焦于特定生命周期阶段的应用需求,对大数据的价值和潜能进行了积极探索,并出现了适应部分 DMS 一体化协同模式的应用场景。例如,通过分析各生命周期阶段的历史和实时大数据,进行生命周期初期的产品需求识别、供应链管理和优化,以及生命周期中期的产品故障诊断与预测、运维服务质量改进等。

本书以产品整个价值链上的研发设计、供应链管理、故障诊断与维修服务等活动为主线,对目前国内外在 DMS 一体化协同方面所做的探索性研究的典型应用案例进行列举和分析。

1. 收集和分析运维大数据进行研发阶段产品需求识别的应用案例

配置了自动信息感知装置的智能产品,在使用过程中会产生海量数据,包括产品的运行状态数据和用户的操作行为数据等。这些数据会在制造企业和用户之间不断更新并持续流动。通过分析和挖掘这些大数据,能够让用户参与到产品的需求分析和设计中,为用户高度参与的产品创新设计做出贡献。例如,为了实现产品的持续创新,福特新能源汽车在出厂前安装了大量的传感器,以收集汽车在驾驶和停车过程中产生的各类运行状态和驾驶行为数据。在行驶过程中,司机根据个人的驾驶习惯和路况信息会不断地加速、刹车,并选择合适的充电站进行充电。这些驾驶行为数据、车辆的运行状态数据(如胎压、振动)、电池系统的实时状态数据(如电池温度、剩余电量)以及车辆的位置信息会持续地更新并传回福特公司的数据中心,从而为设计工程师了解用户的驾驶行为与习惯提供数据支持。设计工程师可依据这些数据制定产品改进方案,并进行新一代产品的创新设计。同时,基于这些数据,福特公司可以为用户动态地推荐如何、何时、何地充电等重要信息,以提升用户的产品体验和满意度。除此以外,这些运维大数据还为新能源汽车产业链中其他利益主体的业务决策与协作提供支持。例如,电网公司和其他第三方电力供应商可以通过分析海量的驾驶行为数据和电池系统数据,决定在何处建立新的充电站、在该区域投放多少充电站,以及如何防止电网的超负荷运转等。

2. 采集和分析产品整个供应链大数据进行供应链改进和优化的应用案例

海尔集团基于大数据的供应链协同流程模型是制造企业中传统供应链管理方式向大数据驱动的供应链管理模式转型的典型案例。海尔集团借助"敏捷＋协同"的理念,以产品价值链为纽带,构建了一个动态的、网络化的全球供应链管理体系。海尔集团首先通过市场需求及历史订单数据,在市场上不断获取有价值的订单,并在企业内部实现订单信息流从订单创造到订单销售的价值增值;其次,通过历史的销售数据和业务报告,精确挖掘不同类型电器(如黑色/信息/白色家电等)的投放区域与规模、目标区域内各个卖场的投放种类与数量等信息;最后,通过分析物流运输管理、仓库管理等物流系统的历史数据,并结合产品订单、原材料采购、生产计划、产品投放、物流服务等供应链信息,对物流过程进行重构与整合,以最低的物流成本将产品高效地交付给用户,在企业外实现资金流从用户端付款到供应链结算的资金回笼。在此过程中,海尔集团将动态的订单信息流作为带动资金流和物流协同运转的中心,实现了全球供应链资源和全球用户资源的协同、整合及网络化管理。同时,依托流程优化及 IT 管理、全面质量/生产/预算管理等流程,实现了产品从设计、生产到销售的生命周期管理。在上述供应链的各个环节,企业内部信息,以及企业外部的订单、用户需求、供应商、物流、资金流等信息被汇总到供应链体系中,通过对整个供应链上的大数据进行分析,海尔集团实现了供应链的持续改进和优化,确保了其对客户需求的敏捷与动态响应能力。

3. 监测和分析产品运行状态大数据进行远程智能维修的应用案例

工业 4.0 环境下,基于物理-信息系统的生产和服务是制造业发展的必然趋势[96]。在运维过程中,设备/产品通过物理-信息系统可以连接成能够相互通信与交互的设备/产品群。伴随着设备/产品群的大规模通信与交互,大量的数据可以被收集、分析、预测,并转化成信息或知识来解释设备/产品运行过程中的不确定性,从而辅助管理者做出更加明智的决策。例如,小松机械(KOMAT-SU)借助物理-信息系统构建了远程智能工程机械维修系统。首先,通过构建工程机械的物理感知空间,KOMATSU 在后台持续不断地监测并收集分散于不同区域、不同类型的重型装备的运行参数及使用状态数据(如发动机燃料流量、最大排气温度、发动机转速、使用环境及模式等)。其次,构建虚拟空间,并利用系统中的 Watchdog Agent® 大数据分析组件,对多源的物理空间数据进行挖掘,抽取并积累各类装备的故障特征及退化状态等知识,以评估和预测工程机械的健康状况。最后,将工程机械的健康状态评估结果及时反馈到物理空间,远程辅助维修人员制定维修计划与策略。KOMATSU 借助大数据还实现了以下业务功能:通过收集和分析工程机械在测试与实验过程中的数据,积累测试与实验知识,以实现工程机械在运维现场的远程智能自我维护;通过集成和分析整个装备群的运行状态及健康状况数据,对装备群整体的维修策略和维修调度计划进行优化,对分散于不同区域、不同类型的重型装备的工作负载进行平衡或补偿,以实现单个装备以及整个装备群生产性能的最大化。

4. 监测和分析产品运行状态大数据为用户提供智能增值服务的应用案例

面向大型工业设备生命周期运营与服务智能化和协同化管理的需求,陕西鼓风机集团有限公司(以下简称陕鼓),通过综合应用物联网、云计算、大数据分析等技术,构建了设备全生命周期维护、维修与运行(maintenance, repair & operations,MRO)健康管理与服务平台。该平台主要由设备远程健康管理中心(health management center,HMC)、MRO业务资源计划及过程管理和备件智能预测及生产协同服务等子平台构成。首先,陕鼓基于工业物联网技术实时采集并存储全球范围内智能机组的运行状态及工艺参数数据(如压缩空气的压力、温度、流量,机组振动,转子转速等),并通过局域网和Internet向HMC中心传输数据。其次,融合实时运行状态数据和历史故障记录,借助HMC的云计算及大数据分析工具,对故障诊断规则及设备报警规则进行挖掘,并据此为用户提供故障诊断和设备预警服务。依托MRO业务资源计划及过程管理平台,可根据挖掘的规则制定机组的维修计划与维修策略,并在维修实施的过程中进一步分析故障的根本原因。此外,通过MRO业务资源计划及过程管理平台,陕鼓构建了运维知识(如维修计划和故障原因)的反馈应用机制,并实现了多种智能增值服务业务:如果将运维知识反馈至HMC,可以不断更新故障规则库与知识库,以确保为新机组提供类似故障诊断服务的高效性与精确性;如果将运维知识反馈给用户,可为用户提供机组操作建议和工艺诊断服务,调整并优化机组的运行参数;如果将运维知识反馈至备件智能预测及生产协同服务平台,可动态预测备件的库存与消耗量,实现备件供应链管理的优化与协同。

通过上述四个案例的分析可以归纳得出传统PLM向DMS一体化协同模式发展和转变的一般规律:采用工业物联、物理-信息系统和产品嵌入式信息装置等智能技术和智能装置,使生命周期各阶段的制造资源及产品等物理实体具备一定程度的智能性;借助网络化信息系统与平台、有线/无线网络连接等,建立全生命周期各利益主体和各阶段业务数据的交互协作和泛在互联;综合应用云计算、大数据分析、智能算法、优化分析等技术,挖掘并抽取生命周期大数据中隐含的信息与知识,构建知识的共享与反馈应用机制;通过产品全生命周期各阶段利益主体的高度参与和动态交互,以及各阶段业务活动的大规模协作和联动运作,促进产品设计、生产制造、运维服务、拆解回收等全生命周期业务活动的协同与业务决策的优化。

同时,从目前国内外探索DMS一体化协同的典型应用案例可以预见,DMS一体化协同模式将会改善整个产品生命周期管理的业务体系与业务流程,促使复杂产品的产品设计、生产制造、运维服务、拆解回收等阶段制造服务新模式的产生。一方面,通过制造资源及产品的泛在互联,生命周期各阶段的数据将得以高效利用,进而使整个生命周期的利益相关者能够突破时间、空间、地域的限制,确保复杂产品生命周期管理过程"异地协同—动态联动"模式的实现,促进跨地域、跨企业、多部门之间的业务协作,提升复杂产品全生命周期的协同管理能力。另一方面,知识与信息的共享与反馈,将推进生命周期各阶段知识的有效整合与利用,并将制造业的整体利润增长点向附加值较高的生命周期两端延伸:通过融合生产制造与运维服务过程知识,将其反馈参与到产品及服务的改进或创新设计阶段,以提升生命周期前端价值;通过共享和集聚大量设计与制造过程知识,将其介入产品运维阶段,以提升生命周期末端服务业务的价值。

2.2 PLBD-DMS 一体化协同方法概述

定义 9 PLBD-DMS 一体化协同方法 它是指采用工业物联、智能传感等新兴技术与工具,对跨企业的产品设计、生产制造、运维服务、拆解回收等产品全生命周期的多源异构数据(包括业务流程数据、制造资源和智能产品的状态数据等)进行感知获取,并借助先进的数据分析技术将生命周期数据转化为信息或知识,进而以智能信息服务的方式进行跨企业交互、协作与共享,按照"设计制造前馈指导运维服务—运维服务反馈改进产品设计"的闭环逻辑,将生命周期大数据转化为服务于产品设计、生产制造、运维服务过程的智能信息资源,满足用户个性化、多样化的生命周期制造服务需求。PLBD-DMS 一体化协同方法涉及产品的全生命周期过程,需要各阶段的多个利益主体协同参与。因此,生命周期各阶段数据的互联是 PLBD-DMS 一体化协同方法有效实施的基础,而产品设计、运维服务等生命周期制造服务的一体化集成是其实现的手段。

目前,在 DMS 一体化协同模式下,集成和应用生命周期各阶段数据与知识,在产品创新设计、制造流程优化、运维服务改善等方面仍存在诸多挑战。为此,本书提出了 PLBD-DMS 一体化协同方法,旨在通过在传统的 PLM 过程中引入工业物联、智能传感等智能技术,形成全生命周期海量、多源、异构数据的互联互通;在此基础上,通过先进的数据处理、存储、分析等技术与工具,实现产品全生命周期多阶段、多类型数据的优化管理,实时共享和发现知识;最终通过各阶段数据与知识的集成创新,提高数据的分析与应用能力,构建运维过程数据知识融合驱动的闭环产品创新设计模式,推动运维服务由被动向主动转变,从而促进制造企业从生产型制造向服务型制造转型。

PLBD-DMS 一体化协同方法的核心理念是通过更精确的过程状态跟踪和更完整的生命周期大数据来获取更丰富的信息,并在科学的决策支持下对产品创新设计过程及运维服务现场进行指导和管理,提升复杂产品的创新设计能力和远程运维服务能力。最终构建一种"生命周期数据泛在互联—产品服务设计闭环创新—生产制造过程实时优化—运维服务任务动态预测"的一体化协同机制。产品生命周期各阶段数据的互联互通、知识的透明共享、多源异构大数据的数据增值,以及产品设计、生产制造、运维服务过程的集成协同与智能化等,是 PLBD-DMS 一体化协同方法的重要特征,也是支撑 DMS 一体化协同模式有效运作的重要保障。

在 DMS 一体化协同模式下,PLBD-DMS 一体化协同方法可通过以下两个方面实现。一是从作业方式上,通过在产品生命周期各阶段的运营和决策过程中集成并应用先进的信息通信与数据分析技术,形成一种产品全生命周期数据与业务泛在互联、动态联动与协同优化的管理模式,并通过对价值链上用户需求的准确挖掘,实现个性化的设计服务、制造服务以及运维服务。二是从运作模式上,通过将生命周期各阶段的利益主体主动引进产品设计、生产制造、运维服务等过程,在动态交互与协作中及时发现并处理业务执行干扰,实现设计服务、制造服务、运维服务等的高效管控,进而主动为各利益主体提供服务性生产和生产性服务,在满足用户个性化、多样化生命周期制造服务需求的同时,协同创造价值,实现各阶段利益主体(如制造商、供应商、终端用户、服务商等)的价值最大化。

2.3 PLBD-DMS 一体化协同方法的体系架构

基于上述构想,本书以物联网等新一代智能感知技术在制造业价值链的应用为前提,以全生命周期的优化决策为目标,研究支撑 DMS 一体化协同模式有效实施的 PLBD-DMS 一体化协同方法。结合典型的产品生命周期流程及大数据分析架构,提出一种 PLBD-DMS 一体化协同方法的体系架构,为制造企业顺应"制造强国"战略,实现产品设计、生产制造、运维服务、拆解回收等整个生命周期业务流程的全局协同与优化运作提供一个可参考的解决方案。

本书从系统功能划分的角度并兼顾其运作机制,建立了 PLBD-DMS 一体化协同方法的体系架构,包括物理实体层、大数据获取层、大数据处理层,大数据存储与管理层、大数据分析层、应用服务层六个层次,如图 2-4 所示。

(1)物理实体层 主要包括产品设计阶段的产品图纸、设计指标文件、产品/服务设计人员;生产制造阶段的加工设备、工具、设备操作人员、在制品、物料及物料 AGV;运维服务阶段的整个产品、关键零部件、安装调试人员、维修服

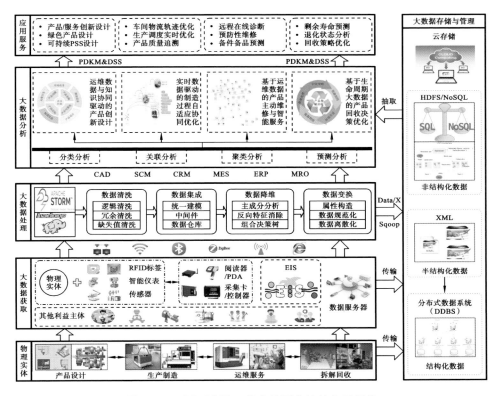

图 2-4　PLBD-DMS 一体化协同方法的体系架构

务人员、备件备品;拆解回收阶段的拆解后的关键零部件、拆解工具、拆解人员等。这些异构的物理实体是 PLBD-DMS 一体化协同方法有效运行的信息载体。通过对这些物理实体进行数字化定义、形式化描述和智能化建模,并接入基于工业物联网的复杂产品生命周期集成管理平台,可实现多源异构生命周期数据的感知与交互,为生命周期业务流程之间的无缝对接与协同管理提供数据基础。

(2) 大数据获取层　针对要采集的多源异构生命周期数据,通过对移动物理实体配置如 RFID 标签、智能仪表、传感器等智能装置,形成具有自我感知能力的智能对象,确保移动物理实体跨阶段、跨流程状态数据的实时感知;通过对固定物理实体配置 RFID 阅读器、天线、采集卡等装置,实现移动物理实体和固定物理实体的物物互感与互联,进行生命周期各阶段业务活动的监控与跟踪;在上述各类物理实体配置的基础上,可实现各阶段数据的自动获取。借助各类

EIS,可实现各阶段业务数据的主动获取。此外,由于技术的限制与约束,企业内外一些利益主体的数据(如用户对产品功能和性能的需求描述数据、专家对产品质量与性能评价信息等)无法通过自动或主动的方式获得,需要通过专家小组、市场调研、头脑风暴等方式被动地获取。通过混合应用上述几种数据获取方式,可全面、完整获取整个生命周期数据,为 PLBD-DMS 一体化协同方法的大数据分析层提供基础数据来源。同时,数据服务器中的多源、异构生命周期数据可通过内部局域网、无线/有线/移动等网络环境实时地传输和提供给 EIS 和用户。

(3) 大数据处理层 在整个 PLM 过程中,不同利益主体和软件系统、不同数据采集装置所产生和收集的数据具有不同的格式和类型,其中包含大量的实时、非实时、结构化、半结构化及非结构化数据,这些数据不能被企业和用户直接使用。因此,在对这些多源、异构的生命周期数据进行存储与分析前,首先需要对其进行处理。采用 Storm 流计算框架和 Hadoop 批处理计算框架分别对实时和非实时数据进行处理,进而从数据预处理的角度出发,在数据立方体、数据统一建模、反向特征消除、数据规范化等技术的支持下,实现数据的清洗、集成、降维、变换等操作。基于上述数据处理操作,可为生命周期决策提供可靠的和可复用的数据资源。此外,借助 Sqoop 或者 Data/X 数据传输工具,可实现非实时数据向企业数据库的同步与传输。

(4) 大数据存储与管理层 物理实体层加工设备控制系统、运行中产品控制系统,以及实时感知层各类传感器产生的数据具有较高的质量和准确性,可以直接存储于企业数据库并被企业和用户使用。为确保所收集的生命周期大数据能够被高效分析和重复使用,同时为大数据分析层提供可靠、完整的数据支撑,并实现跨企业、跨部门的数据共享与应用,在数据处理的基础上,需要对海量、多源、分散的生命周期数据进行分布存储并统一管理。采用分布式数据库系统(distributed data base system,DDBS)管理和存储结构化的生命周期数据;采用 XML 描述半结构化的生命周期数据,这些数据被统一为标准化的数据格式并存储于关系数据库管理系统(relational database management system,RDBMS)或 DDBS 中;采用分布式文件系统(hadoop distributed file system,HDFS)[97]和非关系型数据库(not only structured query language,NoSQL)[98]等管理和存储非结构化生命周期数据。

(5) 大数据分析层 它是 PLBD-DMS 一体化协同方法有效运行的核心,主要是从生命周期大数据增值的角度,建立多阶段、多粒度和多层次的模型来分析多源异构数据的交互模式、关联关系等。通过从企业数据库和 EIS 中抽取数据,并采用分类、关联、聚类、预测等智能分析方法构建数据分析模型,自动分析数据并获得规律,发现数据中隐藏的模式与知识,为产品研发设计、生产制造、运维服务和拆解回收等阶段业务的优化决策提供丰富的知识资产。在此过程中,从生产和运维现场获取的实时数据可为数据分析模型的动态更新和自适应优化提供连续的数据支持,从而可以得到更可靠的模型,并获得更准确的知识和规则,进而为更精确的业务优化决策提供支持。大数据分析层主要包括四个模块:运维数据与知识协同驱动的产品创新设计、实时数据驱动的制造过程自适应协同优化、基于运维数据的产品主动维修与智能服务、基于生命周期大数据的产品回收决策优化。

(6) 应用服务层 它建立在大数据分析层的基础上,将数据分析层得到的模式、知识、规则和关联关系等进行整合,以集成应用的方式通过 PDKM/DSS 系统提供给生命周期各阶段的利益主体,实现跨企业、跨阶段数据的价值增值、知识的共享反馈和整个生命周期制造服务的开放协作。主要包括:通过对生产制造、运维服务和拆解回收动态数据的集成分析与应用,提供产品服务创新设计、绿色产品设计、可持续产品服务系统设计、产品服务开放式创新等设计应用服务;通过融合并分析产品设计、产品运行状态以及实时多源的制造过程和制造资源等数据,提供车间物流轨迹优化、车间生产实时调度、产品质量追溯与控制及车间设备管理与优化等制造应用服务;通过整合和分析产品设计指标、加工质量、故障历史和实时运维等数据,提供远程在线诊断、预防性维修、备件备品预测及系统诊断与升级等运维应用服务;基于对设计需求和运维数据的分析,并依据生态和环境法规,提供零部件剩余寿命预测与退化状态分析、零部件恢复决策、报废产品无害化处置等回收策略优化应用服务。

2.4 PLBD-DMS 一体化协同方法的工作逻辑

随着服务化理念在生命周期各阶段业务活动中的深度融合和应用实施,越来越多的生命周期利益相关者正在参与产品的设计、制造、运维等专业化制造服务。然而,由于数据共享的不足,目前跨阶段的业务活动与利益相关者之间并没有建立起真正的协作与互联关系。针对复杂产品的研发设计、生产制造、运维服务等全流程业务数据脱节的现象,缺乏系统的整体解决方案。大多数制造企业仅在企业内部进行生产制造过程的数据共享,并未在产品的整个价值链上进行数据的共享与集成应用,如跨企业、跨部门和跨阶段的实时监控与跟踪等。在 DMS 一体化协同模式下，参与生命周期管理的智能对象及利益相关者通过智能信息感知设备频繁交互与协作。因此，需要分析并建立各智能对象及利益相关者之间的协同工作逻辑。该工作逻辑主要围绕"研发设计→生产制造→运维服务→拆解回收"等生命周期制造服务的全局协作主线展开，并遵循"配置→监控→分析→反馈→优化→执行"的闭环运作机制。

PLBD-DMS 一体化协同方法协同工作的本质是围绕不同的生命周期制造服务需求，以整个生命周期的信息交互为基础，抽取对生命周期制造服务需求有显著影响的数据并对其进行分析以发现知识，并在整个产品生命周期内建立知识的共享与反馈机制，实现知识在产品设计、生产制造、运维服务、拆解回收等阶段的交互，进而实现各阶段业务的高效协同与联动。其中，产品整个价值链上多环节、多物理实体及多利益主体的互联互感与共享协作是 PLBD-DMS 一体化协同方法实施的核心。从生命周期制造服务全局优化的角度来看，PLBD-DMS 一体化协同方法总体协同工作逻辑如图 2-5 所示。

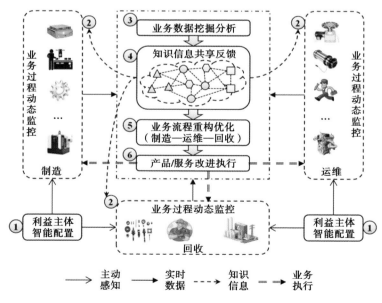

图 2-5　PLBD-DMS 一体化协同方法总体协同工作逻辑

（1）利益主体智能配置　根据业务监控和优化的对象及目标，对参与生命周期各阶段业务活动的利益主体（如材料、工具、人员、设备、产品等）进行智能物联配置，以构建具有主动感知、协作共享能力的生产制造、运维服务、拆解回收等生命周期制造服务环境。

（2）业务过程动态监控　在利益主体智能配置的基础上，自动或主动获取业务执行过程中的实时制造数据（如加工质量、物流轨迹等）、运维数据（如产品状态、服务状态等）、回收数据（如退化状态、服役时间等），为业务状态的可视化管理及业务数据的挖掘分析提供基础数据支撑。

（3）业务数据挖掘分析　根据不同阶段的业务优化目标，从所配置的物联设备中读取与该优化目标相关的实时业务状态数据，并从企业数据库中抽取与之相关的历史业务数据，以集成分析与应用的方式构建数据分析模型，获得能够满足不同生命周期制造服务需求的信息与知识。

（4）知识信息共享反馈　获得生命周期制造服务信息与知识后，在存在业务交互的利益主体间进行信息与知识的共享与反馈，以实现各阶段业务的高效协同与联动。例如，反馈的信息与知识可为当前制造服务、运维服务性能的改善提供支持，也可对产品设计服务、拆解回收服务等下一次生命周期制造服务的设计改进提供参考。

（5）业务流程重构优化　各利益主体基于反馈的知识以及各阶段个性化的制造服务需求，对当前的业务流程及相应的管理系统进行重构，并对重构后的流程进行评价择优，以更好地组织和指导企业内外整个业务活动，以满足新的服务需求。

（6）产品/服务改进执行　为了更好地满足用户个性化、多样化的产品生命周期制造服务需求，需要基于以往的制造服务、运维服务以及回收服务过程中反馈的信息与知识，对下一代产品进行重新设计与改进。进一步地，各利益主体依据新的产品设计方案来执行其承担的制造服务任务，从而最终实现整体业务流程的闭环协作创新和优化协同运作。

2.5　PLBD-DMS 一体化协同方法实施的关键使能技术

根据 PLBD-DMS 一体化协同优化方法的体系架构及协同工作逻辑，本书对 5 个关键技术进行阐述，包括：产品生命周期大数据获取与增值处理方法、面向设计-制造-服务协同的一体化建模方法、运维数据与知识协同驱动的产品创新设计方法、实时数据驱动的制造过程自适应协同优化方法、基于运维数据的产品主动维修与智能服务方法。下面对上述 5 个关键技术的实现思路和逻辑进行概述。

2.5.1 产品生命周期大数据获取与增值处理方法简介

产品生命周期大数据获取与增值处理方法旨在通过混合使用不同的数据获取方式实现设计、制造、服务等跨阶段、跨企业多源产品状态、业务流程、利益主体交互等数据的全面收集,为全生命周期业务的协作交互提供数据支持;进而对所获取的数据进行增值处理,为生命周期各阶段信息的反馈共享和业务的协同联动提供信息支撑。产品数据在不同的生命周期阶段具有不同的内容、形式和特点,无法用某种特定的方式全面收集。因此,首先,需要在分析各阶段业务活动参与者、物理实体等数据生产者所产生数据的特点和类型的基础上,确定适用于获取该数据生产者数据的方法,如主动、被动和自动方式。其次,通过各类工业网络,实现企业内外异构制造资源、信息系统和产品的网络接入,以确保业务和状态数据的可靠传输。然后,考虑到各类设备、系统、产品等所使用的通信协议种类繁多、互不兼容,需要采用中间件、协议转换等技术对获取的数据进行格式转化处理。最后,通过数据集成、数据融合等技术构建服务于全生命周期业务协作交互的标准数据集,实现产品生命周期数据的一体化集成、高效融合和增值计算,为设计-制造-服务一体化协同技术的应用提供可靠的数据支持。实现该关键技术的具体方法将在第 3 章进行详细阐述。

2.5.2 面向设计-制造-服务一体化协同的建模方法简介

面向设计-制造-服务一体化协同的建模方法针对产品全生命周期各阶段数据、信息共享交互难的问题,通过研究基于模型的定义(model based definition,MBD)技术、本体建模技术和知识集成技术,建立面向产品设计、制造、服务的产品一体化信息模型,实现产品设计、制造、服务等阶段信息的结构化组织与高效共享。首先,采用 MBD 技术将产品设计、生产制造、运维服务等阶段产生的多源异构数据按照信息模型的方式组织,形成一个逻辑上相关联的数据集合,为产品生命周期各阶段的业务决策提供单一数据源。其次,考虑到本体能够使不同主体对领域知识达到共同理解,因此采用本体描述语言对 MBD 环境下的产品多尺度信息进行本体建模,包括 MBD 宏观模型、MBD 介观模型、MBD 微观模型等,从而为虚拟产品设计、虚拟工艺流程规划、虚拟组装装配、虚拟故障维修等阶段的全三维数字化仿真提供模型支持。在此基础上,以产品生命周期各阶段 xBOM 的形成与转化为主线,建立以 BOM 为核心的信息传递机制,实现各阶段数据的一致性维护与传递。最后,基于知识集成管理技术获取、表达、关联与集成产品在设计、生产制造、运维服务等阶段的知识,形成知识图谱,从而使知识能够被高效地检索和利用,提高知识的重用率。实现该关键技术的具体方法将在第 4 章进行详细阐述。

2.5.3　运维数据与知识协同驱动的产品创新设计方法简介

运维数据与知识协同驱动的产品创新设计方法的核心思想是在产品设计初期通过融合并分析制造、运维、回收等阶段的多源数据,特别是运维过程中各利益相关者(如设备安装技术人员、操作人员、维修服务人员等)的反馈数据,快速、准确地识别静态用户需求和动态设计需求,并将其融入产品设计阶段,构建一种多源、动态数据驱动的闭环设计模式,以缩短研发周期、提供个性化产品、提升客户满意度。产品创新设计是一个不断迭代的复杂过程。首先,基于运维过程多源反馈数据分析并识别产品用户需求,并将其转化为产品工程技术特性,实现静态用户需求的挖掘与导出。其次,采用"分解—分析—综合"的方式,以元动作单元为出发点,对产品运行过程中的动态质量特性进行分析,以实现产品设计过程中动态设计需求的分析与控制。然后,通过配置推理建立需求与产品结构功能的映射模型,以形成初步的可行方案。最后,在综合考虑特征与零部件之间、零部件与系统之间关联关系的基础上,构建多层级骨架模型,输出详细的产品设计方案,实现产品设计过程中总体与局部的协调统一。通过上述复杂迭代过程,可实现产品创新设计、可持续产品设计和产品开放式创新设计等服务目标。实现该关键技术的具体方法将在第 5 章进行详细阐述。

2.5.4　实时数据驱动的制造过程自适应协同优化方法简介

实时数据驱动的制造过程自适应协同优化方法主要是通过对企业级、车间级底层物理制造资源的智能化建模和基于大数据的制造过程性能分析与诊断、分布式协同优化与决策等方法实现企业级、车间级复杂产品制造过程的自适应协同优化。因此,首先需要通过工业物联、智能传感等技术实现底层物理制造资源实时信息的主动感知与集成,进而通过服务化封装、云端化接入等对底层制造资源进行智能化建模,构建制造资源智能体,为基于大数据的制造过程分析与诊断过程提供信息支撑。其次,通过事件驱动的制造系统关键性能主动感知、制造系统关键性能异常识别分析、制造系统异常原因诊断等方法,主动识别制造系统中的关键性能,实时分析并诊断造成关键性能异常的原因,从而为异常因素的及时消解提供决策依据,保证制造系统的优态运行。最后,通过增广拉格朗日协同(augmented Lagrangian coordination,ALC)、目标层解分析(analytical target cascading,ATC)自适应协同优化等方法,构建基于服务提供方自主决策的分布式优化模型和面向设备层、单元层、系统层的层级架构的分布式优化模型,并设计相应的协同求解策略,为企业级、车间级复杂产品制造过程自适应协同优化能力的提升提供支持,推动设计-制造-服务一体化协同技术的落地应用。实现该关键技术的具体方法将在第6章进行详细阐述。

2.5.5　基于运维数据的产品主动维修与智能运维服务方法简介

基于运维数据的产品主动维修与智能服务方法旨在通过集聚大量服务化转型后的产品实时运维状态数据、历史运维过程数据等,并将其介入产品的运行与维修服务阶段,解决产品性能退化状态难以评估、剩余寿命难以精准预测的问题,进而促进远程在线诊断、预防性维修、备件备品预测、系统诊断与升级等运维服务的实现。运维服务阶段中产品退化特征的准确、高效识别,以及剩余寿命的有效、精准预测是实现上述运维服务的关键。因此,首先,通过引入自动编码器方法构建产品性能退化模型,实现对产品潜在的性能退化特征的准确、高效识别与提取。其次,根据预防性维修执行过程中对产品剩余寿命动态预测的需求,基于产品组部件运维数据,采用深度神经网络(deep neural network,DNN)建立单一运行条件下产品组部件的有效寿命预测模型,并进一步引入相对寿命损失率的概念,实现在不同运行条件下组部件剩余有效寿命的准确预测,进而根据有效寿命预测结果制定产品的预防性维修策略,提升运维服务的质量和效率。最后,阐述多目标预防性维修模型的求解流程及算法,并提出一种产品预防性维修策略实时优化方法,详细讨论了该方法的工作流程。实现该关键技术的具体方法将在第7章进行详细阐述。

第3章
产品生命周期大数据获取
与增值处理方法

产品生命周期大数据获取与增值处理是实现设计-制造-服务一体化协同技术的基础和前提。当前,产品结构与生产规模日益复杂化、运维环境随机多变等因素导致整个产品生命周期中的数据呈现出多源且海量的特征,但由于缺乏对这些数据的有效获取和处理方案,生命周期数据在获取时存在采集费时而不全面、不增值、滞后严重、易出错等问题。针对上述问题,本章提出了一种产品生命周期大数据获取与增值处理方法,分析了产品生命周期各阶段数据的内容与特点,探讨了三种不同的产品生命周期数据获取方式,提出了一种产品生命周期大数据获取架构模型,并介绍了产品生命周期大数据的增值处理方法。

3.1　产品生命周期大数据获取与增值处理总体流程

随着工业物联网、智能传感器技术在制造业的广泛应用,整个产品生命周期过程都伴随着大量数据的产生。这些数据既包括企业内产品研发设计、加工现场、信息系统等数据和企业外产品运行状态、运营环境等数据,又包括各阶段利益主体在跨企业的业务协作和价值共创过程中产生的业务交互等数据。这些跨阶段、跨企业的产品及业务数据不仅具有多维、多源、实时、异构、体量大等特点,而且在企业内外不同阶段具有不同的内容和类型,难以用某种特定的方式全面获取和高效集成。因此,本节设计了一种产品生命周期大数据获取与增值处理总体流程,如图 3-1 所示。

产品生命周期主要涉及 BOL、MOL、EOL 三个阶段[99],在这些阶段中涉及大量的人员、设备、材料等数据生产实体。在产品设计、生产制造、运维服务和拆解回收等阶段中,生产实体的运作伴随着海量数据的产生,数据具有不同的特点与类型,而且由于受异地分散、时间跨度、不确定性等因素的影响,各阶段数据获取的方式和管理的难易程度也不尽相同,从而导致难以用一种统一的方法实现不同阶段、不同特点和不同类型数据的全面获取。

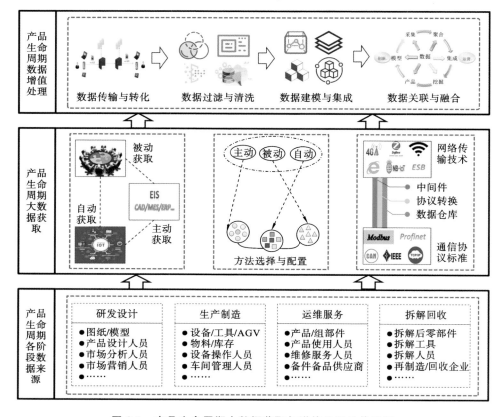

图 3-1　产品生命周期大数据获取与增值处理总体流程

　　首先,在分析各阶段业务活动参与者、物理实体等数据生产者所产生数据的特点和类型的基础上,选择和确定适用于获取该数据的方法,如主动、被动和自动方式。其次,为不同的数据获取方法配置不同的设备、规则等。最后,通过各类工业网络,实现企业内外异构制造资源、信息系统和产品的网络接入,以确保业务和状态数据的可靠传输。考虑到各类设备、系统、产品等所使用的通信协议种类繁多、互不兼容,需要采用中间件、协议转换等技术对获取的数据进行格式转化和统一处理,进而实现各阶段数据的互联互通与互操作。

　　由于在利用上述方法采集产品生命周期各个阶段的数据(通常是原始数据)中充斥着大量的无效、重复、冗杂等异常数据,这些数据不能直接被应用于产品生命周期中的各项服务,因此需要对产品生命周期各个阶段的数据进行处理,通过数据传输与转化对这些数据进行分类。数据过滤与清洗会对数据残缺、数据错误、数据冲突和数据记录相似重复等问题进行处理以提高数据质量；数据建模与集成将采用标准化封装和数字化描述结合的方式，研究面向设计、制造、运维、回收等阶段的多层次、多粒度统一数据模型表达形式；数据关联与融合对多源异构数据进行关联性分析并对相关度高的数据进行融合，以提升数据的精准度。

3.2 产品生命周期各阶段数据内容与特点分析

本节围绕产品生命周期的三个阶段（BOL、MOL、EOL），进一步对各阶段数据的内容、特点和类型进行分析，并阐述不同类型、不同内容数据的获取方式[100]。

（1）BOL 阶段 此阶段主要包括产品设计和生产制造两个子阶段，是产品从概念逐渐形成物理实体的过程。在此阶段中，产品数据的内容主要包括需求定位、产品设计、生产规划、制造现场等信息。在该阶段数据产生的主体是产品设计和制造企业，由于产品的设计和制造业务大多在企业内部完成，且企业内具有确定的组织和管理方式，以及完善的 EIS 支持。因此，该阶段的数据获取比较容易，且数据相对完整、质量高。BOL 阶段产品数据的内容、特点及类型如表 3-1 所示。

表 3-1　BOL 阶段产品数据的内容、特点及类型

子阶段	数据内容	主　要　数　据	数据特点	获取方式	数据类型
产品设计	需求定位信息	产品定位、价值定位、产品成本、功能需求、市场需求	时效性强、动态更新	被动	非结构化
	产品设计信息	产品图纸/模型、产品/服务方案、产品设计指标、工艺/工装、HTML/XML 格式的设计文件	包含众多历史数据、静态	主动	结构化、半结构化、非结构化
生产制造	生产规划信息	产品订单、工艺路线、生产系统配置、物料需求、交货期	静态、随机性高	主动	结构化、非结构化
	制造现场信息	产品质量、车间物流、生产设备状态、产品库存、车间环境、操作人员	动态	自动、主动	结构化、非结构化

（2）MOL 阶段 此阶段主要包括产品使用和产品维护两个子阶段，是产品从制造企业向用户交付使用，直至产品报废之前的过程。此阶段的产品数据

内容主要包括产品使用信息、产品维护信息、产品修复信息、用户反馈信息等。该阶段数据产生的主体是产品终端用户和相关的产品服务企业。一方面,由于运维服务阶段产品的所有权属于终端用户,原始设备制造商(original equipment manufacturer,OEM)对终端用户和相关维修企业没有管理权限;另一方面,由于该阶段所持续的时间最长,产生的数据量大、内容分散,且缺少相关的信息系统支持。因此,该阶段的数据获取和管理难度大。MOL 阶段产品数据的内容、特点及类型如表 3-2 所示。

表 3-2　MOL 阶段产品数据的内容、特点及类型

子阶段	数据内容	主 要 数 据	数据特点	获取方式	数据类型
运维服务	产品使用信息	运行状态、监控视频、使用环境、使用时间、产品支持、HTML/XML 格式的使用手册	多源、量大、多尺度、动态历史和实时并存	自动	结构化、半结构化
	产品维护信息	日常维护周期、备件备品库存、产品翻新与革新、失效协议		被动、主动	结构化、非结构化
	产品修复信息	故障特征、维修记录、备件备品库存		被动、主动	结构化、非结构化
	用户反馈信息	用户评价、用户意见和建议	静态、随机性高	被动	非结构化

(3) EOL 阶段　此阶段主要包括产品拆解和产品回收两个子阶段,是产品离开终端用户到拆解和回收企业进行拆解、重用、报废处理的过程。此阶段的产品数据内容主要包括产品拆解信息、产品回收信息、产品报废信息、环境影响信息等。这一阶段数据产生的主体是产品拆解企业和产品回收企业等。与MOL 阶段类似,这些企业不受原始产品制造商的约束和管理,且该阶段数据产生的时间、地点等都不确定,使得数据的获取和管理变得更加困难。EOL 阶段产品数据的内容、特点及类型如表 3-3 所示。

表 3-3　EOL 阶段产品数据的内容、特点及类型

子阶段	数据内容	主 要 数 据	数据特点	获取方式	数据类型
产品拆解	产品拆解信息	零部件退化状态、拆解成本、零部件剩余寿命、拆解难易程度、HTML/XML 格式的产品拆解操作说明书	类型繁多、时间跨度大	被动、自动	结构化、半结构化

续表

子阶段	数据内容	主 要 数 据	数据特点	获取方式	数据类型
产品回收	产品回收信息	再制造/回收/再利用产品性能、再制造/再利用/回收产品质量与成本、材料回收率、回收/再利用率、再制造装配	包含众多历史数据	被动	结构化、非结构化
	产品报废信息	产品报废成本、产品报废方式、产品报废影响	包含众多历史数据、静态	主动	结构化、非结构化
	环境影响信息	材料环境影响、焚化掩埋环境危害	时效性差、定期更新	被动	结构化、非结构化

综上所述,产品生命周期不同阶段的数据具有不同特点与类型,而且由于受异地分散、时间跨度、不确定性等因素的影响,各阶段数据获取的方式和管理的难易程度也不尽相同,从而难以用一种统一的方法全面获取。因此,有必要将不同的数据获取方法进行融合,形成一种多模式混合的生命周期大数据获取方法体系,为制造企业获取产品生命周期数据提供理论支撑。

3.3 产品生命周期数据获取方式

通过上述分析不难看出,由于产品生命周期初始阶段的数据大部分在企业内部产生和完成,在现有企业 EIS 的支持下和组织管理机制的约束下,企业内的各利益相关者(如研发设计人员、制造现场人员、仓库管理人员、销售人员、企业自有的维修服务人员等)需要主动向各类信息系统提交产品和业务数据。收集、使用、提交产品和业务数据是这些利益主体的工作职责。

然而,对产品生命周期的中期和末期阶段的数据,即产品离开 OEM 后,获取运维服务和拆解回收阶段的数据难度较大。主要原因是:一方面,整个产品生命周期的时间跨度较大,例如航空发动机、高端精密机床等这类复杂产品的使用寿命一般在十几年到几十年不等,在其整个寿命期间内的各个时期,产品的运营环境、使用地点、自身状况等复杂多变,导致数据难以辨认和获取;另一方面,整个产品生命周期内的数据具有来源广泛、类型多样、数据量大等特性,阻碍了数据的有效获取。近年来,以物联网、PEIDs、智能传感器等为代表的信息技术迅猛发展,使产品生命周期的中期和末期阶段的数据的自动采集成为可能。

此外,对于工业产品来说,在其整个生命周期内,产品功能与市场需求、需求评价与确定、用户反馈与投诉、回收性能与质量评估、环境影响与危害等数据,由于内容的特殊性和应用场景的专业性,既无法通过上述信息系统自动提交,又无法通过信息技术自动采集,需要通过市场调研、专家小组、专家评价等被动方式收集,以确保最终收集数据的真实性和可用性。

综上所述,产品生命周期数据的获取方式可归纳为主动、被动和自动三种[101],下面将对这三种数据获取方式进行阐述。

3.3.1　数据的主动获取

数据的主动获取方式是指产品数据的生产者根据企业的相关规章制度和组织管理方式,主动将其业务活动和生产执行过程中产生的数据提交到数据管理平台。这种数据获取方式主要发生在企业内部,即产品生命周期的产品设计和生产制造阶段。例如,企业内部研发设计、生产制造、测试检验、库存管理、市场营销、售后服务等业务活动的过程中,参与者有责任和义务主动提交与其业务活动相关的数据,企业可主动获取这些数据。同时,这些数据的交互共享又可以辅助现场业务活动参与者改善业务流程、优化业务决策。因此,业务活动参与者也是产品及业务数据的使用者。

在企业内部,能够通过主动方式获取的数据包括 2D 图纸/3D 模型、产品结构/功能、加工工时、加工指令、工艺参数/过程、产品库存、质量检测、物料采购、物料需求、生产计划、维修记录、备件备品等。这些数据可通过面向服务架构(service-oriented architecture,SOA)的企业服务总线(enterprise service bus,ESB)或 TCP/IP 协议、IEEE802 标准、WLAN 等多种通信技术、协议和标准向 EIS 传输和存储,建立多种数据集,例如 CAD、CAM、MES、SCM、ERP、MRO 等方面。企业确定的组织结构、有效的管理方式、严格的执行力和完善的 EIS,为保证企业内部数据的完整性、高质量自动获取提供了基础。同时,这些数据为设计-制造-服务一体化协同技术的实现提供了可靠的数据支持。不断积累的、历史的产品创新设计数据首先可以为运维过程多源数据协同驱动的产品创新设计提供大量的参考方案,为新的产品创新设计提供全面的指导,并提升设计方案配置、评价和择优的效率;其次,可以为制造过程中各个工序提供最优化调度方案,提升工序运转效率;最后,还可以提供丰富的产品或关键组部件设计指标信息,进而在运维过程中能够对大量的产品设计指标细节数据与实时运维状态数据进行比较,以提升故障识别和寿命预测的准确性。数据主动获取方式的架构模型如图 3-2 所示。

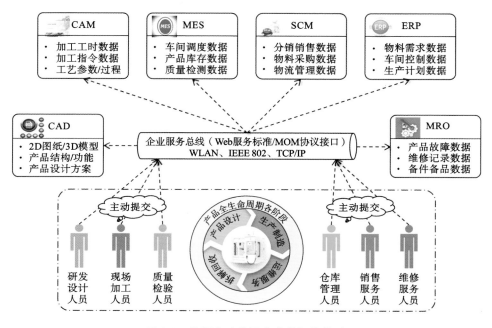

图 3-2　数据主动获取方式的架构模型

3.3.2　数据的被动获取

　　数据的被动获取方式是指制造企业外的产品数据生产者受合同、协议、押金、是否再次提供技术支持和保持业务合作等制约而被动地将产品运营管理过程中产生的数据提交给 OEM。这种数据获取方式通常发生在制造企业外部的运维服务、拆解回收等阶段。当产品离开 OEM 后，终端用户、第三方维修服务企业、维修备件备品供应商、拆解/回收/再制造企业等，不受 OEM 规章制度的约束，没有主动提交产品使用、维护、回收等业务活动数据的愿望和动力。而对于 OEM 来说，为了能够更好地改进产品设计、优化业务流程、提升服务质量，需要通过合理的约束（如合同、协议等）和有效的方法（如专家评价、市场调研、专家小组等），从这些企业外的生命周期活动参与者处收集不同阶段、不同类型的产品数据。

　　例如，通过合同、协议、押金等约束，产品制造商可以获得用户反馈、维修历史、回收利用评价、环境影响等数据；而通过专家评价、市场调研、头脑风暴等方法，可获得产品定位、用户价值、市场需求、用户偏好等数据，进而通过关联分析、统计分析和模糊评价等方法对这些原始数据进行处理,可以在实现用户真实产品/服务需求准确识别的同时,获得产品/服务创新问题解决的观点和途径。

因此,上述这些被动获取的数据为设计-制造-服务一体化协同技术闭环机制的实现提供了真实的数据来源,也为产品/服务的高质量交付、产品/服务的创新设计等提供了指导和见解,从而可以满足个性化、多样化的产品/服务用户需求,并提升用户的满意度和忠诚度。数据被动获取方式的架构模型如图 3-3 所示。

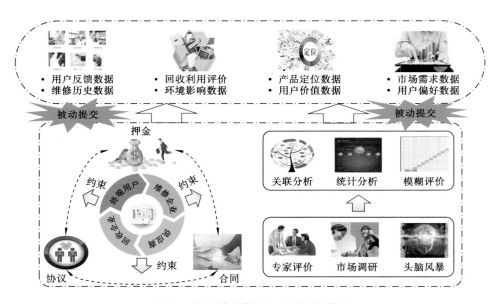

图 3-3　数据被动获取方式的架构模型

3.3.3　数据的自动获取

数据的自动获取方式是指通过使用工业物联网、智能传感器、PEIDs 等新一代信息技术构建制造资源和产品端智能感知环境,使得异构制造资源和复杂产品具备一定的智能,并在其生产、运营、管理等过程中能够自我感知并收集自身数据的方式。这种数据获取方式在企业内部的生产制造阶段和企业外部的运维服务与拆解回收阶段都存在。例如:在企业内部,通过为车间制造资源(如加工设备、工业机器人、现场操作人员、物料、物料搬运设备、在制品等)配置 RFID 标签、阅读器、传感器、变送器、采集器等智能装置,并利用工业以太网、

ESB、4G、ZigBee 等各类有线和无线通信网络,将配置了智能装置的制造资源接入制造现场,可以在车间生产过程中实时、自动获取加工设备运行状态、加工进度、车间物流、物料消耗、车间环境、产品质量、产品库存等数据;在企业外部,通过为复杂产品及其关键组部件配置智能传感器、智能仪表、远程测控终端(remote terminal unit,RTU)、网络摄像机(IP camera,IPC)等装置,并依托上述网络技术将复杂产品接入运维和拆解现场,可以在产品运行维护和拆解回收过程中实时、自动记录产品的运行状态、运行环境、备件备品库存、零部件退化状态、剩余寿命、拆解信息、零部件分类等数据。数据自动获取方式的架构模型如图3-4 所示。

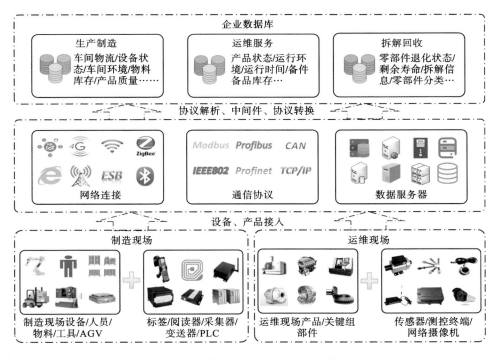

图 3-4 数据自动获取方式的架构模型

在工业现场的数据采集过程中,由于不同企业通常会采用不同的通信协议和标准(如 ModBus、Profibus、CAN、IEEE802、Profinet 等),导致生产制造、运维服务、拆解回收等阶段的实时、多源数据无法实现互联互通及互操作。为此,可运用协议转换、协议解析、中间件等技术,对各类通信协议进行兼容处理,以实现数据格式的统一,进而可将统一处理后的数据存储于企业数据库,以便为后续的数据深入挖掘与分析提供可靠、完整的数据来源。

数据的自动获取方式为设计-制造-服务一体化协同技术的高质量、高效实施提供了重要保障:一方面,通过采用上述智能感知技术,可实现企业内外、多阶段产品及业务数据的实时、全面获取,为设计-制造-服务一体化协同技术的运作实施提供了数据支撑;另一方面,企业内外各阶段业务活动的利益主体通过已配置的智能设备可实现业务数据的动态交互与共享,从而促进产品设计与运维服务的高效协作与联动。

3.4　产品生命周期数据获取架构模型

上述章节分别对企业内外、产品生命周期各阶段大数据的主动、被动和自动获取方式进行了介绍。然而,在产品的整个生命周期管理过程中,各阶段不同业务活动利益主体、制造现场异构制造资源、运维现场不同智能产品之间交互频繁,全面、多源、异构的产品和业务数据需要在企业内外、产品的不同生命周期阶段实现及时共享。因此,需要将主动、被动和自动数据获取方式交互使用,并构建多模式混合的产品生命周期大数据获取架构,将各类数据生产主体(如不同业务活动参与者、加工设备、智能产品等)所产生的分散生命周期数据进行智能采集和高效存储,为各阶段业务的数据处理与集成应用服务提供支持。本节从如下四个层次构建了产品生命周期数据获取架构模型(见图3-5),其主要功能组成与详细实现逻辑阐述如下。

(1) 物理实体层　该层由企业内和企业外不同生命周期阶段业务活动的参与者(如参与研发设计、项目管理、现场加工、仓库管理、产品使用、维修服务、拆解、回收、再制造等活动的人员)和物理对象(如产品图纸、模型、加工设备、在制品、物料搬运设备、工具、服役产品、拆解工具、拆解后的零部件等)组成。其中,生命周期阶段业务活动的参与者既是生命周期数据的生产者,又是使用者,而物理对象是产品生命周期数据的主要生产者。根据不同生命周期阶段的应用目标,可从该层分析并确定相应的数据生产者,进而收集与之相关的业务(如参与者)或状态数据(如物理对象),以便有针对性地为该阶段的业务决策提供所需的数据。

(2) 方法配置层　该层由不同的数据获取方式(即主动、被动、自动)组成。根据物理实体层确定的数据生产者,分析其产生数据的特点和形式,并确定相应的数据获取方法,以便全面、准确地获取相关数据。例如,对于企业内生产现场加工设备的数据获取,应首先通过企业内私有网关将加工设备与RFID阅读

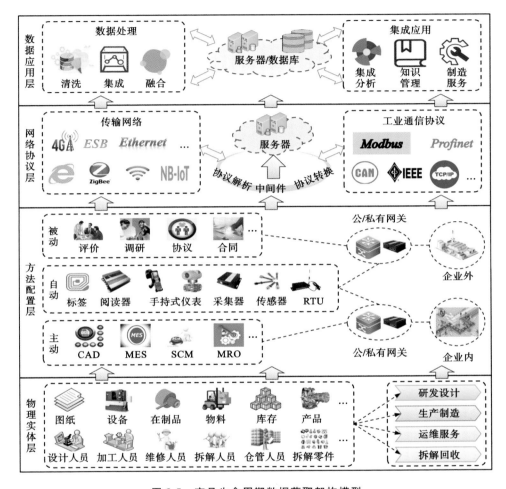

图 3-5 产品生命周期数据获取架构模型

器、传感器、采集器等设备互联,形成能够自我感知并自动收集周围环境变化,以及与其相关的加工人员、在制品、AGV 等其他制造资源状态变化数据的智能对象,实现企业内制造资源间的互联互感和产品制造过程数据的实时自动获取。又如,对于企业外维修人员业务数据的获取,OEM 需要与维修企业签订合理的合作协议或合同,确保 OEM 能够全面收集产品的维护数据。

(3)网络协议层 该层由不同的工业通信网络(如工业以太网、WLAN、NB-IoT、4G、ZigBee、工业总线、工业光纤网等)和工业通信协议(如 TCP/IP、IEEE802、Modbus、Profinet、CAN、Profibus、HART、RS485 等)组成。这些适用于不同工业环境的网络技术和通信协议为全生命周期数据的传输和交互提供了技术支撑。然而,由于产品整个生命周期管理过程中所涉及的不同企业、异构信息系统及各类工业设备通常采用不同的工业通信协议,各种协议标准不统一且互不兼容[102][103],需要通过协议解析、协议转换、数据仓库、中间件等技术对不同数据生产者的多源异构数据进行统一和转换处理,以确保各类工业通信协议的兼容性,进而满足产品全生命周期数据实时分析、互联互通和互操作的应用需求。

（4）数据应用层　该层由数据处理与集成应用两个模块组成,旨在通过先进的清洗、集成和融合技术,实现制造大数据的集成分析、知识管理、制造服务等应用,进而满足个性化、多样化的制造服务需求。首先,通过对不断获取的生命周期数据以及业务交互层跨阶段、跨企业的业务交互数据进行数据处理,深度挖掘数据潜在信息;其次,通过先进集成技术对制造大数据开展集成分析和知识管理以提供针对不同场景下的制造服务;最后,服务器和数据库会在此期间提供保障、存储服务。

通过产品生命周期数据获取架构模型的构建,一方面,企业内外物理实体的制造资源数据可在权限约束下分别被相应的数据获取方法采集,按照合理的规则存储于数据库中,以便后续数据处理与集成应用的开展;另一方面,企业可监控产品在特定制造资源处的生产加工实时状态,精准地确认当前生产任务的执行情况,从而保障生产任务的顺利执行。

3.5　产品生命周期数据增值处理方法

上述章节对产品生命周期数据的内容、特点、获取方式与获取架构进行了阐述。然而,受产品生命周期数据的海量性、高噪声干扰、多源性和异构性等特征的影响,获取到的原始数据价值密度过低、格式不统一,基于这些数据开展应用时会出现决策效率低下、易出错等问题。为应对上述问题,本节对产品生命周期数据的清洗、集成与融合方法进行介绍,以实现产品生命周期数据的精确清洗、一体化集成、高效融合和增值计算,为设计-制造-服务一体化协同技术的应用实现提供可靠的数据支持。

3.5.1　产品生命周期数据增值处理平台架构

在实际的产品全生命周期管理过程中,企业内外的多源异构数据被采集,大量重复、无效、缺失的数据充斥在其中,亟须对这些"脏数据"进行清洗并加以利用。因此,需要构建跨企业的产品生命周期数据增值处理平台架构,将各类数据生产主体(如不同业务活动参与者、加工设备、智能产品等)所产生的分散生命周期数据进行互联融合、多尺度分析和集成应用,形成物理上分布式管控和逻辑上多源数据无缝交互的跨企业协同生命周期管理环境,为各阶段业务活动之间的协作联动与信息共享提供支持。

本节从如下三个层次构建了产品生命周期数据增值处理平台架构(见图3-6),其主要功能组成与详细实现逻辑阐述如下。

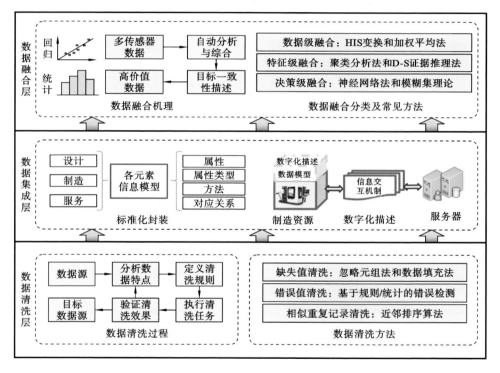

图 3-6 产品生命周期数据增值处理平台架构

(1)数据清洗层 该层主要由数据清洗过程和数据清洗方法模块组成。在获取各数据生产者的原始数据后,其中存在大量的冗余、缺失值、异常逻辑关系数据,需要对这些"脏数据"进行清洗处理以确保数据的可用性和高质量。清洗过程一般分为以下四步:分析数据特点、定义清洗规则、执行清洗任务和验证清洗效果。如符合要求则将清洗后的数据传至目标数据源。数据清洗方法主要分为三类,分别是缺失值清洗(如忽略元组法和数据填充法)、错误值清洗(如基于规则/统计的错误检测)和相似重复记录清洗(如近邻排序算法)。

(2) 数据集成层　该层主要由标准化封装、制造资源、数字化描述和服务器模块组成。旨在采用 Web Services 技术与第三方系统进行数据共享与集成,促进对产品生命周期数据的一致性描述,进而加强多源异构数据间的互通,从而解决数据结构不一致、信息描述方法不一致、系统间数据交互共享困难等问题。标准化封装是建立设计、制造、服务阶段的各元素的信息模型,包含信息模型的属性、属性类型、方法,以及不同模型之间的对应关系;数字化描述是通过产品标记语言对目标进行数字化描述,在对产品生命周期数据进行建模以及数字化描述之后,需要将其发布,然后传递到信息服务器中,实现以产品生命周期数据为基础的多种生产应用。

(3) 数据融合层　该层主要由数据融合机理和数据融合分类及常见方法模块组成。以回归和统计为基础将多传感器数据进行自动分析与综合,获取目标一致性描述,为数据的共享和信息的可追溯提供支持;进一步采用概率统计、回归分析等数据融合方法对多源异构数据进行整合,以形成服务于复杂产品设计、制造和服务一体化业务过程实时管控和动态优化的标准数据集。数据融合分类及常见方法有数据级融合(如 HIS 变换和加权平均法)、特征级融合(如聚类分析法和 D-S 证据推理法)、决策级融合(如神经网络法和模糊集理论)。

产品生命周期的 BOL 阶段、MOL 阶段和 EOL 阶段伴随着海量原始数据的产生,合理使用这些数据是改善产品生命周期各个阶段的关键。但是原始数据存在数据残缺、数据错误、数据冲突、异常逻辑关系等异常状况,容易引发数据可用性低、数据可靠性低等问题,因此在使用这些数据前需要对其进行处理。目前,数据质量问题已经引起了高度的关注,数据质量不仅涉及数据错误,还涉及准确性、完整性、一致性和有效性。准确性是指数据集中实际数据值与预期数据值的一致程度,完整性是指数据集中需要数值的字段中无值缺失的程度,一致性是指集中的数据对一组约束的满足程度,有效性是指最终运用的数据足够严格以满足分类准则的要求。通过产品生命周期数据增值处理平台架构的构建,制造企业外的生命周期业务活动中产生的"脏数据"可以被有效剔除,多源异构数据将被一致性解释和描述,并融合增值成为具有更高价值的数据,进而确保数据的准确性、完整性、一致性和有效性,从而提供智能化服务。企业内的管理者和现场生产加工人员全程参与产品的生产制造过程,并与制造企业进行动态交互,实现对制造现场的实时、高效管理。

3.5.2　产品生命周期数据清洗

针对产品生命周期数据出现的残缺、错误、冲突和记录相似重复等数据质量问题,可通过数据清洗技术予以解决以提高数据质量。数据清洗从字面上理解就是把"脏数据"变成"干净数据"的一个过程,这些"脏数据"包括缺失值、错误值和异常值、不一致数据、相似重复记录等[104]。其中,缺失值是指数据库中某些字段属性值缺失或者包含无效值,缺失值产生的原因是录入信息时不清楚相关信息而以空值表示或者后期维护不及时造成信息的丢失等;错误值和异常值是指数据库中某些不为空的字段属性值是错误的或者异常的,这一般是填写数据过程中没有进行判断而输入错误的数据;不一致的数据是指不一致的汇总或者不一致的时间选择使得原始数据和当前数据不相符;相似重复记录是指在单数据源或者多数据源集成的过程中两条相同或者绝大程度上相同的记录表示同一个现实实体的情况,当不同数据源中的记录对一个实体表示十分相似时,那么合并后的数据集就会同时存储这些相似的记录,于是就出现了相似重复记录。

1. 数据清洗的原理

数据清洗的原理是将一些数据清洗策略和方法应用到"脏数据"的检测和清除中,实现对数据质量的控制,得到满足数据质量要求的数据。数据清洗一般有四种清洗方式:全人工清洗、全机器清洗、人机同步结合清洗和人机异步结合清洗。

全人工清洗是指投入大量的人力和物力对数据进行人工检查。这种清洗方式的特点是速度慢、准确性较高,一般应用于量较小的数据集中。在庞大数据集中,由于人的局限性,清洗的速度与准确性会明显下降。因此一般在某些小公司业务系统中会使用这种清洗方式。

全机器清洗是根据特定的数据清洗方法来编写应用程序,从而自动实现数据清洗。这种清洗方式的优点是清洗完全自动化,将人从繁杂的逻辑任务中解脱出来,去完成更重要的事。这种方式主要根据特定的清洗算法和清洗方案,编写清洗程序,使其自动完成清洗过程。其缺点是实现过程难度较大、后期维护困难。

人机同步结合清洗是指通过人工和机器同步合作的方式实现数据清洗,当遇到应用程序无法处理的清洗问题时,通过设计一个人机交互界面,由人工干预进行处理。这种方式降低了编写程序的复杂度和难度,也不需要大量的人工操作。但其缺点是人必须要实时参与数据清洗过程。

人机异步结合清洗的原理与人机同步结合清洗的原理基本相同,但它的优点是人不需要实时参与整个数据清洗过程,当遇到应用程序无法处理的清洗问题时,它会记录问题并生成报告,然后继续清洗数据,在应用程序自动完成数据清洗后,人根据清洗报告手动处理相应的问题,这种清洗方式既提升了清洗效率,又节约了大量的人力,因此是最为常用的。

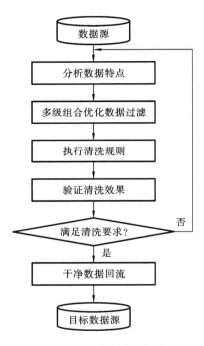

图 3-7　数据清洗的一般过程

2. 数据清洗的一般过程

由于任务要求与环境特点不同,数据清洗过程也不同。根据对一般清洗工具的总结,数据清洗的一般过程如图 3-7 所示。

首先是分析数据特点,解决数据质量问题要先从分析产生数据质量原因、分析数据源特点出发。这个环节的主要任务是归纳和总结数据特点,为清洗规则的制定提供依据。除了可以利用专业知识外,也可以通过人工分析或者编制数据分析程序来分析样本数据。通过这一步,能够得知数据源中可能存在哪些具体的数据质量问题,为下一步制定清洗规则提供依据。其次是在对数据源特点进行归纳总结以后,结合已有的清洗算法,制定相应的清洗规则。一般来说,清洗规则主要有不一致数据的检测和处理、空值的检测和处理、相似重复记录的检测和处理以及非法值的检测和处理四种。然后是执行清洗规则,由于数据清洗工作的领域相关性、环境依赖性特别强,难以形成统一的通用标准,数据质量问题零散、复杂且难以归纳,因此只能根据不同的问题制定不同的清洗规则。最后是检验并评估清洗效果,根据生成的清洗报告,查看数据清洗情况,发现清洗过程中存在的问题,对应用程序不能处理的问题进行人工处理,评估清洗效果,对不满足清洗要求的规则和算法进行改进和优化,接着根据需要,再次进行清洗,直到满足要求。数据清洗是一个需要多次迭代、重复进行的处理过程,只有经过不断比较、完善、改进,才能得到理想的处理结果。

3. 数据清洗方法

数据清洗方法可以分为属性清洗和相似重复记录清洗。属性清洗可以认为是相似重复记录清洗前的一个必不可少的数据准备工作,因为原始数据集不仅包含相似重复记录,还包含许多错误属性的数据,即错误值、缺失值和不一致的数据等,这些数据的存在将会极大地影响相似重复记录清洗的准确度,所以在相似重复记录清洗前要先进行属性清洗。

在属性清洗方面,也可以从错误属性的检测和清除这两个角度分别对相关方法进行研究和论述。错误属性的检测包括人工检测错误属性的方法和自动检测错误属性的方法。其中:人工检测错误属性的方法效率低,容易出错,因此现实中很少使用;自动检测错误属性的方法减少了大量的人工操作,并且效率高,具体方法包括关联规则的方法、聚类方法和基于统计的方法。基于统计的方法随机地选取样本数据并进行分析,检测速度得到了较大的提高,但准确率较低;聚类方法能够发现字段属性中未被发现的孤立点,但计算复杂度较大和方法运行时间较长;关联规则的方法有着较高的支持度和置信度,但计算量较大。不同错误属性数据有着不同的属性清洗方法。

在相似重复记录清洗方面,可以从相似重复记录的检测和清除这两个角度分别对相关方法进行研究和论述。相似重复记录是产生"脏数据"的主要来源,也是数据清洗中最为关键的一个部分,所以对相似重复记录的检测和清除方法的研究一直是个热点。下面对属性清洗中的缺失值清洗、错误值清洗和相似重复记录清洗分别进行简述。

1)缺失值清洗

属性缺失在数据集中是广泛存在的现象,产品生命周期中的属性缺失问题也是数据清洗中较难解决的问题之一,缺失值是指某条记录的属性字段值被标记为 NULL、空白、N/A 或者 Unknown,出现缺失值的原因主要包括人为原因和机械原因,人为原因是指人工输入时因失误而漏掉或者收集数据时调查人员不愿公布数据,机械原因是指数据采集设备收集数据时发生故障或者数据未被存储。

缺失值清洗首先要从数据集中把包含缺失值的记录检测出来。常用的缺失值检测方法包括关联规则的方法、聚类方法和基于统计的方法。检测出包含缺失值的记录后,我们需要根据缺失值的价值性判断来判断数据的可用性,并以此来决定下一步是否需要对缺失值进行清除。目前常用的缺失值清除方法有两种:忽略元组法和数据填充法。忽略元组法是指将包含缺失值的记录删除。这种方法简单易行,适用于大数据环境下的缺失值清洗,但这种方法会删除相当多的信息,导致大量资源浪费,从而影响数据挖掘结果的准确性。数据填充法是指根据数理统计或者分类方法对空缺值进行填充。基于数理统计的填充法包括平均值填充法、人工填充法和众数填充法等,其中最为常用的是平均值填充法。平均值填充法是指将缺失值所在属性字段数据的平均值进行填充,它适用于数字类型数据的缺失。基于分类方法的填充法包括基于最近邻方法的填充法、基于神经网络的填充法和基于贝叶斯网络的填充法,其中最为常用的是基于最近邻方法的填充法,该方法是指将最近邻记录中同一属性字段的平均值进行填充。

2)错误值清洗

错误值是指数据库实例中存在着的某些错误、不为空的属性值,例如格式错误、拼写错误和属性域错误等。常用的错误值检测方法包括基于规则的错误检测和基于统计的错误检测等。基于规则的错误检测是指编辑规则在关系表和主数据之间建立匹配关系,若关系表中属性值和其匹配到的主数据属性值不相等,则关系表中的属性值就是错误值。基于统计的错误检测是指利用数理统计训练样本数据得到一个概率模型,如果数据集中某个数据不符合该概率模型分布,则这个属性值就是错误值。常用的错误值清除方法是分箱,分箱通过考量邻近的属性值来确定最终值,具体步骤是按照属性值划分子区间,这种区间划分方法主要有四种:等深法、等宽法、最小熵法和用户自定义区间法。如果一个属性值在某个子区间范围内,就把该属性值放进这个子区间所代表的"箱子"内。

3)相似重复记录清洗

相似重复记录是指在数据集成过程中两条相同或者绝大程度上相同的记录表示同一个现实实体的情况。由于在数据库中一条记录通常由多个属性字段组成,因此当两条记录之间的所有(或者大多数)属性字段值相同或绝大程度相似时,就可以判定这两条记录是相似重复记录。如表3-4所示,记录1和记录2中包含字段完全相同,显然记录1和记录2为重复记录,记录6和记录7亦是如此;记录2和记录4中的字段虽然不是完全相同,但是其间的字段充分相似,例如异常情况中的"产品精度不达标"和"同批配件尺寸不同"表述的含义相同,因此记录2和记录4为相似记录。基于以上分析,可以统称记录1、记录2和记录4为相似重复记录,记录6和记录7为相似重复记录。

记录之间的相似度是通过字段之间的相似度计算得到的。目前,海量数据

表 3-4　相似重复记录样例

编号	异常情况	异常原因	优先解决方案/备用解决方案
1	产品精度不达标	设备故障	重新分配制造资源/替代工艺路线
2	产品精度不达标	设备故障	重新分配制造资源/替代工艺路线
3	产品精度不达标	设备修复	改变任务的优先级/重新分配制造资源
4	同批配件尺寸不同	设备故障	重新分配制造资源/替代工艺路线
5	产品精度不达标	物料质量不合格	紧急采购/原料管理方法培训
6	生产计划延误	设备故障	重新分配制造资源/替代工艺路线
7	生产计划延误	设备故障	重新分配制造资源/替代工艺路线

的相似重复记录检测较多采用了近邻排序算法(sorted-neighborhood method, SNM)。该算法的主要思想是:根据给定关键字对数据库中的记录进行排序,然后在排序后的数据集上移动一个固定大小的窗口,检测窗口内的记录是否匹配。

SNM 算法步骤如下。

(1) 选择关键字段:选择表中的相关属性,生成关键字段。

(2) 记录排序:按照生成的关键字来对数据集中的记录排序。

(3) 记录匹配:指定窗口大小为 N,在排序后的数据集上滑动一个大小为 N 的窗口,数据集中每条记录仅与窗口内的记录比较,直至最后一条记录。

当指定窗口移动时,窗口中的第一条记录会移出窗口,将新进入窗口的记录与窗口中原来的 $N-1$ 条记录进行匹配,如图 3-8 所示。

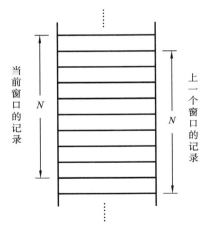

图 3-8　窗口滑动扫描数据集示意图

采用 SNM 算法进行记录比较,每次只需比较窗口中的 N 条记录,大大提高了匹配效率,同时采用滑动窗口的比较方法大大提高了比较速度。但是 SNM 算法存在两个缺陷:一是对排序关键字依赖太大,检测结果精度在很大程度上依赖所选的关键字排序,如果关键字选取不当,则使相似重复记录无法位于一个窗口内;二是滑动窗口的大小很难控制,如果 N 过大,每个窗口内比较的次数就会增多,增大了时间复杂度,如果 N 过小,相似重复记录无法出现在一个窗口中,会出现漏配相似重复记录的问题。

多趟近邻排序(multi-pass sorted-neighborhood,MPN)是针对 SNM 算法的缺陷提出来的。该算法的主要思想是独立地执行多趟 SNM 算法,每趟选择不同的排序关键字和较小的滑动窗口,然后利用基于规则的知识库生成一个等价原理,作为记录合并的判定标准,将每次扫描识别出的相似重复记录合并为一组。因为记录的重复是有传递性的,即如果 A1 与 A2 互为相似重复记录,A2 与 A3 互为相似重复记录,那么 A1 与 A3 就互为相似重复记录,因此可认为 A1、A2、A3 是相似重复记录。

3.5.3 产品生命周期数据集成

产品生命周期覆盖时间跨度大,涉及的产品数据种类多、属性复杂。当前,许多系统架构对数据属性的分析是基于具体应用而定制设计的,因而影响了跨域数据间的交互,增大了跨域间数据处理和应用开发的难度,很难实现资源间的交互协同和数据的共享融合。针对产品生命周期中复杂、多源、异构数据难以统一集成的问题,我们对数据进行标准化封装,并采用 SOA 架构的 Web Services 技术与第三方系统进行数据的数字化描述,以提高数据的可重构性和智能性,从而促进企业上层决策系统对产品生命周期数据的全方位集成,进而基于现场数据信息加强各产品生命周期单元之间的协作[105]。

1. 产品生命周期数据标准化封装

随着网络技术和计算机技术的普及,越来越多的生产制造类企业都在朝着生产管理信息化的方向迈进,不同生产层级根据自身作业目标与流程制定符合自身应用的管理信息系统,物联网的出现使得信息的交互共享成为一个难题。根据美国 ARC 公司的一项调查结果,有 53% 的客户反映企业生产管理中的企业资源计划(ERP)存在"信息孤岛"、各系统的信息无法相互理解、转换成本高等问题,原因是不同层级系统之间数据结构不一致,信息描述方法不同,系统间的数据交互共享困难,难以适应企业生产信息系统集成的要求。

世界批量论坛(World Batch Forum,WBF)的 XML 工作组针对上下层系统的数据结构不一致、描述方法不同、各系统之间数据无法相互理解的问题,制定了企业制造标记语言(business to manufacturing markup language,B2MML),B2MML 是 ANSI/ISA 95 标准家族的 XML 实现方式,XML 的书写方式采用万维网联盟的 XML 结构模式定义语言(XML schema definition language，XSD），在分析与设计时使用 ANSI/ ISA 95 标准实现不同系统（如 ERP、MES、WMS、SCM）之间数据的交互共享。WBF 发布的 B2MML 包含的七个与生产过程相关的信息模型，分别是设备（equipment）、物料（material）、人员（personnel）、生产绩效（production performance）、生产能力（production capability）、产品定义（product definition）和加工片段（process segment）。这些信息模型里包含不同的类型、元素，并且给出了一些基本的类型描述以及各元素之间的关系。图 3-9 以生产过程为例，介绍了该过程各信息模型的描述与关系。将处理后的信息按照不同类型分类存储到数据模型内，每个模型给出所包含的属性、类型与方法，以及不同模型之间的对应关系，处理后所得信息是各类制造资源的基础状态信息。第三方系统或者相关生产管理系统可根据产品制造过程参数实现对多个同种或者异种信息类型的进一步融合，由此能够得到生产绩效、生产能力等方面的评估结果。

2. 产品生命周期数据数字化描述

产品生命周期之间的数据传递是在网络环境下实现的，为完成智能制造资源实时信息的传递，需要一种通用性强的互联网语言对其进行数字化描述，并且该语言能够为企业不同层次应用系统提供数据交换标准，使数据交换易于实现。企业制造标记语言（B2MML）能够满足这个要求，该语言源自 XML。XML 作为一种元语言，可以用来定义和描述结构化数据，它采用基于文本的、标准字符集的编码方案，避开了二进制编码不兼容的问题。B2MML 不仅是Web 服务得以实现的语言基础，还是 Web Services 中其他协议规范的描述和表达方式。表 3-5 所示为基于 B2MML 的钻床设备实时多源制造信息模型的数字化描述。

在对产品生命周期数据进行建模以及数字化描述之后，需要将其发布并传递至信息服务器，从而实现以产品生命周期数据为基础的多种生产应用。发布智能制造资源实时信息时，首先通过分析获取到的实时多源制造信息建立基于B2MML 语言标准的制造资源实时数据模型，然后对实时多源制造信息模型进行数字化描述，最后利用制造设备的实时多源数据交互机制将其传递到信息服务器，从而推动基于产品生命周期多源数据的多种生产应用的发展。

采用 SOA 架构与 Web Services 技术的实时多源数据的交互机制可实现产品生命周期多源数据与信息服务器之间的信息交互。SOA 采用中立的方式来定义各个功能模块（服务）之间的接口，并通过这种接口将各个服务模块以松耦合方式联系起来，使得构建在不同编程语言环境下的服务可以通过一种标准的、

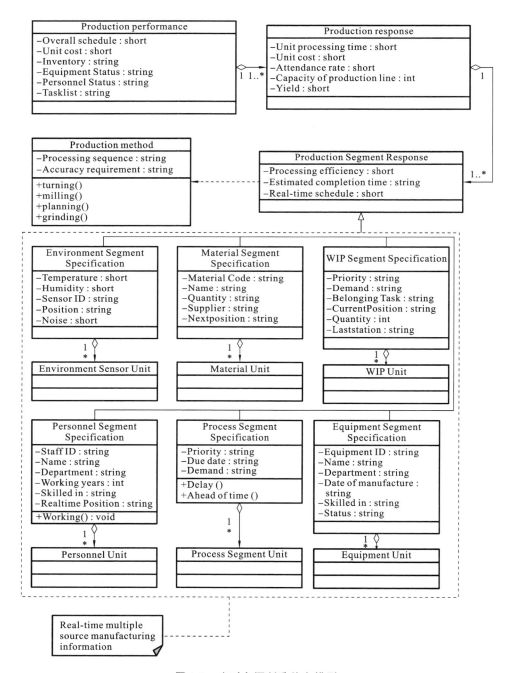

图 3-9　实时多源制造信息模型

表 3-5　钻床设备实时多源制造信息模型的数字化描述

B2MML 代码

```
(1)      <? xml version="1.0" encoding="UTF-8" ? >
(2)      <Machine>
(3)          < MBasicInfo>                                //制造设备信息
(4)              < MID >M007</MID>
(5)              < MName >钻床 ZC005</MName>
(6)              <MStatus>正常工作</MStatus>               //加工状态
(7)              < FinishedVolume>15</FinishedVolume>
(8)              < TotalFinishedVolume>1115</TotalFinishedVolume>
(9)          < /MBasicInfo>
(10)         < MaterialInfo>                              //实时物料状态信息
(11)             <MName>齿轮 CL-05</MName>
(12)             <Volume> 25</Volume>
(13)             <MName>齿轮 CL-06</MName>
(14)             <Volume> 15</Volume>
(15)         < /MaterialInfo>
(16)         <TaskInfo>                                   //任务队列信息
(17)             <TaskID>JSQ-125</TaskID>
(18)             <DeliveryDate>2016-11-25</DeliveryDate>
(19)             <Progress>85％</progress>
(20)         </TaskInfo>
(21)         <OperatorInfo>                               //操作人员信息
(22)             <OperatorID>209301965</ OperatorID >
(23)             <FinishedVolume>12</FinishedVolume>
(24)             <Proficiency>100％</Proficiency>         //加工质量
(25)         </OperatorInfo>
(26)         <EnvironmentInfo>                            //环境参数
(27)             <Temperature>24.3</Temperature>
(28)             <Humidity>50</Humidity>
```

续表

B2MML 代码
(29)　　　　　</EnvironmentInfo>
(30)　　　　　<EnergyInfo>　　　　　　　　　　　　//能耗参数
(31)　　　　　　　<Power>503</Power>
(32)　　　　　</EnergyInfo>
(33)　　　</Machine>

通用的模式进行数据通信,进而可以保证智能制造设备端与信息服务器之间正常的信息交互;Web Services 通过简单对象访问协议(simple object access protocol,SOAP)进行访问,每个 Web 实例通过网络服务描述语言(web service description language,WSDL)定义的接口封装,并采用通用描述、发现与集成服务(universal description,discovery and integration,UDDI)进行查找,其松耦合性体现在当提供方动态改变一个服务时不会改变或者影响客户端的参数配置,Web Services 具备一次获取、处理大量信息的能力,与 SOA 出于对性能与效率的平衡考虑而提出的大颗粒度服务应用特性非常匹配。最后,采用标准的文本传输协议 SOAP 为异构服务调用系统提供信息交互机制。Web Services 的通信过程是采用基于 XML 的 SOAP 完成的,XML 结构化的文本消息格式是异构系统间信息交互时较为匹配的消息格式,易于实现 SOA 所推崇的异构服务调用系统透明化。下面介绍 Web Services 所涉及的关键技术。

1)XML

XML 是全球范围内用来描述数据和交换数据的一种标准方式。首先,它允许各个组织或者个人按照自己的需要建立标记集合,而且它的存储格式不受显示格式的制约;其次,XML 的自我描述特性也使许多复杂的数据关系得到了良好的表现;最后,XML 完全可以充当网际语言,因为它有利于不同系统间的信息交流,并有可能成为数据和文档之间交换的标准机制。XML 为整个 Web Services 上层协议提供信息、数据描述手段,SOAP、WSDL 都用 XML 描述,因此可以说 XML 是 Web Services 的基石。

2)WSDL

WSDL 就如同是 Web Services 的说明书,是基于 XML 的用来描述网络服务的功能、调用接口以及调用方法,包括 Web Services 实例所接收的参数与返回值的格式、数据类型与结构的语言。通过这些信息,搜寻 Web 服务的客户端可对相近 Web 服务进行分析,并了解需要输入的参数格式与返回数据结构类型。图 3-10 描述了 WSDL 文档在网络服务与客户端交互过程中所扮演的角色。首先,当 Web Services 发布时,服务提供者将一个指向 Web Services 实例的 WSDL 文档链接在 Web Services 注册中心并发布;其次,当客户端应用程序在该注册中心查找需要的网络服务时,需要根据注册的 WSDL 文档内容对其所指向的网络服务进行分析来获取该网络服务的信息,以创建具有适当结构的 SOAP 消息并与此 Web 实例进行通信;最后,客户端应用程序通过 WSDL 文档中的信息使用对应机制调用该 Web 实例所提供的服务。

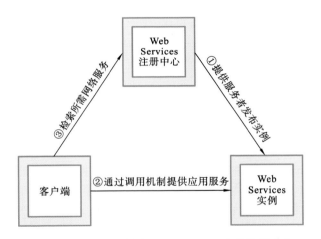

图 3-10 WSDL 文档在 Web Services 中扮演的角色

3)SOAP

Web Services 的通信协议是 SOAP。SOAP 是一个基于 XML 的通信协议,主要用来描述 Web Services 中消息传递的格式,在调用 Web 实例时传递方法参数信息。XML 标准化为不同模块之间的交流带来了极大方便,而 SOAP 的实质就是把这种交流方式标准化。在本书中,SOAP 定义了实时多源制造信息感知系统和信息服务器之间的信息传输规范,以保证二者在信息传递时格式的一致性。

SOAP 消息是由信封(Envelope)元素、SOAP 头(Header)元素、SOAP 体(Body)元素、SOAP Fault 元素和附件(Attachment)元素组成的普通 XML 文档,其中 Envelope 元素是 SOAP 的必选封装元素,是 SOAP 消息的主要容器,也是 SOAP 消息的根元素;Header 元素是 SOAP 的头部元素,用于与消息一起传递附加信息,如身份验证和事务信息,还包含一些被定义在 SOAP 头部的属性信息,这些属性可定义容器如何对 SOAP 消息进行处理;Body 元素是 SOAP 消息的主体元素,它包含了 SOAP 消息所有的调用与响应信息,如采集的制造设备编号、设备状态、环境参数等方面的信息;Fault 元素位于 Body 元素内,用来提供有关处理该消息所发生错误的消息;Attachment 元素可通过添加附件来扩展 SOAP 消息,Fault 元素与 Attachment 元素都是可选元素。

4) UDDI

UDDI 是一种通过 SOAP 进行通信,由 WSDL 描述 Web Services 信息的目录。标准 UDDI 在数据模型内定义了四种核心数据元素。

businessEntity:商业实体详细描述,位于信息结构的顶层,它是 UDDI 信息发布与发现的核心元素。在本书中,businessEntity 对应制造设备端的实体,具体内容包括制造设备的 ID、提供的服务名称、当前任务载荷、设备实时状态等信息,设备可按不同的标准进行分类,如位置、加工服务等。

businessService:一个或多个 Web Services 逻辑组。一个 businessService 可包含一个或者多个 Web Services 描述,本书中的 businessService 对应多源制造信息中各子类之间的关系和属性。

bindingTemplate:用来提供访问的服务信息。用于描述服务访问信息,负责连接 businessService 和 tModel、声明服务访问地址信息,一个 businessService 对应至少一个 bindingTemplate 实例。

tModel:提供了关于 Web 服务规范、分类规范及标识符规范的元数据信息。

图 3-11 所示为智能制造设备端实时多源制造信息交互机制。在此交互机制中,智能制造设备通过信息采集装置采集车间内的实时生产信息(制造设备的服务状态、物料实时信息、生产进度等),并利用数据封装方法将其格式标准化,转化成可被传输的标准传输信息;这些标准传输信息(即封装后的实时多源制造信息)在 Web Services 技术与 SOA 架构下,被传递到信息服务器;信息服务器接收到可操作的实时多源制造信息之后,各生产部门与生产层级根据职责对这些信息进行分类评估,并优化生产决策,包括产品种类、生产数量和技术要求等;信息服务器将调整后的生产排产信息传递到智能制造设备端,智能制造设备根据获取的加工任务列表,执行生产任务。

3.5.4 产品生命周期数据融合

产品生命周期的三个阶段覆盖产品时间跨度大、环境变换复杂,伴随产生的数据信息复杂多样。因此,在数据采集过程中,为保证数据采集的全面性和

图 3-11　智能制造设备端实时多源制造信息交互机制

相关数据的完整性,通常采用多数据源采集的方式,这些数据源包括不同类型的数据库、文件系统和服务接口,因此带来数据类型复杂和数据规模庞大等问题。针对如此庞大体量的多源异构数据,对同一目标的多源数据进行融合显得尤为重要。

1. 数据融合机理

产品生命周期内多源异构数据的融合是指同一空间的多传感器数据采用计算机技术在一定准则下对按时序获得的多传感器观测信息进行自动分析和综合,获得被测对象的一致性描述,以及比其各组成部分更优越的性能。数据融合的基本策略就是先对同一层次上的信息进行融合,从而得到更高层次的信息,再进入相应的高层次融合。

2. 数据融合分类

(1)根据数据信息源之间的关系,可以将数据融合分为如下三种。

① 互补融合:对多角度、多方面、多方法的观测所采集的数据信息进行累加得到比单一方法或角度更丰富、更完整的数据信息的过程。

② 冗余融合：当多个数据源提供了相同或相近的数据信息时，融合冗余的数据信息，从而得到较为精练的数据信息的过程。

③ 协同融合：对多个独立数据源所提供的数据信息进行综合的分析，产生一个更加复杂、更加准确的新数据信息的过程。

（2）根据融合数据所表征的信息层次，可以将数据融合分为如下三种[106]。

① 数据级融合：直接对原始数据进行融合计算，由于底层数据包含最完整的信息量，因此数据级融合结果失真度小，融合结果质量更佳。但原始数据中存在大量冗余信息和不确定性，导致其融合代价最高，常用的方法有 HIS 变换、PCA 变换和加权平均等经典方法。

② 特征级融合：选择原始数据特征，基于这些特征进行综合分析。特征级融合可通过特征约简来实现对数据的化简，该方法所需信息量最少，融合压力小，容错性能好，但是要求每个信息源都具有独立决策能力，因此预处理代价比较大，常用的方法有聚类分析法、贝叶斯估计法和 D-S 证据推理法等。

③ 决策级融合：根据特定原则实现高层次优化决策推理的过程。决策级融合介于上述两种融合算法之间，其所消耗的计算代价小、灵活性高，但要求数据源须有独立决策能力，对数据预处理的要求较高。决策级融合通过适当的特征提取，在保留关键信息的同时，过滤次要信息，降低融合复杂度。常用的方法有神经网络法、专家系统、模糊集理论和逻辑模板法等。

3. 常见的数据融合方法

1）贝叶斯理论

贝叶斯理论在数据融合中得到很广泛的应用，尤其是在静态数据环境中。该方法主要利用概率的思想对数据进行组合，并使用条件概率来表示数据中存在的不确定性。利用贝叶斯理论进行数据融合时，一般分为以下几个步骤：首先将数据特征与目标属性进行相互关联与分类；然后用条件概率值表示每个数据在各个假设为真时的情况，并利用贝叶斯公式将多个条件概率数据进行融合处理；最后通过逻辑判断准则得到融合结果。

2）模糊集理论

模糊集理论将传统集合推广到模糊集合，为研究具有模糊性的对象提供了扎实的数学基础。模糊集理论的基本思想是把传统集合中的隶属关系进行扩展，将对象的隶属度情况只能取 0 和 1 两个值推广到可以任取区间[0,1]上的某个数，从而实现对对象定量描述的目的。显然，模糊集理论能在某种程度上解决传统概率方法所不能表述的问题，在信息表达和处理方面更加接近于人的思维逻辑。

在数据融合中,可以用模糊集理论来表示数据中存在的不确定性,并利用对应的逻辑来对其进行推理,然后利用融合规则来对数据信息进行融合。然而目前模糊集理论自身还不够系统化,并且该方法仍然存在着很高的主观性,缺少客观事实性。

3）粗糙集理论

粗糙集理论是波兰科学家 Pawlak 在 20 世纪 80 年代提出的,是一种解决模糊性和不确定性问题的重要数学方法。粗糙集理论的核心思想是在不改变知识库分类的情况下,对知识进行简约的处理或近似刻画,然后找出问题决策或分类的一般规则,方便对数据进行认识与处理。该理论的最大优势在于不需要其他任何先验知识和信息,仅仅通过原始数据便能够从中发现隐藏的知识和规律,能更加真实和客观地对数据进行描述,因此在机器学习、知识获取等方面得到广泛的应用。但是该理论不能处理不精确或不确定的数据,所以受到了很大的应用限制。

4）证据理论

证据理论的基本框架由 Dempster 于 20 世纪 70 年代建立,他利用多值映射方法推导出上下概率的概念,并用其对各类信息进行建模。之后他的学生 Shafe 对该框架做了进一步的完善,建立了问题和集合之间的相互对应关系,并把问题的不确定性向集合的不确定性转化,从而出现比概率论条件更少的情况,形成证据理论的重要数学基础。

证据理论作为一种不确定推理的数学方法,在处理不确定数据融合方面得到广泛的应用与研究。与概率决策的贝叶斯理论相比,它可以分辨和解决是"不确定"还是"不知道"引起的不确定性问题,因此具有更高的实用性;同时,证据理论可以在同一辨识框架下,用证据合并规则将不同的数据信息合并为一个信息体。此外,证据理论还能将信度值直接赋给相应的信息,保证了信息的真实。证据理论的这些优点,使其在数据融合与决策判断等方面得到广泛的应用。

5）神经网络

神经网络也能对许多数据进行运算和处理,并能够对这些数据的基本特征进行描述,因此在数据融合中得到较多的应用。利用神经网络可以挖掘样本数据的隐藏特征,然后利用这些特征对采集的数据不断进行学习。基于神经网络理论的数据融合具有较强的自适应能力、知识的自动获取与自动处理能力、一定的联想记忆功能和大规模的并行处理数据的能力等。卷积神经网络(convolutional neural network,CNN)和循环神经网络(recurrent neural network,RNN)是目前应用较为广泛的两种神经网络。

（1）卷积神经网络。

CNN是深度学习模型中最常见的模型之一，是一种专门用来处理具有网状结构数据的神经网络。CNN真正被提出来是在1998年LeCun的LeNet-5模型中，在2012年崭露头角，Alex Krizhevsky凭借CNN赢得当年的ImageNet挑战赛，把分类误差纪录从26%降到15%[107]。此后，大量公司开始将CNN作为服务的核心。Facebook、谷歌、亚马逊等公司将其用于自动标注算法、图片搜索和商品推荐。通常来讲，CNN具有较深的网络结构，通常含有卷积层、池化层和全连接层，下面进行简要介绍。

CNN的卷积层的作用是提取特征，其步骤是由离散化的卷积公式改进得来的，离散化的卷积公式为

$$s(t) = x(t) * w(t) = \sum_k x(k)w(t-k) \tag{3-1}$$

式中：$s(t)$表示特征映射；$x(t)$表示输入信号；$w(t)$表示概率密度函数；$*$表示卷积操作[108]。

在CNN模型中，通常处理的是二维数据（例如图片、二维数组），则可将公式（3-1）转化为

$$s(i,j) = X(i,j) * W(i,j) = \sum_m \sum_n x(i,j)W(i-m,j-n) \tag{3-2}$$

式中：X为输入的二维数据；W为相应的卷积核，也称为滤波器。

池化的本质就是采样，目的是对特征映射$s(i,j)$进行降维，以有效地减少后续层需要的参数。常见的池化方式有最大值采样、均值采样等。经过前面若干次卷积和池化后，再经全连接层对所得到的特征进行分类。

（2）循环神经网络。

在传统的神经网络中，从输入层到隐藏层再到输出层，其中的过程是相对独立的，因此对长序列数据的处理效果不佳。因此RNN应运而生，该模型能够对处理过的数据保留一定记忆，因此RNN在语音识别、自然语言处理和长序列数值处理等方面得到了广泛的应用。RNN的隐藏层能够实现"记忆功能"，该时刻隐藏层的输入不仅包括输入层的输入，还包括上一时刻隐藏层的输出，所以RNN每一时刻的输出都把之前的"记忆"纳入考量[109]。如图3-12左侧图所示，X表示输入层的值，U表示输入层到隐藏层的权重矩阵，S表示隐藏层的值，V表示隐藏层到输出层的权重矩阵，O表示输出层的值。RNN中隐藏层的

值 S 同时取决于当前时刻的 X 和上一时刻的 S,循环层中的 **W** 就是表达上一时刻对当前时刻影响的权重矩阵。

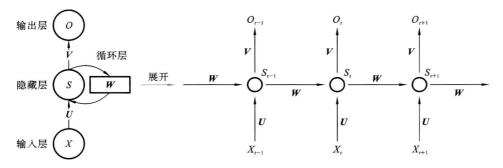

图 3-12 RNN 结构及其时间线展开图

　　将 RNN 的一般结构沿时间线展开可得到图 3-12 右侧所示的结构图。由此可以清晰地看出前一时刻的隐藏层是如何影响下一时刻的,该时刻的隐藏值 S_t 与该时刻的输入值 X_t 和前一时刻的隐藏值 S_{t-1} 都有关系。在此用公式对 RNN 的计算方法表示如下:

$$S_t = f(\boldsymbol{U} \cdot \boldsymbol{X}_t + \boldsymbol{W} \cdot \boldsymbol{S}_{t-1}) \tag{3-3}$$

$$O_t = g(\boldsymbol{V} \cdot \boldsymbol{S}_t) \tag{3-4}$$

　　产品生命周期大数据具有实时性、海量性、多源性和异构性等特征,这不利于设计-制造-服务一体化协同技术的实施。为此,本章提出了一种产品生命周期大数据获取与增值处理方法。通过产品生命周期数据的全面获取、精确清洗、统一集成和高效融合与增值,设计-制造-服务一体化协同技术获得了坚实的数据基础。

第4章
面向设计-制造-服务一体化协同的建模方法

产品设计、生产制造、运维服务等阶段的业务数据间具有较强的关联性。通过先进的建模技术将不同生命周期阶段的业务数据有机地联系起来,对改进产品设计、优化制造过程、提升服务质量等具有重大意义。为提升产品全生命周期各阶段间业务的协同交互能力,促进各阶段信息的一致性传递与变更,推动设计-制造-服务一体化协同技术的落地应用,本章提出了一种面向设计-制造-服务一体化协同的建模方法。主要从面向设计-制造-服务一体化协同的建模体系架构、建模总体流程、建模技术以及建模应用流程四个方面展开论述。

4.1 面向设计-制造-服务一体化协同的建模体系架构

4.1.1 面向设计-制造-服务一体化协同的建模方法概述

面向设计-制造-服务一体化协同的建模方法,一方面是通过研究产品全生命周期一体化管理技术,促进设计-制造-服务的信息集成以及数据资源和制造资源的共享,实现产品研制过程的并行协同、产品生命周期中信息的数字化传递以及设计-制造-服务过程的协同管控;另一方面是通过研究产品全生命周期建模技术,建立产品设计、制造、服务阶段的本体模型,实现产品设计数据对制造、服务过程的正向指导,以及服务数据对产品设计过程的反馈改进,提升产品全生命周期业务的协同效率,实现产品设计-制造-服务全生命周期业务的一体化协同。

面向设计-制造-服务一体化协同的建模技术强调设计、制造、服务之间的信息交互,以及设计、制造、服务建模过程中流程与数据的一体化。面向设计-制造-服务一体化协同的建模信息交互关系如图4-1所示。

围绕一体化协同建模技术,针对"设计→制造→服务"各阶段间的正向信息流,以及"服务→制造→设计"各阶段间的反向信息流两个方面展开研究。一方

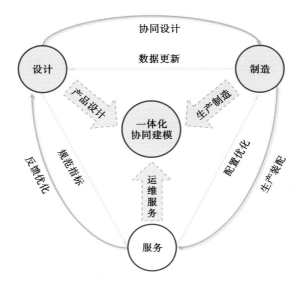

图 4-1　面向设计-制造-服务一体化协同的建模信息交互关系

面,产品的协同设计有利于制造过程的高效进行,其生产配置有利于维护产品的运行,提升了服务过程决策水平;另一方面,通过研究产品在服务过程运行和质量方面的问题,促进设计和制造阶段的改进优化,同时保证了信息的更新和传递,能够实现产品全生命周期业务的一体化协同。

4.1.2　面向设计-制造-服务一体化协同的建模体系架构

随着 MBD、基于模型的企业(model based enterprise,MBE)[110]等技术在制造业的广泛应用,描述产品的各类数据(如设计、仿真、制造、维保等)均可以借助三维模型的方式呈现。同时随着构型管理(版本加有效性控制)、零部件(产品)成熟度等新理念的发展,在 MBD 环境下的产品数据管理以三维模型为载体,为产品生命周期数据提供了单一产品数据源(single source of product data,SSPD),确保了数据的一致性、完整性和可追溯性。因此,本书结合 MBD 技术对产品全生命周期业务的协同管理展开深入研究,提出了图 4-2 所示的面向设计-制造-服务一体化协同的建模体系架构。该架构以单一产品数据源为基础,主要包括 MBD 环境下的产品多尺度信息本体建模、基于 BOM 的产品信息跨阶段传递、产品设计-制造-服务业务知识集成管理和产品设计-制造-服务业务协同四个部分。

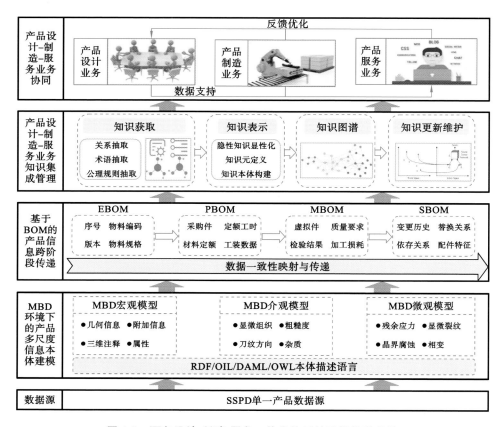

图 4-2　面向设计-制造-服务一体化协同的建模体系架构

1. MBD 环境下的产品多尺度信息本体建模

　　该模块主要是基于产品全生命周期 MBD 单一数据源,通过资源描述框架(resource description framework,RDF)、网络本体语言(web ontology language,OWL)等本体描述语言,从多尺度构建产品设计、制造和服务阶段的本体模型。MBD 宏观模型主要包含产品的几何信息、制造和检验所需的附加信息等;MBD 介观模型主要包含产品的显微组织、粗糙度、杂质和刀纹方向等;MBD 微观模型主要用来描述工件加工过程中的表层材料特性,如残余应力、显微裂纹以及相变等[111]。这些模型的构建,可以为虚拟产品设计、虚拟工艺流程规划、虚拟组装装配、虚拟故障维修等阶段的全三维数字化仿真提供模型支持。

2. 基于 BOM 的产品信息跨阶段传递

该模块主要是通过研究产品 xBOM 之间的信息传递机理,解决跨阶段产品信息交互困难和传递效率低的问题,为产品全生命周期信息的交互共享提供支持。在产品生命周期中的不同阶段,MBD 技术通过不同的三维模型来定义与组织产品信息。其中:在结构设计阶段的三维模型对应工程 BOM(engineering BOM,EBOM);在工艺设计阶段的三维模型对应工艺 BOM(process BOM,PBOM);在制造阶段的三维模型对应制造 BOM(manufacturing BOM,MBOM);在服务阶段的三维模型对应服务 BOM(service BOM,SBOM)。

3. 产品设计-制造-服务业务知识集成管理

该模块的实现过程分为四个主要的步骤。首先,进行知识获取,主要是对在整体框架下输入知识集成模块中的结构化数据进行术语、关系、公理规则抽取等,为本体建模提供知识支持;其次,进行知识表示,包括隐形知识显性化、知识元定义以及知识本体构建等;然后在此基础上,构建知识图谱,以自顶向下的方式在本体基础上进行实体学习,包括实体属性值决策、实体间关系建立等,并将实体学习结果与知识库匹配融合;最后,进行知识更新维护,采用知识表示学习中的张量神经网络模型(neural tensor network,NTN),增强不同实体的语义联系,实现对知识的更新维护。

4. 产品设计-制造-服务业务协同

该模块基于产品全生命周期本体建模和业务知识集成管理模块,针对产品全生命周期各阶段业务活动,提出了设计-制造-服务业务协同机制,主要包括产品设计和制造过程对服务过程的正向指导,以及产品服务过程对设计和制造过程的反馈优化。利用产品设计和制造阶段的数据信息,为后期产品服务阶段的故障诊断与回收决策提供有力支持;此外,通过分析产品服务阶段的运行和质量问题,为产品设计和制造阶段提供改进思路,达到不断优化产品方案,提高生产效率的目的。

4.2 面向设计-制造-服务一体化协同的建模总体流程与建模技术

4.2.1 面向产品设计-制造-服务一体化协同的建模总体流程

本节聚焦 PLM 软件平台中的建模技术,在分析产品设计、制造、服务各阶段信息的基础上,对全生命周期业务一体化建模方法展开深入研究,首先阐述面向产品设计-制造-服务协同的一体化建模总体流程。该流程如图 4-3 所示。

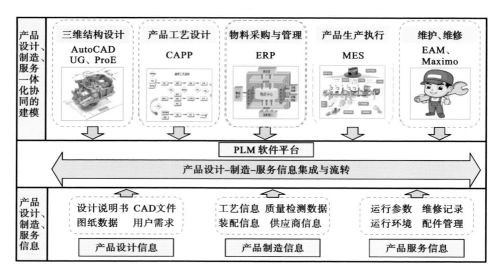

图 4-3　面向设计-制造-服务一体化协同的建模总体流程

1. 产品设计、制造、服务信息

随着工业物联网、智能传感技术在制造业的广泛应用,产品在设计、制造、服务等全生命周期过程中,会产生大量的数据,其中包含结构化数据、半结构化数据、非结构化数据,产品生命周期数据呈现出海量、多源、异构的特点。产品在设计阶段会产生产品设计说明书、CAD 文件、图纸数据、用户需求等数据信息;产品在制造阶段会产生工艺信息、装配信息、质量检测数据、供应商信息等数据信息;产品在服务阶段会产生产品运行参数、运行环境、维修记录与配件管理等数据信息。为解决产品生命周期数据交互困难,提升设计、制造和服务阶段信息传递效率的问题,本节利用 MBD 技术,对产品全生命周期过程的数据进行统一,形成单一产品数据源,为后续产品设计-制造-服务协同的一体化建模提供可靠有效的数据支持。现有的 PLM 软件平台为产品数据协同一体化建模提供了技术支持,保证了产品设计、制造、服务信息的高效集成和一致性流转。

2. 产品设计、制造、服务一体化协同的建模

制造业产品设计、制造、服务等业务需要依赖数字化软件来实现更加高水

平的自动化、信息化和智能化。目前制造企业广泛应用的 PLM 软件平台为产品设计-制造-服务一体化协同的建模提供了有效的技术支撑。例如:应用 AutoCAD、UG、ProE 等进行产品三维结构设计;利用 CAPP 进行产品工艺设计;利用 ERP 进行物料采购与管理;利用 MES 管理真实的生产活动;利用 EAM、Maximo、SAPMRO 等 MRO 管理系统实现产品服务业务的管控等。各类软件或平台的数据存在很强的相关性,但也呈现出大数据多学科、多语义、多维度的典型特征,这给产品全生命周期各阶段数据在 PLM 软件平台上的高效集成与一致性流转造成了阻碍。因此,需要建立一种面向设计、制造、服务一体化协同的产品信息模型,为产品设计、制造、服务信息的结构化组织与共享以及全生命周期业务的一体化协同提供理论支持。

4.2.2 面向产品设计-制造-服务一体化协同的建模技术

1. MBD 技术

MBD 是一种用集成的三维实体模型来完整表达产品定义信息的方法体系,其详细规定了三维实体模型中产品尺寸、公差的标注规则和工艺信息的表达方法[112]。MBD 技术体现了单一产品数据源思想,它将产品生命周期各阶段的信息按照模型的方式组织,形成一个逻辑上相关联的数据集合,为设计、工艺、制造、销售、维护维修等产品生命周期各阶段提供唯一的数据源。MBD 技术通过三维标注技术,将产品的几何信息和设计、制造等工艺信息通过一个完整的产品三维数字化实体模型来表达,改变了传统的用二维工程图纸来定义产品尺寸、公差和制造工艺信息,以及用三维实体模型来描述几何形状信息的分步产品数字化定义方法[113]。同时,MBD 技术使三维实体模型成为生产制造过程中的唯一依据,保证了生产过程中数据的一致性。MBD 技术的核心是产品数据传递的全三维化和数字化。因此,MDB 技术能极大地提高产品定义的质量和利用率,并有助于形成完整通畅的全生命周期数据链,从而为设计、制造、服务等阶段业务的一体化协同提供可靠、统一、可用的数据支撑[114]。

MBD 技术的应用使得企业积累了大量的以三维模型为主要载体的产品数据,即产品 MBD 数据。这些数据与传统的二维数据相比具有更高的依存度和关联性。因此,对产品 MBD 数据进行组织和管理,消除数据冗余,对缩短产品的研发周期、提升产品的生产效率和服务质量尤为重要。随着三维数字化技术的发展,MBD 技术在国内外也得到了深入的研究和应用。美国机械工程师协会于 2003 年通过了美国国家标准 *Y14.41 DIGITAL PRODUCT DEFINI-*

TION DATA PRACTICES（数字化产品定义数据的实施），为 MBD 技术的应用设置了基本准则，并于 2006 年被国际标准化组织采纳为 ISO-16792"技术产品文件——数字产品定义数据实践"标准。波音公司根据具体实践制定了 BDS600 技术应用规范系列标准，并在 2004 年开始的 787 客机设计中，全面采用 MBD 技术，将三维产品制造信息（product manufacturing information，PMI）与三维设计信息共同定义到产品的三维数字化模型中，使 CAD 和 CAM（加工、装配、测量、检验）等实现真正的高度集成，摒弃二维图样，开创了飞机数字化设计制造的崭新模式[115]。R&P 公司应用主模型驱动的技术，以具有 PMI 三维标注的模型作为单一数据源，贯穿产品研发的各个环节[116]。国内 MBD 技术研究和应用工作也在如火如荼地开展中，尤其是我国航空航天领域的航空工业成都飞机工业（集团）有限责任公司在枭龙飞机和 ARJ21 飞机机头的研制过程中，采用全数字量传递的方法取代传统的数字量与模拟量结合的协调工作法，并且取得了一定的效果[117]。目前，MBD 技术在产品数字化设计与制造过程中的应用，取得了初步的成效，但很少贯穿产品的整个生命周期。随着 MBE 模式被提出，MBD 的应用范围被进一步拓宽，未来 MBE 更关注 MBD 数据在产品整个生命周期中的充分利用，其重要意义是：模型驱动贯穿产品全生命周期的各个方面和领域，一次创建并为设计、制造、服务等所有下游重用。

2. 本体技术

本体包含两种意思：一种是标示性词汇，如某些领域或主题；一种是使用标示性词汇来描述某些领域的知识体，其目的是捕获相关领域的知识，提供对该领域知识的共同理解，确定该领域内共同认可的词汇，并从不同层次的形式化模式上给出这些词汇和词汇之间的相互关系的明确定义[118]。在信息科学领域，本体被广泛接受的定义为"本体是共享概念模型的明确的形式化规范说明"。这个定义部分延续了哲学上的概念，其包含四层含义。

（1）共享（share）：指本体体现共同的知识基础，即对于不同的参考者，其表述不会产生误解歧义。

（2）概念模型（conceptualization）：指通过抽象出客观世界中一些现象的相关概念而得到的模型。

（3）明确（explicit）：指所使用的概念及使用这些概念的约束都有明确的定义。

（4）形式化（formal）：指本体的语言是计算机可读的。

现有研究主要从以下五个方面对本体的模型进行定义：概念、关系（对象属

性、数据属性)、函数、公理、实例,即本体 O 的五元组形式:

$$O = (C, R, F, A, I) \tag{4-1}$$

（1）概念（concept,C）:指领域内具体的概念术语。例如,产品功能、业务过程描述、工作描述、人员职称等。从语义的角度上讲,表示领域中所有对象元素的集合,其定义资源描述结构一般包括某个具体概念、概念的上下位具体关系、概念间的相互关系以及概念所对应的具体描述。

（2）关系（relation,R）:代表概念之间的相互作用。在本体中,主要用对象属性（object property）和数据属性（data property）来描述,前者在语义上定义对象元组间的关系,后者描述某一概念的具体属性值。

（3）函数（function,F）:代表一类专门用于推理的关系。即在这种关系中,前 $n-1$ 个元素可以且仅可以唯一确定第 n 个元素。

（4）公理（axiom,A）:代表本体中的永真断言,主要用以定义概念、关系及函数间存在的关联或者约束。

（5）实例（instance,I）:指在类中的定义某些具体元素,即对概念实例化、形象化进行说明的对象。

对于本体描述语言,相关研究人员也称其为标记语言、构建语言、表示语言等,是指对本体模型使用某些特殊的符号进行表达,能够让机器和用户对同一种资源有统一的理解。随着本体模型在计算机领域研究的不断深入,出现了多种形式化语言,如 SHOE、OIL、DAML+OIL、RDF 和 RDFS、OWL 等[119],尽管本体的描述语言有很多,但是其基本功能仅有两个,即知识表达和知识推理。在众多的本体描述语言中,应用最广泛的是 OWL。OWL 是由 W3C 提出的一种本体描述语言,基于 XML/RDF 等标准,并且与其他多种本体兼容,具有很强的语义表达和推理能力。另外 OWL 可以利用流行的本体描述工具 Protégé 来描述制造资源本体,使用非常方便。

3. 知识集成与管理

1996 年 Grant 提出知识集成的概念,"企业的第一角色,以及企业能力的本质,就是知识集成"。目前,知识集成尚未形成统一定义。知识集成的作用主要体现在以下三个方面。

（1）整合:整合各个信息源的知识,并形成新的知识和功能,使得整体功能向着最终目标发展。

（2）共享:在整合知识资源的基础上,将新形成的知识或整合后有序化的知识进行有效的共享、交流,从而达到知识推广的目的。

（3）协同：在知识共享的基础上，实现知识的协同编撰、共享、评价，促进知识有序化的提高。

本书研究的知识集成是指将产品在设计、制造和服务过程中的知识进行获取、表达、关联，提高知识的使用率和复用率。通过将产品生命周期中各个环节的知识有机地集成在一起，形成知识图谱，从而使知识能够被高效地检索和复用。另外，将产品生命周期知识与设计、制造、服务过程集成，既保证了知识可以得到有效应用，又促进了对知识的充分评价和复用，进一步提升知识的有序化和丰富性。

在产品设计、制造和服务的过程中，通常会积累大量的与产品相关的知识和信息，这些知识可以划分为两大类：显性知识和隐性知识。其中显性知识主要包括设计资料、工程图纸、标准规范、产品手册等，这些知识一般以结构化、半结构化和非结构化的形式保存在各种文档中，如产品模型文件、3D 设计文件、Word/Excel 文档等。隐性知识主要包括产品设计、制造和运维服务过程中相关从业人员积累的经验、领域专家所掌握的储存于头脑中的那部分知识以及技能类知识等。

知识管理就是在组织中构建一个人文和技术都有的知识系统，让知识通过获取、创造、分享、整合、记录、存取等流程，不断更新换代创新，并回馈到知识系统中，从而能够实现知识的持续增长和更新。对于企业来说，知识管理是指在企业发展过程中，企业中的信息与知识，通过识别、组织、存储、分享、获取、使用和更新的过程，使其在企业中不断地传递与积累，从而提升个人、部门和组织的创新能力，帮助企业做出正确的决策，提高企业竞争力。知识管理将组织中的显性知识编码化，发现隐性知识并将其转化为显性知识并共享这些知识。知识管理的核心任务如下。

（1）提供必要的技术，将隐性知识转化为系统化的显性知识，此过程在数据挖掘的过程中完成。

（2）创造有利的条件，便于知识的交流与检索。知识管理以人为中心，以信息技术为实施基础，重点在于促进和实现知识获取、知识共享与交流，促进知识在产品全生命周期中流动，进而在知识流动中实现知识创新[120]。

基于 MBD、本体、知识集成和管理等技术对多源、海量、异构的全生命周期数据进行一体化建模，可有效促进产品设计、制造、服务等各阶段数据和信息的统一描述和集成管理。因此，面向产品设计-制造-服务协同的一体化建模技术是全生命周期业务一体化协同得以实现的重要技术基础。

4.3　面向设计-制造-服务一体化协同的建模应用流程

4.3.1　MBD 环境下的产品多尺度本体模型构建

1. 本体模型构建流程

在本体构建时,需要提取真实世界中事物的抽象化术语来定义领域内核心的概念、属性及概念与概念之间的关联关系,为后续的模型构建搭建框架,方便领域内本体模型的不断扩展。面向设计-制造-服务的知识本体模型构建步骤如图 4-4 所示。

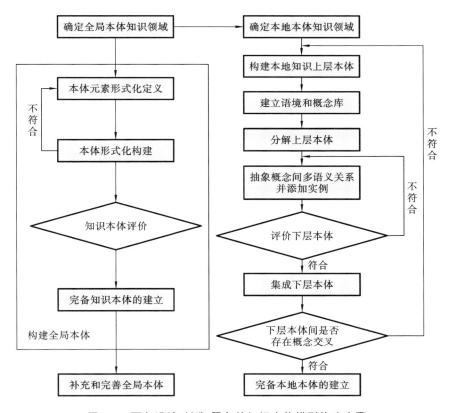

图 4-4　面向设计-制造-服务的知识本体模型构建步骤

步骤 1:确定全局知识本体研究对象和研究范围。领域越大,所建立的本体越大,因此,首先需确定研究对象和研究范围,并收集应用场景。例如,选择动车组作为产品知识模块本体构建对象时,其领域为轨道交通领域,这时需要该领域的分析师对所选择的动车组对象进行分析,确定好轨道交通领域的研究范围,为其对应的产品知识模块本体构建打下基础。

步骤2:确定本地知识本体研究对象和研究范围。本节涉及三个本地本体,分别为设计、制造、服务产品知识本体。在此基础上,还需明确各本地本体间以及本地本体与全局本体间的逻辑关系,以便本地本体对全局本体知识库做完善和补充。

步骤3:构建本地知识上层本体。本地知识上层本体应包含领域内的核心概念,如参数、结构、性能、试验等。具体构建过程如下。首先,由领域专家参照规范文档和经验知识,总结出本领域的核心概念集合;然后,由本体构建人员协助领域专家,通过学科、装备结构、研制流程等内容,面向知识表示、知识获取、知识组织、知识重用等功能,综合考虑领域内的静态结构、研制过程、组织运营、研制成果等方面信息,总结出核心概念,并将其组织成本地知识上层本体;最后,将各本地本体的上层本体汇总,并针对这些核心概念,形成全局本体,为全局本体完善和本地本体构建提供整体性支撑。

步骤4:本体元素形式化定义。该步骤主要由领域专家完成,通过定义本体中的所有术语、事实、约束和规则等的意义及其类之间的属性关系,对本体中元素进行规范化描述,以便为后续本体形式化构建提供依据和标准。

步骤5:本体形式化构建。选择合适的产品模块本体构建语言,按照自顶向下的方法构建具体的领域产品知识模块本体。以动车组为例,首选动车组设计知识模块本体和动车组制造知识模块本体。在此基础上,采用合适的本体开发工具进行产品知识模块本体的形式化构建,实现产品本体的初步构建。

步骤6:知识本体评价。知识本体的评价标准应遵循知识本体构建规则,主要有明确性、客观性、完整性、一致性、可扩展性、最小编码偏差、最小本体承诺、模块性以及标准命名等方面,若不符合标准,则返回步骤4。

步骤7:完备知识本体的建立。在已经初步建立的知识本体中,对其术语关系和构建规则进行检验,符合要求的可以 SHOE、OIL、DAML＋OIL、RDF 和 OWL 等形式化的语言将知识本体按照实际工程需求描述出来,并以文件的形式存放,实现知识本体具体化,进一步完善和丰富本体知识库。

步骤8:建立语境和概念库。领域专家对提取出来的词汇和语境进行整理和分析,将词汇提取成概念的集合,并记录概念间的关系,保证在概念和语境提取过程中概念的唯一性和正确性,除去概念的冗余性、二义性,为本体构建提供可靠准确的语境和概念库。具体操作如下。

（1）识别材料和问题的语境以及各种语境下所使用的词汇。

（2）分析概念间的语义关系。

（3）研究这些词汇与概念的对应关系,并记录这些信息。

步骤9:分解上层本体。将上层本体分解成若干下层本体,每个下层本体包含领域内的一个方面。各个下层本体之间不应出现概念交叉和定义重复。

步骤10:抽象概念间多语义关系并添加实例。首先,按概念的固有属性和专有特征进行归纳和修改,对概念建立分类模型,并将其添加到相应的下层本体中;其次,定义概念之间的关系,建立它们之间的语义关联;在此基础上,添加实例作为概念的具体化表述。

步骤11:评价下层本体。使用已有问题评价下层本体,通过评价的本体用于集成,由领域专家和设计人员对于未通过测试的本体进行结构调整或实例、关系的修改,完成对下层本体的评价和改进。

步骤12:集成下层本体。根据构建原则集成已经通过测试的下层本体,添加新的关系,消除不一致性,若下层本体间存在着概念交叉,则应返回步骤3,检查上层本体的结构,进一步区分概念间的意义。

步骤13:补充和完善全局本体。提取各本地本体间有语义关系的概念,补充至全局本体中,随着本地本体的进化,同步和完善全局本体。

2. 宏观尺度的 MBD 本体模型

在基于 MBD 的制造环境下,以三维模型作为基本载体,建立宏观尺度信息模型,将制造工艺信息模型中的尺寸、公差、基准等工艺设计信息与实体模型通过三维标注形式紧密关联,使 CAD 中的产品几何数据与非几何信息实现高度集成。

MBD 宏观尺度模型定义中,不仅包含几何信息,还包含制造和检验所需的附加信息,这些信息被统称为 PMI。基于 MBD 模型的 PMI 信息主要包括几何尺寸和公差（GD&T）、材料规格、部件列表、工艺规格和检验要求等内容。利用 PMI 信息与几何特征要素之间的关联性,为产品提供一个较为全面的三维注释环境,将非几何信息标注于三维实体上,代替二维工程图纸的注释,实现整个产品生命周期信息的复用,并能够向下游生产制造、出厂检验、运行服务等环节高效传递,从而为上述各环节的业务执行提供一致性的可调用信息。其定义方法如下:

$$Macro\_Model = \{3D\_model, Dimension, Tolerance, Material\_info\} \quad (4\text{-}2)$$

式中：model 是三维实体模型；Dimension 是特征尺寸；Tolerance 是尺寸公差；Material_info 是材料种类、规格等信息。

基于 MBD 的宏观尺度信息模型以三维设计模型为载体，融合产品 PMI 三维信息注释来表达下游生产（如数控加工、计量、检验等）需要的所有工艺信息。三维注释技术能够准确表达产品特征尺寸及加工要求等信息。基于此，MBD宏观尺度信息模型能够以简明易懂的三维形式表达产品的特征信息。根据这样的设计模型，现场人员可以快速检查相关设计的合理性，减少由于工艺更改所耗费的整体生产时间，同时也为下游装配及检验等部门减少工作量，以此来实现 CAD/CAE/CAM/CAPP 系统的高度集成。

3. 介观尺度的 MBD 本体模型

介观尺度的 MBD 本体模型是宏观尺度和微观尺度的结合，既抽象又具体地反映产品各部件某些关键区域内的特征，如不同工艺下或不同运行环境下材料局部表面光洁度变化以及结晶和相变过程的进行。利用所建立的含有丰富信息量的介观尺度的 MBD 本体模型，可以直观清晰地看到材料显微组织结构的变化，并加以分析，以此来寻找工艺的改进优化方法。

介观尺度的 MBD 本体模型主要用来描述工件加工过程中的表面材料特性，本书中所建立的介观尺度的 MBD 本体模型包含表面属性中的部分内容，其定义方法如下：

$$Mesoscopic\_Model = \{Surf\_rou, Micstru, Tool\_dir, Wp\_imp\} \quad (4\text{-}3)$$

式中：Surf_rou 是表面粗糙度；Micstru 是显微组织；Tool_dir 是刀纹方向；Wp_imp 是杂质。

介观尺度的 MBD 本体模型基于产品的加工过程数据，对产品显微组织在不同机加工序中的变化趋势进行分析，主要包括粗糙度、杂质和刀纹方向等，以此来研究工件表面性能与使用性能之间的关联关系。通过对产品制造过程的设备、零件状态进行实时监督和管控，对建立的模型进行分析诊断，能够及时调整加工工艺，实现对机床和刀具的准确选择以及各项主要加工参数的优化。介观尺度的 MBD 本体模型对加工预测和加工质量提高都具有积极的意义。

4. 微观尺度的 MBD 本体模型

对产品的微观尺度信息进行 MBD 本体建模，是为了深入讨论其加工材料去除机理和表面微观组织变化及残余应力分布，不仅可为实现加工过程参数的优化提供依据还有助于产品服务过程的故障监测。

微观尺度的 MBD 本体模型主要用来描述工件加工过程中的表层材料特性,本书中所建立的微观尺度的 MBD 本体模型包含表层材料属性中的部分内容,其定义方法如下:

$$Micro\_Model = \{Res\_sts, Trans, Grain\_cor, Micro\_crack\} \qquad (4\text{-}4)$$

式中:Res_sts 是残余应力;Trans 是相变;Grain_cor 是晶界腐蚀;Micro_crack 是显微裂痕。

从宏观、介观和微观尺度建立产品多尺度本体模型可实现对产品生命周期各阶段不同层次、不同内容间相关信息关联关系的准确描述。这些关联关系使模型间的信息不再孤立,形成了涵盖产品全生命周期信息的复杂关联信息网,能够实现信息的自动感知和关联更新,从而可以解决产品信息交互困难的问题,为产品设计-制造-服务一体化协同技术的实施提供了模型支持。

4.3.2　面向设计-制造-服务的领域术语本体构建过程

领域术语本体(domain-terminology ontology,DTO)[121]表示在相对简单的术语本体的基础上,把每一个知识领域抽象成一个概念体系,再采用一个词表来表示这个概念体系,在这个词表中明确地描述词的含义、词与词之间的关系、并在该领域的专家之间达成共识的本体形式。建立领域术语本体的目的是满足知识描述内容的一致性。本书提出了一种面向设计-制造-服务的领域术语本体构建过程,包括以下五个步骤。

步骤 1:构建面向设计-制造-服务的领域术语本体顶层结构。复杂产品全生命周期过程一般由市场需求分析、方案设计、技术设计、详细设计、试制实验、批量生产、使用维护、拆解回收等环节组成。围绕产品全生命周期过程还包括企业的产品专业分类、产品研发功能原理、产品结构、过程数据文件、材料、供应商等相关信息。可将这些信息内容都定义为领域术语中的本体类,通过这种划分方式,可以将产品生命周期中的所有环节包含在内,为设计、制造、服务过程的领域术语本体构建提供全局信息。

图 4-5 所示为本体类在产品全生命周期过程中时间和空间上的关系,从时间与空间两个角度观察,沿时间维度排列的需求、设计、试验、工艺、生产、运行与维护等本体类有时间上的先后关系,越往右,其在产品生命周期中的环节越靠后;沿空间维度排列的专业、材料等本体类有空间上的上下关系,越往上逻辑空间维度越高,其本体重要程度越低。

步骤 2:定义领域术语本体类的子类。图 4-6 给出了复杂产品全生命周期

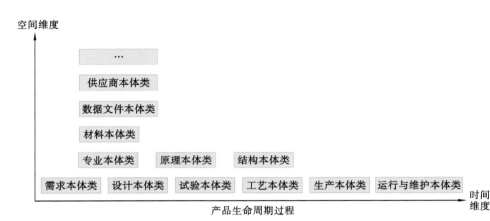

图 4-5　本体类在产品全生命周期过程中时间和空间上的关系

过程各个阶段的本体类。通过梳理产品生命周期各环节内容的子项内容,在领域本体术语顶层术语类定义的基础上,实现对术语本体子类的定义。例如:功能、性能和环境是需求本体类的子类;概念设计、方案设计和工程设计是设计本体类的子类;零部件试验、系统试验和整机试验是试验本体类的子类;切削加工、热处理和装配是工艺本体类的子类;自制件、外协件和标准件是生产本体类的子类;功能、性能和安全是使用本体类的子类;保养、功能失效和性能下降是运行与维护本体类的子类。

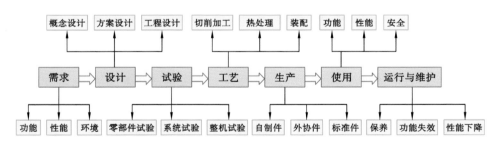

图 4-6　复杂产品全生命周期过程各个阶段的本体类

步骤 3:定义领域术语本体类之间的关系。针对各术语类添加对应的关系属性,包括数据属性和对象属性。数据属性描述该本体类自身的信息,如定义、名称等。对象属性描述该本体类和其他本体类之间的关系。结合知识网络层次化网状模型,本体关系包含"近似""因果""属分""相关"等关系,此外各术语本体类根据实际需求允许定义特定属性。

步骤 4:收集资料,筛选候选术语本体实例(individual),完善本体术语类的实例及概念,如对航天发动机本体术语领域中"推进剂喷嘴"的定义。

术语:推进剂喷嘴。

英文名称:Propellant Injector。

基本定义:航天发动机燃烧室的主要组件,一般呈钟罩形或锥形,通过高膨胀比的渐缩渐阔喷嘴提供高于围压 2～3 倍的压力使燃烧室形成喷嘴阻流和超声速射流,将热能转化为动能,增加排气的速度。高温气体通过喷口排出,从而为发动机提供动力。

步骤 5:利用 OWL 对术语本体进行编码化编辑,允许术语本体的维护与编辑,使其成为一个开放体系。

通过采用本体技术构建产品领域术语本体对知识项中各元数据进行统一描述,一方面可以实现知识项内容在属种上的互识,另一方面可以实现知识项关键元数据间的互识,这有助于解决产品全生命周期知识内容描述一致和语义统一的问题,为产品设计-制造-服务的一体化协同提供技术支撑。

4.3.3　建立以 BOM 为核心的信息传递机制

基于 MBD 环境下的产品数据管理以产品生命周期各阶段的 BOM 转化为主线,实现各阶段数据的一致性维护与传递。产品 BOM 信息贯穿了产品设计、运维服务、拆解回收的整个生命周期过程。产品生命周期各阶段任务不同,相应的 BOM 的组成内容也随之不同,这些 BOM 统称为 xBOM。通过对产品生命周期 xBOM 的形成、转化过程等进行分析,本节建立了图 4-7 所示的以 BOM 为核心的信息传递机制。

第一,根据用户需求,形成初始的客户 BOM(customer BOM,CBOM)。CBOM 一般按照产品的功能组件进行划分,同时在用户需求上添加产品质量信息,如用户对产品或某一功能部件的特定要求;第二,结构设计人员根据初始的 CBOM,划分产品的层次关系,包括设计关系、标识信息和产品材料信息,并基于结构件库对产品的结构进行详细的设计,最终形成 EBOM;第三,工艺设计人员根据产品的设计分离面和工艺分离面对 EBOM 的产品结构关系进行调整,如增加工艺虚拟节点形成装配结构树等,在此基础上进行加工工艺设计、装配工艺设计及工装设计,并按照相应的约束信息和交付规范,形成 PBOM,同时需在 PBOM 当中的每道工序上添加质量控制信息,以保证产品的最终质量;第四,生产部门根据 PBOM 合理地安排生产计划,并基于产品制造资源库,根据

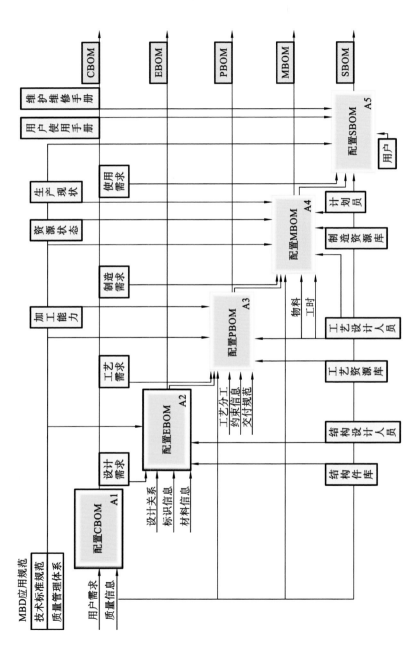

图 4-7 以 BOM 为核心的信息传递机制

制造需求形成相应产品的 MBOM,并将现场采集的质量信息和质量检验信息添加到 MBOM 当中,为后续产品的运行和拆解回收提供质量保证;第五,根据产品运行状态,用户将产品使用过程当中存在的质量问题信息添加到 SBOM 当中,并将质量信息反馈给制造企业,有助于对产品设计和制造进行改进,实现对产品持续的迭代优化[122]。

BOM 贯穿产品的设计、工艺、采购、生产制造、销售和服务等各个环节。通过建立以 BOM 为核心的信息传递机制对产品设计、制造和服务过程数据进行管理,保证了产品生命周期中信息的完整性、一致性和可追溯性。根据各生命周期阶段对 BOM 的不同需求,掌握 BOM 的演变过程,有利于指导各阶段的业务分工,实现各阶段信息和业务的集成,从而促进设计-制造-服务的一体化协同。

4.3.4 知识集成管理

1. 知识获取

在企业管理领域中,知识管理理论并没有对知识获取进行明确的定义。然而,从内容上可反映出知识管理领域对知识获取的规定:将未经组织的文档、数据等(显性知识)和存在于人脑的专家技能(隐性知识)转化为可复用、可检索形式的知识。知识可以分为隐性知识和显性知识。通常,知识具有隐含性、共享性、价值增值性、行动相关性与特定语境性五大特性。知识的隐含价值需要通过数据挖掘来发现。经济合作与发展组织(Organization for Economic Co-operation and Development,OECD)将知识归结为 Know-what 类知识、Know-why 类知识、Know-how 类知识和 Know-who 类知识[123],知识分类如表 4-1 所示。

(1)Know-what 类知识,即事实知识,是指关于事实与现象的知识。

(2)Know-why 类知识,即原理知识,是指关于原理与规律的知识。

(3)Know-how 类知识,即技能知识,是指关于操作能力、技能的知识。

(4)Know-who 类知识,即人力知识,是指关于谁知道知识的知识。

表 4-1　知识分类

显 性 知 识	隐 性 知 识
系统化和包装化的显性知识	常规化和应用到实践中的隐性知识
• Know-what,Know-why 类知识	• Know-why,Know-who 类知识
通过影像、符号和言语表达的显性知识	可分享的隐性知识
• Know-why,Know-what 类知识	• Know-how,Know-what 类知识

知识获取是人工智能和知识工程的核心技术,是利用知识进行推理求解问题的前提。知识获取可以理解为从专家和其他知识源中汲取知识的过程,它将有用的、人们所需要的知识从烦琐的知识源中提炼出来,将这些知识转换成易懂、可用性高的知识。知识获取的核心问题是如何精准高效地获取各类有用的知识。

知识获取的主要来源包括生产手册、内部外部的标杆、专家知识、运维经验。知识获取按自动化程度不同有如下方式。

(1)人工获取:是指在领域专家与知识工程师交流中,领域专家负责提供领域的知识,知识工程师负责将领域知识概念化、形式化,完成编码、比较测试等工作,并反复逐步完善知识库。

(2)半自动获取:是指利用获取工具,在知识工程师的协作下,直接与计算机进行交互学习。

(3)自动获取:是指计算机在领域专家和知识工程师的配合下,直接从样本中获取知识。自动获取方法主要有数据挖掘法和文本挖掘法。数据挖掘法是基于数据集中技术,识别出以模式来表示的知识,模式包括分类模式、回归模式、时间序列模式、聚类模式、关联模式共五种。文本挖掘法是从信息量非常大的文本中抽取知识,其目的在于发现文本中关于特定主体的知识。由于大规模的文本数据库潜在地蕴含着有价值的知识,但其信息表示方式却有很强的复杂性、丰富性和不直观性。因此,文本数据与数值数据和固定文档数据不同,不能用标准的统计数据挖掘方法来分析。本书以基于知识语义化管理系统和基于知识需求模型的知识获取方法为例进行介绍。

在基于知识语义化管理系统中,首先,用户输入用户对象、知识应用生命周期、产品对象、知识需求目的四个方面的信息,由系统构建需求模型[124];其次,通过相似度匹配算法进行模型匹配,在知识本体中定位到知识节点;最后,利用知识语义标注算法中的知识与本体元素的定位关系,提取知识语义空间,实现产品知识的多维度获取。

基于知识需求模型的知识获取方法流程如图4-8所示。

首先,利用知识需求模型在产品全生命周期系统知识库中进行知识匹配,其本质是针对知识需求模型中每个节点元素,在知识本体中计算最匹配的节点。通常,由于需求模型中的节点元素多,知识本体元素数量大,上述匹配过程需要进行大量的运算,从而导致知识获取效率低。为提高知识获取效率,此处基于知识需求模型的知识获取方法选取了知识需求模型中与产品对象、知识需

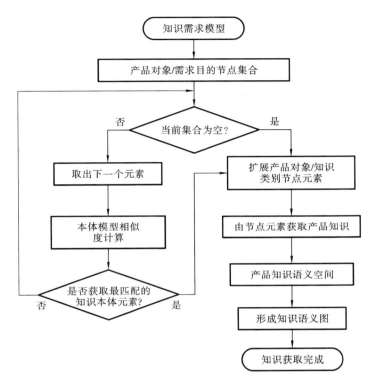

图 4-8   基于知识需求模型的知识获取方法流程

求目的有关的节点作为核心元素,搜寻知识本体中对应的知识节点。其次,参考知识语义空间的生成过程,在获取的知识节点中,以产品对象与知识类别节点为中心,扩展到语义距离为1的相关知识节点。最后,依据知识语义标注时,知识与本体元素的定位关系,锁定相应的产品知识,利用知识语义空间,生成一幅完整的知识语义图,实现知识的获取。

2. 知识表示

产品全生命周期的各种知识以显性或隐性的形式存在于文档、工程手册、数据表格、图片、设计样图、系统数据库和产品实例中,且这些知识大多是结构化或者半结构化的形式,具有结构多样、分布广泛的特点。为实现知识的共享和重用,需要将其准确表达。同时,为便于管理和组织所获取的知识,需要根据产品生命周期各阶段业务活动的特点进行知识需求分析,以匹配到当前业务活动所需的知识。因此,统一的知识表示方式是产品知识管理的前提。

知识表示(knowledge representation,KR)是指计算机对知识符号化的过程,它能够将从数据源中获取的相关知识表达成计算机能够理解、表达和利用的符号,是一种计算机所能够接受的、对智能行为的描述。其目的是能识别、存储与可视化知识,以便于人类的识别与学习。知识表示主要研究以何种形式将相关问题的知识存入计算机,以达到可以被计算机处理的目的。

现有的知识表示形式主要有逻辑表示方法、产生式规则表示方法、框架式表示方法、面向对象式表示方法、本体表示方法、语义网络表示方法等。其中,语义网络表示方法早在 1968 年 J. R. Quillian 的博士论文中就已提出,作为人类联想记忆的一个显式心理学模型,并在他设计的可教式语言理解器(teachable language comprehender,TLC)中作为知识表示方法。语义网络的基本思想是:网络可映射为一张图,图中的节点代表概念,节点之间的有向边代表节点之间的多种关系,所有的概念都通过关系相连,同时每个节点和每条边都有唯一标识,以便区分出不同概念和概念间多种不同的关系。最简单的语义网络将知识表示为一个三元组,例如:节点 1,边,节点 2。

主题地图(topic maps)是知识表示和交换的一种标准,其类似于语义网络的知识表示模式,主要用于描述知识的结构并使之与资源建立关联关系。通过主题地图能够有效处理知识探索和知识推理的问题[125]。由于本体中概念间的语义关系存在着很强的推理能力,因此本体论被广泛应用于知识管理中的知识共享和知识重用方面。基于上述两项技术,本节提出图 4-9 所示的基于主题地图的产品知识表示框架,该框架包括本体层、XTM(XML topic maps:基于 XML 的主题地图)层和资源层。

资源层是与产品知识相关联的各类数据和信息资源,包括产品全生命周期各阶段的知识。例如:产品设计阶段的行业标准和专家团队数据;制造阶段的工艺工装文档记录和产品数据库;服务阶段的产品维修服务记录和故障诊断信息等。这些资源是知识的来源和基础,为知识获取表达和组织管理提供了底层支持。

XTM 层是由产品知识本体实例按照 XTM 语法组织在一起而形成的。它通过知识本体实例的方式来表达产品过程中的知识,同时采用 XML,结合主题地图的模式,将分散的知识进行集中,实现不同知识资源的链接,为知识集成提供实例支持。这样不仅可以增强知识之间的互操作,还能体现语义之间的关联性,可使表达的知识能更准确地反映复杂的语义关系。

本体层用于表示各类本体的语义信息,主要包含产品过程本体、对象本体

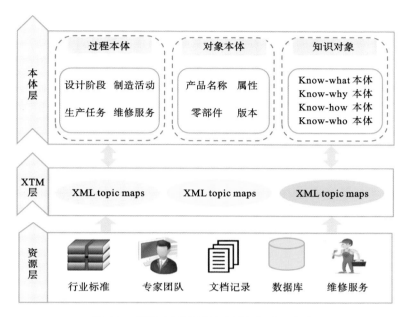

图 4-9　基于主题地图的产品知识表示框架

和知识对象。过程本体涵盖了产品全生命周期各阶段的概念和术语信息,如设计-制造-服务各阶段的任务、活动和过程要素等;对象本体则涵盖了对象的相关概念和信息,如产品名称、零部件、版本、属性等;知识对象本体涵盖了不同知识类别的信息,如 Know-what 本体、Know-why 本体、Know-how 本体和 Know-who 本体。

3. 知识图谱

知识图谱(knowledge graph,KG)是伴随着 Web 技术演进而出现的语义知识管理组织方法,它旨在描述客观世界的概念、实体、事件及其之间的关系。知识图谱将用户查询请求与语义知识库中的实体、属性、关系进行映射,使得计算机能够从语义的角度理解用户意图,通过学习以自然语言的表达方式呈现,并智能化输出用户的查询结果。知识图谱的出现是人工智能对知识需求所导致的必然结果,其发展得益于专家系统、语言学、语义 Web、数据库、信息抽取等技术的交叉融合。通过构建知识图谱来处理与知识相关的查询和问答等问题具有非常重要的意义。谷歌在 2012 年 5 月推出谷歌知识图谱,用以增强其搜索引擎的搜索结果,这是大规模知识在互联网语义搜索中成功应用的标志。与当下主流的搜索技术相比,知识图谱由于能够以可视化显示、多学科融合等方式描述知识资源及其载体之间的相互联系而显得更为智能。随着图形学、信息可视化、信息科学等技术的发展,知识图谱被越来越多地应用于各种领域,例如谷歌、Facebook 等公司先后推出 Knowledge Graph、Facebook 等知识图谱应用;百度、搜狗等公司也相继推出其在知识图谱应用层面的产品。

知识图谱本质上是一种图结构网络,它描述了大量数据中所包含的实体间的语义关系,是知识的一种结构化图解表示。知识图谱由节点和弧线或链线组成,节点用于表示实体、概念和情况等,弧线用于表示节点间的关系,可用三元组作为其通用表达方式,即(head,label,tail),简记为(h,l,t)。其中,head 与 tail 分别表示三元组中的头实体和尾实体,两个实体之间的关系用 label 做标记;h、t 属于实体集合 E(entities),l 属于关系集合 R(relationships)。该模型的基本思想是:不断调整头实体嵌入向量与关系向量的方向,使二者矢量和与尾实体向量近似相等。通过定义一个距离函数 $d(h_1+l_1,t_1)$(d 可以是欧几里得距离或者是曼哈顿距离),表示调整过程中的能量。由于向量具有空间平移不变特性,故该三元组模型中同类型的关系向量,可在向量空间中进行平移重复利用。

知识图谱采用的基础存储单位为知识三元组。而传统关系数据库一般将实体和关系分别进行存储,通过连接操作来对实体关系进行查询。采用这种方式解决包含海量数据的知识图谱存储问题会造成时间与空间方面开销大的问题,无法保证查询的实时性。因此,现有的知识图谱基本不采用关系数据库,其主要的存储方式有 RDF 存储和图形数据库存储两种。

知识图谱的构建方法通常可以分为三种,即专家构建、众包构建以及自动构建。专家构建方法主要应用于知识图谱研究的早期,因为硬件与技术层面的制约,大部分 RDF 三元组由专家学者以人工编撰的方式进行构造[126]。该方法的优点是知识准确度高,但缺点也非常明显,例如,专家采用人工编撰方式获取的知识很有限,无论是规模还是构建速度都会受到很大的制约。众包构建依靠来自各地的志愿者共同合作,将知识表达成结构化形式,从而组织起一个规模较大的通用知识图谱。该方法的优势是通过相对低廉的成本构建规模庞大的知识图谱,但是通过众包构建方法获得的知识在质量上很难得到保证。自动构建方法多利用已经建立好的规则三元组获得新的 RDF 三元组。

从构建方式上看,知识图谱主要包括自底向上和自顶向下两种方式。目前,比较流行且通用的知识图谱构建流程大致分为信息提取、知识融合、知识加工三个步骤。其中,自顶向下的知识图谱构建方法是指首先从结构化知识库中进行顶层本体学习,包括术语、概念、公理规则的抽取等;然后在此基础上,进行知识元学习,包括知识元对属性值决策、知识元间关系的建立等;最后将知识元学习结果与知识库匹配融合。谷歌的 Knowledge Vault 就是一种典型的自顶向下的知识图谱构建方法。自顶向下构建知识图谱流程如图 4-10 所示。

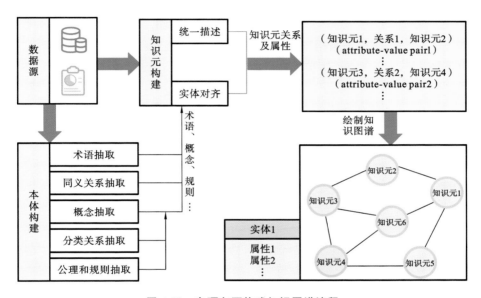

图 4-10　自顶向下构建知识图谱流程

4. 知识更新维护

知识图谱构建完成后,需要根据知识库中的新知识定期维护与更新图谱,其工作重点是在已有的图谱上增加新的知识元,并建立旧知识元与新知识元的关系,此过程称为知识更新维护。知识更新维护主要采用知识表示学习、实体知识表示学习与推理等方式,旨在通过数学向量表示的方法,简化实体间复杂的关系计算,解决关系计算效率低下、知识分布数据稀疏的问题。

知识表示学习是指面向知识库中的实体知识及其关系的表示学习,主要研究如何使用机器学习的方法将实体知识转换为三元组形式的词向量,并进一步将其映射至语义空间表示成低维、实值、稠密的向量[127]。低维实体向量解决了传统实体词汇独立表示方法中存在的数据稀疏及维数灾难的难题;实值实体向量解决了知识库数据获取阶段的同一实体描述不一致的问题,可实现异质信息融合;稠密实体向量为词汇向量的排序提供了解决方法,使得每一维度的数值均能参与计算,提升了语义计算的效率。

实体知识表示学习与推理方法主要分为基于张量分解的方法和基于映射的方法。基于映射的方法主要包括将实体关系映射成矩阵的方法和映射成向量的方法。张量神经网络模型作为矩阵映射表示法中表达能力非常强的模型,其中的实体向量是该实体中所有单词向量的平均值。这样做的好处是:实体中的单词数量远小于实体数量,可以充分重复利用单词向量构建实体表示,可降低实体表示学习的稀疏性,增强不同实体的语义联系。NTN 模型的基本思想如图 4-11 所示,该模型采用双线性张量取代传统神经网络中的线性变换层,可在不同的维度下实现头、尾实体向量的高效联系。

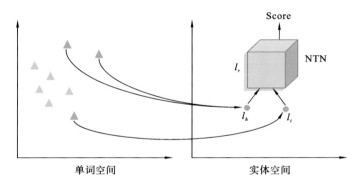

● 实体向量　▲ 对应于实体向量的单词向量　▲ 单词向量空间中的其余向量

图 4-11　NTN 模型的基本思想

图 4-11 中,NTN 为每个三元组 (h,r,t) 定义了如下评分函数,用来评价两个实体之间存在某种特定关系的可能性:

$$f_r(h,t)=u_r^{\mathrm{T}}g(l_hM_rl_t+M_{r,1}l_h+M_{r,2}l_t+b_r) \tag{4-5}$$

其中:u_r^{T} 是一个与关系相关的线性层;$g()$ 是 tanh 函数,$M_r\in R^{d*d*k}$ 是一个三阶张量,$M_{r,1}$,$M_{r,2}\in R^{d*k}$ 是与关系有关的投影矩阵。

知识获取、知识表示、知识图谱构建、知识更新维护等是产品全生命周期知识集成管理的有效途径,其有助于促进全生命周期各阶段知识的共享和交互,可为设计-制造-服务一体化协同技术的实现提供有效的增值信息和知识支撑。

第5章
运维数据与知识协同驱动的
产品创新设计方法

复杂产品设计是其生产制造、运维服务、拆解回收等的基础。产品的设计方案会为后续车间生产优化、产品运维服务等业务的管控与决策提供指导。现有关于产品设计方面的研究,很少考虑产品生命周期后端(如产品获取及运维过程)的静态用户需求和动态产品质量特性对产品设计的改进和反馈支撑作用。针对上述问题,本章聚焦产品创新设计过程的用户需求识别、产品质量特性分析、产品方案设计和产品详细设计四个环节,在分析运维数据与知识协同驱动的产品创新设计特点与流程的基础上,对支撑上述四个环节有效实现的共性方法和关键技术进行阐述,为设计-制造-服务一体化协同技术的应用提供理论和技术支持。

5.1 运维数据与知识协同驱动的产品创新设计特点及总体流程

5.1.1 运维数据与知识协同驱动的产品创新设计特点

在运维数据与知识协同驱动的产品创新设计中,产品制造商或产品提供商根据产品采购、交付、使用、维护等阶段各利益相关者关于产品使用及服务需求数据,对其中隐形的用户需求进行分析、识别、评价及聚合,同时将聚合后的产品群需求映射为产品工程技术特性,实现静态用户需求的分析与识别;在此基础上,通过产品质量特性分析与控制技术,研究产品在动态运行过程中各零部件之间的相互作用关系,实现动态设计需求的确定,以便为后续的产品方案配置及关联设计提供参考依据。运维数据与知识协同驱动的产品创新设计具有以下特点。

(1)准确识别并聚合多源数据中潜在和分散的用户需求是产品创新设计的基础。复杂产品运维过程的用户需求来自多个阶段和多个利益相关者,且不同利益相关者对产品工程任务的期望不同,需求之间存在潜在的冲突。因此,在产品创新设计过程中,需对多源的用户需求进行逐层分解,以实现隐性、动态和真实需求的分析与识别;进而需要将分散的、差异化的用户需求进行有效聚合,以形成集结的群需求;在此基础上,需要有效刻画并处理用户需求中的模糊性和不确定性,分析并解决多源需求中可能存在的冲突,以确保最终产品设计方案的有效性和准确性,实现产品的高质量交付。

(2)有效分析并控制产品工作过程中的动态质量特性是确保早期设计阶段产品可靠性和稳健性的重要途径。复杂产品结构复杂,其工作过程也是由多个运动组成的动态过程。因此,在产品创新设计过程中,将产品按元动作单元进行分解,得到最小的运动单元。再以元动作单元为出发点,通过产品质量特性分析与控制技术,研究产品的动态质量特性,探索工作过程中零件之间的相互作用关系,得出产品的功能需求和几何特性,并与设计过程相结合,形成产品的设计质量特性,以达到设计开发阶段的质量管理和控制,可有效保证产品设计的可靠性和稳健性。

(3)高效且合理地配置推理出产品设计方案是提升产品设计效率的有效手段。方案设计是一个从无到有的创意设计过程,决定着产品的基本特征。在有效分析静态用户需求和动态质量特性的基础上,将配置推理与产品方案设计相结合,通过高效、直观、简便的配置推理技术,产品制造企业可快速提取出与新设计产品相似度较高的配置实例,初步生成符合用户偏好的设计方案,最大限度地设计出满足多样化市场需求和个性化用户需求的定制产品。进而通过对产品配置知识库中的知识进行推理,获得产品配置方案,引导和辅助产品详细设计,这对提升用户满意度、创新产品设计、节约资源成本,以及增强产品竞争力均具有重要意义。

(4)基于关联模型的产品详细设计是确保设计资源高效复用、提高产品设计效率、实现产品快速设计的核心。随着产品结构、尺寸、约束等之间的耦合关系越来越复杂,产品各零部件之间的参数以及产品质量特性之间呈现出多维、多阶的关联关系,零部件与产品整机之间也互相依赖、互相影响。通过基于关联模型的产品详细设计技术,构建多层级骨架模型,建立零件与零件之间的驱动关系,制定结构关联传递规则,可实现产品的快速调整和变更,确保整个设计过程更改的关联性和一致性,进而可缩短产品的研发周期,提升产品设计的智能化水平,提高产品设计的整体性能与质量。

5.1.2　运维数据与知识协同驱动的产品创新设计总体流程

本小节围绕与用户需求、产品质量特性、产品方案设计和产品详细设计相关的关键环节,阐述运维数据与知识协同驱动的产品创新设计总体流程,如图5-1 所示。

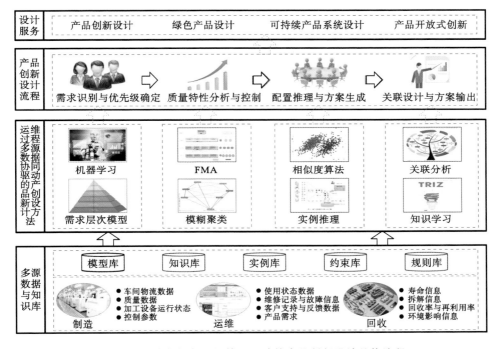

图 5-1　运维数据与知识协同驱动的产品创新设计总体流程

1. 需求识别与优先级确定

需求识别与优先级确定涵盖了用户需求分析与识别、需求重要度确定与排序、工程技术特性分析与优先级确定三个环节。

（1）用户需求分析与识别:依据用户描述的产品期望价值,对运维过程中不同环节各利益相关者的期望价值进行逐层分解,识别各运维阶段的用户价值,并对其交互关系进行分析,得到产品用户需求项,进而导出不同用户的层次化结构产品需求。

（2）需求重要度确定与排序:对这些产品需求进行分析、评价并排序,以确定重要的需求项。

（3）工程技术特性分析与优先级确定：将这些产品需求准确地转化为设计人员可理解的产品工程技术特性，以确保设计方案的有效性。

因此，要先对产品工程技术特性进行分析并展开，再将产品需求映射为产品工程特性。在此基础上，将用户的产品需求重要度向工程技术特性重要度转化，以便为产品方案的配置与择优提供支持。

2. 质量特性分析与控制

质量特性分析与控制主要包括元动作与元动作单元、产品质量特性分析和产品质量特性控制三个部分。

（1）元动作与元动作单元：复杂产品的工作过程是由多个运动组成的动态过程。按"功能-运动-动作"（function-motion-action，FMA）的原理将产品单元化，从运动层面对其质量特性进行分析和控制，可有效简化分析过程。

（2）产品质量特性分析：元动作单元的质量特性具有多样性和动态性的特点，需深入研究其自身质量特性的形成机理，分析其各个关键质量特性特征，从运动角度，构造出元动作单元的质量特性指标模型[128]，为后续产品质量特性控制奠定基础。

（3）产品质量特性控制：借鉴"分解-分析-综合"的质量特性控制策略，对元动作单元进行分析和建模，实现单元层的质量特性控制，再将单元质量特性集成，进而实现对整机质量特性的综合控制。

3. 配置推理与方案生成

配置推理与方案生成主要包括配置知识表示和推理求解两部分。首先，配置知识表示部分采用面向对象的约束表示与基于实例的知识表示相结合的方法，建立需求与产品结构功能之间的映射关系，将模糊的信息转化成产品设计中可以直接使用的需求信息，构建产品实例模型，以满足设计和销售人员等对结构和功能的配置需求。其次，推理求解部分采用基于规则的推理和基于实例的推理相结合的方法，对原有配置实例进行检索，获得与之相似的新的配置方案，存储于实例库中。将配置推理与产品方案设计相结合，可快速地生成符合用户偏好的设计方案，辅助企业开发出一系列新产品，为用户提供不同功能的产品，有效缩短配置时间，提高产品配置的准确性和设计效率。

4. 关联设计与方案输出

基于关联模型的产品详细设计是高效、快速响应用户定制化需求的核心技术。在配置设计输出方案的基础上，将关联模型与详细设计相结合，根据关联规则，进一步采用参数化设计技术，建立零件与零件之间的驱动关系，构建多层级骨架模型,实现产品设计过程中上下游设计之间的关联、控制和约束以及总体与局部的协调统一,保证模型在设计发生变更时的关联性和一致性。此外,通过知识协同驱动的设计技术,记录、描述、使用和维护各种经典产品的设计知识,生成可共享和可重用的知识库,实现不同参数和属性之间知识的统一表示,完成各功能单元之间知识的高效传递,提高产品设计能力、加快设计进程,为后续产品的制造及服务过程奠定基础。

5.2 用户需求识别与优先级确定技术

5.2.1 用户需求分析与识别

产品用户需求分析与识别是产品设计需首要解决的问题。在需求识别的过程中,需要对运维全周期的不同业务活动(如产品选型、安装调试、运行支持等)进行分析来识别各阶段的用户价值,进而通过对特定阶段所涉及利益相关者的交互关系进行分析,导出该阶段的用户需求。

产品用户需求分析与识别方法主要包括两个方面:一是用户需求层次模型构建,二是基于运维过程各阶段利益相关者交互关系的用户需求分析及导出。其中,用户需求层次模型构建是从用户期望的产品使用后所能达到的总体目标角度出发,基于运维全周期内产品使用的各种活动(如产品使用前、使用中、使用后的活动),对产品不同运维阶段业务活动的用户价值期望及用户需求进行逐层分解的过程。基于运维过程各阶段利益相关者交互关系分析的需求导出是从满足不同运维阶段业务活动用户价值期望的角度出发,通过识别该阶段涉及的利益相关者,并分析各利益相关者之间的交互关系,以实现各运维阶段业务活动用户需求的顺利导出过程。

1. 用户价值理论与面向运维过程的用户需求层次模型

用户价值可以从两个相互作用、相互影响的利益主体角度进行理解,一个是从用户自身角度,另一个是从产品提供商角度。从用户自身角度出发,用户价值是指产品提供商需要通过各种制造服务或业务活动为用户创造最大价值;从产品提供商角度出发,用户价值是指产品提供商需要关注高价值的用户才能促进其自身的价值增值。通常,从用户自身角度研究用户价值有两个方向,即从用户感知的角度衡量用户价值和从用户期望的角度分析用户价值[129]。

Zeithaml[130]将用户感知价值(user perceived value,UPV)定义为:"消费者

基于感知利得和感知利失形成的对产品效用的整体评价"。通过对用户感知价值的研究,可实现对产品的评价以及用户需求满意度的计算。Woodruff[131]将用户期望价值(user desired value,UDV)定义为:"用户在产品使用过程中对产品的属性、功效以及使用结果是否满足其预期目标和意图的感知偏好和评价",并采用"手段-目的链"用户价值理论构建了用户价值层次模型。从用户期望价值的角度分析各阶段的用户价值,可以帮助产品设计人员深入理解并准确获取运维过程不同阶段的用户需求及用户子需求。

本书以上述用户期望价值以及用户价值层次模型为基础,考虑运维全周期内的各种业务活动(如售前咨询、购买支持、设备交付、产品运营、维修保养等),以及支撑用户产品使用总体期望价值实现的各运维阶段的用户期望价值,构建了图 5-2 所示的面向运维过程的用户需求层次模型,以便系统、有效地分析用户对产品的潜在需求与价值。所构建的用户需求层次模型由产品用户总体期望价值(user total desired value,UTDV)、运维各阶段的产品用户期望价值(user desired value,UDV)、运维各阶段的产品用户需求(user requirement,UR)、产品用户子需求(user sub-requirement,USR)四个层次组成。

产品用户总体期望价值由运维全周期各阶段的产品/用户期望价值组成,进而可以看作由不同运维阶段的产品用户需求组成,可将其表示为

$$UTDV = \{UR_1, UR_2, \cdots, UR_k, \cdots, UR_n\}, \quad k = 1, 2, \cdots, n$$

$$\forall UR_i, UR_j \exists UR_i \bigcap UR_j = \varnothing (i \neq j), \text{且 } UTDV \subset UR_1 \bigcup UR_2 \bigcup \cdots \bigcup UR_n$$

$$(5-1)$$

其中:UR_k 表示组成 UTDV 的不同运维阶段的产品/用户需求。

运维各阶段的产品用户期望价值 UDV 反映了运维全周期内各利益相关者通过各种业务活动希望从产品使用过程中获得的核心利益及共同愿景。

运维各阶段的产品用户需求是在识别不同阶段所涉及的利益相关者,并分析各利益相关者间交互关系的基础上得到的,它是各阶段产品用户需求的集合,表达了不同阶段各利益相关者的需求类别。

产品用户子需求 USR 是用户需求 UR 层次模型中最小的、不可分割的产品需求。因此,运维各阶段的产品用户需求 UR_k 可以由不同运维阶段的一系列子需求 USR_{kk} 组成,可表示为

$$UR_k = \{USR_{k1}, USR_{k2}, \cdots, USR_{kk}, \cdots, USR_{kn}\}, \quad k = 1, 2, \cdots, n \quad (5-2)$$

根据产品的不同运维阶段及其相关的业务活动,利用本书中所提出的用户需求层次模型可将用户期望价值逐层分解成运维各阶段的用户期望价值,进而

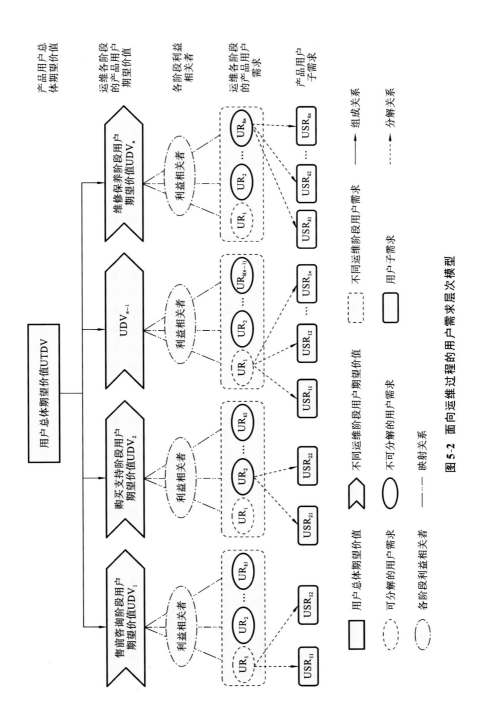

图 5-2 面向运维过程的用户需求层次模型

分解成相互独立的用户需求与子需求。在分解过程中,产品设计人员首先会根据不同运维阶段各利益相关者对产品使用共同的价值期望确定相应阶段各需求项的重要性,进而根据该阶段各需求项的重要性来判断产品各子需求项的重要性,直至所有层级的用户需求重要性都得以确定。

同时,根据上述基于"手段-目的链"理论的用户价值层次模型的运行逻辑,消费者首先会基于对产品使用目标的满意程度来确定使用情景下产品使用结果的重要性,以实现对产品设计基于结果满意度的评价;其次,基于产品使用结果的满意程度引导用户对产品属性的重要性进行判断,进而实现基于属性满意的产品设计方案评价。

据此,可以归纳得出如下结论,即用户需求层次模型中的用户总体期望价值层、运维各阶段的用户期望价值层、运维各阶段的产品用户需求及子需求层,分别与用户价值层次模型中的用户的目的或目标(即目标层)、用户使用情景下期望的结果(即结果层)、用户期望的产品属性(即属性层)相互对应。用户需求层次模型与用户价值层次模型的运作逻辑及对应关系如图 5-3 所示。

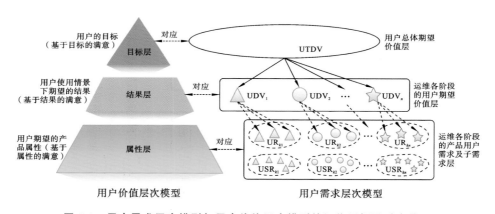

图 5-3　用户需求层次模型与用户价值层次模型的运作逻辑及对应关系

在用户价值层次模型中,产品属性是更高层级的用户需求或价值,是实现结果层和目的层的手段。同样地,在用户需求层次模型中,运维各阶段的产品用户需求及子需求,是实现运维各阶段的用户期望价值和用户总体期望价值的基本要素和关键途径。因此,本书所提出的面向运维过程的用户需求层次模型与基于用户价值理论的价值层次模型具有相同的运作逻辑,是一种能够辅助产品设计人员准确获取运维过程不同阶段、不同层级用户需求的有效方法。

2. 基于运维过程各阶段利益相关者交互关系分析的需求导出

产品生命周期利益相关者是指对各生命周期阶段的活动施加影响或者受这些生命周期活动影响的所有利益主体。而面向产品运维过程，利益相关者是指在产品的运营和维护等业务活动（如产品运营前的售前咨询、购买支持、产品交付等活动，又如产品运营中的运行保障、维修保养等活动）中，对用户活动施加影响或者受用户活动影响的主体（如产品采购人员、安装人员、操作人员、终端用户、产品提供商、产品使用环境、相关法律法规等）。

运维全周期各阶段利益相关者的识别是分析其交互关系并实现用户产品需求顺利导出的前提。这些利益相关者在不同运维周期的业务活动中有着不同的作用。例如，终端用户在售前咨询过程中会对产品具体能够实现的功能和性能提出要求，而在产品的运行过程中，他们是产品具体功能和性能的受用者或者评价者；产品提供商在设备交付阶段为用户提供现场勘测、上门安装调试、操作培训、维修培训等服务，而在产品运行保障和维修保养过程中，他们是产品运营支持和产品维修维护服务的提供者。表 5-1 总结了不同运维阶段业务活动的利益相关者。

表 5-1　不同运维阶段业务活动的利益相关者

不同运维阶段的业务活动	利益相关者
售前咨询验证	采购人员、终端用户、产品提供商、使用环境、法律法规
购买过程支持	采购人员、产品提供商、配送服务人员
产品交付支持	安装调试人员、终端用户、使用环境、操作人员、维修人员
产品运行保障	终端用户、操作人员、产品提供商、使用环境、法律法规
维修保养支持	终端用户、操作人员、产品提供商、维修人员、使用环境

由于用户需求及用户价值的顺利实现需要各阶段利益相关者的共同协作，因此，在识别出运维全周期各阶段利益相关者的基础上，需要对各阶段利益相关者的交互关系做进一步分析。各阶段利益相关者的交互关系主要包括：数据、信息、知识的迁移与反馈，产品、备件和服务的传递与承接，技术及工艺的协助与继承，产品服务解决方案的实施等。运维过程各阶段利益相关者的交互关系如图 5-4 所示。

用户期望价值的实现是满足用户需求的根本，而满足用户需求是实现用户价值的前提。各阶段的用户期望价值可以用一句包含该阶段各利益相关者核心利益及共同愿景的语言描述术语来表达。例如在售前咨询验证阶段，"设备

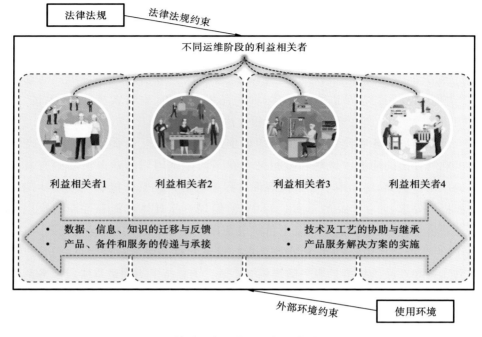

图 5-4 运维过程各阶段利益相关者的交互关系

的专业选型"是用户的期望价值,在购买过程支持阶段,"购买成本的经济合理"是用户的期望价值。在识别出各阶段的用户期望价值后,就可以根据各阶段涉及的利益相关者,以及各利益相关者围绕用户期望价值的实现所开展的各种交互活动进行不同运维阶段用户需求的分析。

图 5-5 所示为售前咨询验证阶段利益相关者交互关系最终分析及用户需求导出示意图。从图中可以看出,产品提供商根据"设备的专业选型"用户期望价值,为采购人员提供专业的选型配置信息咨询。为了确保产品的高效、可靠运行,终端用户在售前咨询验证阶段需要与产品提供商就产品后续使用过程中能够提供的产品服务信息等问题进行交互。因此,该阶段的用户需求主要包括:专业售前选型咨询和专业团队工程验证(以机床产品为例,需要对选型机床进行产品打样验证)。

在购买过程支持阶段,采购人员通过专业的选型配置服务,将符合功能与性能要求的产品传递给终端用户。

在产品交付支持阶段,用户的期望价值是"设备的快速投产运营",该阶段

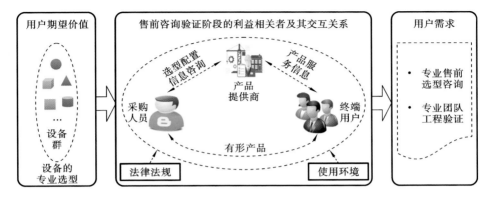

图 5-5　售前咨询验证阶段利益相关者交互关系最终分析及用户需求导出示意图

的利益相关者主要有安装调试人员、终端用户、操作人员、维修人员、使用环境等。产品提供商的安装调试人员首先需要为终端用户提供专业的安装指导服务，其次还需要为终端用户提供专业的调试与验收支持服务，以确保设备在运行过程中的各项性能指标（如机床的加工精度、定位精度、误差补偿等）满足用户要求。此外，对操作人员及维修人员进行专业的操作、维修技术培训，使他们快速地熟悉并掌握设备使用和维护的相关信息与知识，可以确保用户设备的快速投产运营。考虑到使用环境对某些高端精密设备性能的影响（如精密机床使用环境的温度、振动等对最终产品的加工精度有极大影响），安装调试人员还需要对设备的现场使用环境进行勘测，为终端用户的产线布局、车间环境控制等提供解决方案。因此，该阶段的用户需求主要包括：安装指导、调试与验收支持、设备操作培训、设备维修培训等。

在产品运行保障阶段，用户的期望价值是"设备的高效可靠运行"，主要的利益相关者有终端用户、操作人员、产品提供商、使用环境、法律法规等。终端用户和操作人员首先关注的是设备的复杂程度和操作的难易程度，在满足用户基本功能和性能需求的前提下，人性化和操作简单的设备一方面更容易被用户所选择，另一方面还可以确保运行过程的可靠性。为减小终端用户的经济损失并降低设备操作人员的人身安全风险，设备使用过程的安全性也是用户关注的重点。除此以外，稳定、高效的设备运行性能能够在提升用户生产效率的同时，确保生产订单的准时交付，从而提升设备用户及其下游用户的满意度。对于一些复杂程度较高的设备（如数控机床），设备的终端用户会经常接到来自其下游用户的、有难度的特殊订单（如工艺复杂、结构复杂等），需要经验丰富的、具有专业设备设计与运营知识的产品提供商协助,为终端用户提供个性化的业务解决方案,确保其下游用户订单的顺利完成。此外,产品使用中的技术标准、安全标准、能耗标准等必须符合相关的法律法规要求。产品运行保障阶段的用户需求主要包括:设备操作简单、运行安全可靠、性能稳定高效、个性化的业务解决方案、节能减耗等。

在维修保养支持阶段,用户的期望价值是"维护服务的及时便捷,生产运营的柔性连续",该阶段的利益相关者主要包括:终端用户、操作人员、产品提供商、维修人员、使用环境等。首先,终端用户和操作人员希望在产品出现故障时,能够得到维修人员的及时响应,以保证产品的正常运行和生产的快速恢复。其次,在维修服务过程中,产品提供商需要为维修人员提供便捷、可靠的备件备品供应服务,保证维修期间用户的各类生产活动能够顺利、连续进行,减小用户损失。同时,产品提供商在设计和制造初期还需要考虑维修人员在维修阶段对产品拆解和安装便捷性的要求。除此以外,为了能够及时、准确发现产品在运行过程中的潜在故障,减少因各类故障而导致的用户财产损失、生产效率降低、订单交付周期延长等问题,需要对产品进行在线监测,并提供早期故障预警服务。维修保养支持阶段的用户需求主要包括:维修服务响应及时、备件备品供应便捷可靠、维修拆装高效方便、产品故障实时预警、产品状态在线监测等。表5-2总结了五个运维阶段的用户期望价值及主要用户需求,可供后续需求重要度确定、工程技术特性分析等环节使用。

表 5-2　五个运维阶段的用户期望价值及主要用户需求

不同运维阶段的业务活动	用户期望价值	主要用户需求
售前咨询验证	设备的专业选型	专业售前选型配置咨询,专业团队工程验证
购买过程支持	购买成本的经济合理	购买成本低,付款方式便捷安全,配送及时无损
产品交付支持	设备的快速投产运营	安装指导、调试与验收支持、设备操作培训、设备维修培训
产品运行保障	设备的高效可靠运行	设备操作简单、运行安全可靠、性能稳定高效、个性化的业务解决方案、节能减耗等
维修保养支持	维护服务的及时,生产运营的柔性连续	维修服务响应及时、备件备品供应便捷可靠、维修拆装高效方便、产品故障实时预警、产品状态在线监测

5.2.2　用户需求重要度确定与排序

基于 5.2.1 节导出的不同运维阶段的用户需求,需要进一步对这些需求的重要性进行评价,以辅助设计人员确定产品设计过程中用户需求实现的优先级次序。从表 5-2 所示的各阶段主要用户需求可以发现,产品用户需求通常是用一句包含不确定性因素的语言术语来表达的,需要对这些不确定的语言术语加以处理,以形成确定值形式的、设计人员可直接使用的信息。因此,本小节引入粗糙数的概念,来处理产品用户需求语言术语中不确定的数据,进而为需求评价过程中需求重要度的确定奠定基础。

产品群需求重要度的分析与确定方法主要包括三个方面:基于群组决策的群用户需求评价矩阵构建、基于粗糙数的群用户需求粗糙数评价矩阵构建、产品群用户需求粗糙数重要度的确定及排序。产品群需求重要度的分析与确定过程需要考虑来自于不同领域的多个专家对不同层次、不同用户需求的决策信息,属于典型的群决策过程。因此,上述方法实施的整体思路是:首先,采用 AHP 方法构建各专家对产品用户需求进行两两比较的原始主观评价矩阵,并检验其一致性,进而将通过一致性检验的原始主观评价矩阵进行集聚,以得到产品群用户需求评价矩阵。其次,考虑到采用 AHP 方法所构建的产品群需求评价矩阵主观性较强,引入粗糙集理论,并应用其下逼近和上逼近概念,确定群用户需求评价矩阵中各专家需求判别值的平均粗糙区间,进而构建用粗糙数形式表达的群用户需求客观评价矩阵。由此,可实现 AHP 方法主观性和粗糙集理论客观性的有机结合,形成基于粗糙集的 AHP 方法,丰富粗糙集与 AHP 结合的群决策方法研究。最后,考虑到通过群用户需求粗糙评价矩阵得到的群需求重要度仍然是以区间形式存在的,其排序结果存在不确定性,会影响最终产品设计决策的准确性。为此,本书引入乐观系数决策法,将用粗糙数表达的群用户需求重要度转化为确定值形式的重要度,以辅助决策者对产品需求进行优先级排序,并为后续的需求映射及产品工程特性重要度的确定奠定基础。

1. 基于群组决策的群用户需求评价矩阵构建

基于群组决策的群用户需求评价矩阵一般由经验丰富的专家通过衡量影响最终目标实现的多个因素之间的相对重要程度而得到。由于运维过程的用户需求涉及多个活动周期,因此针对不同阶段、不同层级的每一个产品用户需求,需要综合考虑来自于不同阶段、不同领域的多个专家的评价结果,以获得一个集聚的群用户需求评价矩阵,提升最终决策的准确性。产品用户需求评价矩阵的构建过程属于典型的群决策过程。

基于群决策的产品用户需求评价矩阵构建的具体步骤如下。

步骤 1：建立产品用户需求两两比较评价矩阵。邀请 K 个专家分别针对 n 个产品用户需求给出两两比较评价矩阵，共得到 $K\times n$ 个评价矩阵，第 k 个专家针对 n 个产品用户需求形成的两两比较评价矩阵 $\boldsymbol{E}_k$ 表示如下：

$$\boldsymbol{E}_k = \begin{bmatrix} a_{11}^k & a_{12}^k & \cdots & a_{1j}^k & \cdots & a_{1n}^k \\ a_{21}^k & a_{22}^k & \cdots & a_{2j}^k & \cdots & a_{2n}^k \\ \vdots & \vdots & & \vdots & & \vdots \\ a_{i1}^k & a_{i2}^k & \cdots & a_{ij}^k & \cdots & a_{in}^k \\ \vdots & \vdots & & \vdots & & \vdots \\ a_{n1}^k & a_{n2}^k & \cdots & a_{nj}^k & \cdots & a_{nn}^k \end{bmatrix}$$

$$= \begin{bmatrix} 1 & a_{12}^k & \cdots & a_{1j}^k & \cdots & a_{1n}^k \\ a_{21}^k & 1 & \cdots & a_{2j}^k & \cdots & a_{2n}^k \\ \vdots & \vdots & & \vdots & & \vdots \\ a_{i1}^k & a_{i2}^k & \cdots & 1 & \cdots & a_{in}^k \\ \vdots & \vdots & & \vdots & & \vdots \\ a_{n1}^k & a_{n2}^k & \cdots & a_{nj}^k & \cdots & 1 \end{bmatrix}, \quad k=1,2,\cdots,K \quad (5\text{-}3)$$

其中：a_{ij}^k 表示第 $k(1\leqslant k\leqslant K)$ 个评价专家对第 i 个产品用户需求和第 j 个产品用户需求 $(1\leqslant i,j\leqslant n)$ 进行两两比较得到的重要性判别值，可以用 $1\sim9$ 的标度方法[132]来表示，即

$$a_{ij}^k = \begin{cases} 1, & i=j \\ 1,2,3,4,5,6,7,8,9 \text{ 或 } 9^{-1},8^{-1},7^{-1},6^{-1},5^{-1},4^{-1},3^{-1},2^{-1},1^{-1}, & i\neq j \end{cases}$$

步骤 2：对所得到的产品用户需求两两比较评价矩阵进行一致性检验。一致性检验的方法如下：

$$I = \frac{\lambda_{\max}-n}{n-1} \quad (5\text{-}4)$$

$$R = \frac{I}{RI(n)} \quad (5\text{-}5)$$

其中：I 是一致性系数；$\lambda_{\max}$ 是矩阵 $\boldsymbol{E}_k$ 的最大特征值；n 是矩阵 $\boldsymbol{E}_k$ 的维数；R 是一致性比率；随机系数 $RI(n)$[133]可根据表 5-3 所示的不同维数评价矩阵的随机系数来确定。

当 $R<0.1$ 时，可认为所得到的需求比较评价矩阵具有满意的一致性，专家对该项产品用户需求的评价结果趋于一致并可以接受；当 $R>0.1$ 时，评价专家

表 5-3 不同维数评价矩阵的随机系数

n	1	2	3	4	5	6	7	8	9
RI	0	0	0.58	0.9	1.12	1.24	1.32	1.41	1.45

需要对他们的评判结果做进一步调整以达成最终的一致,且 R 越大,不一致性越严重。

步骤 3:构建产品群需求评价矩阵。将通过一致性检验的两两比较评价矩阵按照公式(5-6)的方式进行集聚,形成产品群需求评价矩阵:

$$G=\begin{bmatrix} \{a_{11}^1,a_{11}^2,\cdots,a_{11}^k,\cdots,a_{11}^K\} & \{a_{12}^1,a_{12}^2,\cdots,a_{12}^k,\cdots,a_{12}^K\} & \cdots & \{a_{1n}^1,a_{1n}^2,\cdots,a_{1n}^k,\cdots,a_{1n}^K\} \\ \{a_{21}^1,a_{21}^2,\cdots,a_{21}^k,\cdots,a_{21}^K\} & \{a_{22}^1,a_{22}^2,\cdots,a_{22}^k,\cdots,a_{22}^K\} & \cdots & \{a_{2n}^1,a_{2n}^2,\cdots,a_{2n}^k,\cdots,a_{2n}^K\} \\ \vdots & \vdots & & \vdots \\ \{a_{n1}^1,a_{n1}^2,\cdots,a_{n1}^k,\cdots,a_{n1}^K\} & \{a_{n2}^1,a_{n2}^2,\cdots,a_{n2}^k,\cdots,a_{n2}^K\} & \cdots & \{a_{nn}^1,a_{nn}^2,\cdots,a_{nn}^k,\cdots,a_{nn}^K\} \end{bmatrix}$$

(5-6)

由于当 $i=j$ 时,a_{ij}^k 的取值始终为 1。因此,可将公式(5-6)进行简化变形,得到如下形式的产品群需求评价矩阵 $\widetilde{G}$:

$$\widetilde{G}=\begin{bmatrix} 1 & \widetilde{a}_{12} & \cdots & \widetilde{a}_{1j} & \cdots & \widetilde{a}_{1n} \\ \widetilde{a}_{21} & 1 & \cdots & \widetilde{a}_{2j} & \cdots & \widetilde{a}_{2n} \\ \vdots & \vdots & & \vdots & & \vdots \\ \widetilde{a}_{i1} & \widetilde{a}_{i2} & \cdots & 1 & \cdots & \widetilde{a}_{in} \\ \vdots & \vdots & & \vdots & & \vdots \\ \widetilde{a}_{n1} & \widetilde{a}_{n2} & \cdots & \widetilde{a}_{nj} & \cdots & 1 \end{bmatrix}$$

(5-7)

其中:$\widetilde{a}_{ij}=\{a_{ij}^1,a_{ij}^2,\cdots,a_{ij}^k,\cdots,a_{ij}^K\}$,即产品群需求评价矩阵 $\widetilde{G}$ 中的每个元素 $\widetilde{a}_{ij}$ 都是 K 个评价专家对第 i 个用户需求和第 j 个用户需求两两比较后得到的重要性判别值的一个集合。

2. 基于粗糙数的群用户需求粗糙评价矩阵构建

采用上述方法,可以得到 K 个评价专家针对每个产品需求的群需求评价矩阵。然而,所得到的群需求评价矩阵是以点判断矩阵存在的,即群需求评价矩阵中的每一个元素 $\widetilde{a}_{ij}$ 是由各评价专家对两两产品需求重要程度比较值(如,1、3、5、7、9 或 9^{-1}、7^{-1}、5^{-1}、3^{-1}、1)集合组成的。这种以点判断矩阵存在的评价矩阵客观上存在的不确定性、复杂性和信息不完备性,使得决策者无法对最终的方案给出一个明确的评价,从而导致产品需求的重要性不可辨别。面对大量的数据以及各种不确定因素,设计人员要做出科学、合理的产品需求重要度决策是非常困难的。

粗糙集理论可以在无须知道关于数据的任何先验知识（如概率分布等）的情况下，有效地处理数据中的不确定性和模糊性[134]。而来自于粗糙集理论的粗糙数拓展了经典的集合论，通过采用集合的上逼近和下逼近函数，在处理不精确、不一致、主观性等信息方面有较强的优势。因此，本小节引入粗糙数的概念将公式(5-7)中得到的每一个群需求判别值集合 $\tilde{a}_{ij} = \{a_{ij}^1, a_{ij}^2, \cdots, a_{ij}^k, \cdots, a_{ij}^K\}$ 转化为粗糙数形式，以帮助产品设计人员做出准确、合理的产品需求重要度决策。

基于粗糙数的群用户需求粗糙评价矩阵构建的具体步骤如下。

步骤 1：计算产品群需求评价矩阵 $\tilde{G}$ 中每个需求判别值 a_{ij}^k 的下逼近限和上逼近限。

假设 $J = \tilde{a}_{ij} = \{a_{ij}^1, a_{ij}^2, \cdots, a_{ij}^k, \cdots, a_{ij}^K\}$ 是 K 个专家对 n 个产品需求中其中一个需求的判别值集合，将这 K 个需求判别值按照从小到大的顺序排列，即

$$a_{ij}^1 < a_{ij}^2 < \cdots < a_{ij}^k < \cdots < a_{ij}^K \tag{5-8}$$

U 是包含所有判别值的一个空间，Y 是空间 U 中的任意一个对象。则 $\tilde{a}_{ij}$ 中任意一个需求判别值 a_{ij}^k 的下逼近限和上逼近限可定义如下。

下逼近限：

$$\underline{Apr}(a_{ij}^k) = \bigcup \{Y \in U \mid J(Y) \leqslant a_{ij}^k\} \tag{5-9}$$

上逼近限：

$$\overline{Apr}(a_{ij}^k) = \bigcup \{Y \in U \mid J(Y) \geqslant a_{ij}^k\} \tag{5-10}$$

因此，$\tilde{a}_{ij}$ 中的每个需求判别值 a_{ij}^k 可以用一个粗糙数来表示，粗糙数的下逼近限和上逼近限可通过以下公式计算得到。

下逼近限：

$$\underline{Lim}(a_{ij}^k) = \sqrt[N_{ij\mathrm{L}}]{\left(\prod_{m=1}^{N_{ij\mathrm{L}}} x_{ij}\right)} \tag{5-11}$$

上逼近限：

$$\overline{Lim}(a_{ij}^k) = \sqrt[N_{ij\mathrm{U}}]{\left(\prod_{m=1}^{N_{ij\mathrm{U}}} y_{ij}\right)} \tag{5-12}$$

式中：x_{ij} 和 y_{ij} 分别代表需求判别值 a_{ij}^k 所对应的粗糙数的下逼近限和上逼近限中所包含的元素；$N_{ij\mathrm{L}}$ 和 $N_{ij\mathrm{U}}$ 分别代表需求判断值 a_{ij}^k 的下逼近限和上逼近限中所包含的元素的数量。

通过公式(5-9)和公式(5-10)可确定各需求判别值 a_{ij}^k 的下逼近限 x_{ij}、上逼

近限 y_{ij} 中所包含元素的集合,以及下逼近限、上逼近限中所包含元素的数量 N_{ijL} 和 N_{ijU}。进而,可通过公式(5-11)和公式(5-12)计算出 a_{ij}^k 的下逼近限 $\underline{Lim}(a_{ij}^k)$ 和上逼近限 $\overline{Lim}(a_{ij}^k)$。

步骤 2:将产品群需求评价矩阵 $\widetilde{G}$ 中的每个需求判别值 a_{ij}^k 转化为粗糙数形式。

此时,可利用公式(5-13),将公式(5-7)的产品群需求评价矩阵 $\widetilde{G}$ 的每个元素 $\tilde{a}_{ij}$ 中的需求判别值 a_{ij}^k 转化为粗糙数的形式:

$$R(a_{ij}^k) = [\underline{Lim}(a_{ij}^k), \overline{Lim}(a_{ij}^k)] = [a_{ij}^{kL}, a_{ij}^{kU}] \qquad (5-13)$$

其中:a_{ij}^{kL} 和 a_{ij}^{kU} 分别是 $\tilde{a}_{ij}$ 中第 k 个判别值的下逼近限和上逼近限的值。

步骤 3:获得产品群需求评价矩阵 $\widetilde{G}$ 中每个 $\tilde{a}_{ij}$ 的粗糙序列。

根据所得到的 $\tilde{a}_{ij}$ 中每个需求判别值 a_{ij}^k 的粗糙数表达形式 $R(a_{ij}^k)$,进一步确定 $\tilde{a}_{ij}$ 的区间粗糙序列:

$$R(\tilde{a}_{ij}) = \{[a_{ij}^{1L}, a_{ij}^{1U}], [a_{ij}^{2L}, a_{ij}^{2U}], \cdots, [a_{ij}^{KL}, a_{ij}^{KU}]\} \qquad (5-14)$$

假设 $R_1 = [a^L, a^U]$ 和 $R_2 = [b^L, b^U]$ 是两个非负的区间粗糙数,$\delta \geq 0$,则区间粗糙数具有和区间数相同的运算法则[135][136],即

$$R_1 + R_2 = [a^L, a^U] + [b^L, b^U] = [a^L + b^L, a^U + b^U] \qquad (5-15)$$

$$R_1 \times \delta = [a^L, a^U] \times \delta = [\delta a^L, \delta a^U] \qquad (5-16)$$

$$R_1 \times R_2 = [a^L, a^U] \times [b^L, b^U] = [a^L \times b^L, a^U \times b^U] \qquad (5-17)$$

步骤 4:计算每个 $\tilde{a}_{ij}$ 的平均粗糙区间。

对于产品群需求评价矩阵 $\widetilde{G}$ 中的任意一个 $\tilde{a}_{ij}$,其平均粗糙区间 $\overline{R(\tilde{a}_{ij})}$ 的计算可利用如下粗糙运算法则实现:

$$\overline{R(\tilde{a}_{ij})} = [a_{ij}^L, a_{ij}^U] \qquad (5-18)$$

$$a_{ij}^L = \sqrt[K]{\left(\prod_{k=1}^{K} a_{ij}^{kL}\right)} \qquad (5-19)$$

$$a_{ij}^U = \sqrt[K]{\left(\prod_{k=1}^{K} a_{ij}^{kU}\right)} \qquad (5-20)$$

其中:a_{ij}^L 和 a_{ij}^U 分别代表区间粗糙数 $[a_{ij}^L, a_{ij}^U]$ 的下逼近限和上逼近限;K 是专家的数量。

步骤 5:构建群需求粗糙评价矩阵。

基于上述各阶段的方法,最终可将公式(5-7)的产品群需求评价矩阵 $\widetilde{G}$ 转化为如下形式的产品群需求粗糙评价矩阵 $\widetilde{G}_R$:

$$\widetilde{\boldsymbol{G}}_R = \begin{bmatrix} [1,1] & [a_{12}^L, a_{12}^U] & \cdots & [a_{1j}^L, a_{1j}^U] & \cdots & [a_{1n}^L, a_{1n}^U] \\ [a_{21}^L, a_{21}^U] & [1,1] & \cdots & [a_{2j}^L, a_{2j}^U] & \cdots & [a_{2n}^L, a_{2n}^U] \\ \vdots & \vdots & & \vdots & & \vdots \\ [a_{i1}^L, a_{i1}^U] & [a_{i2}^L, a_{i2}^U] & \cdots & [1,1] & \cdots & [a_{in}^L, a_{in}^U] \\ \vdots & \vdots & & \vdots & & \vdots \\ [a_{n1}^L, a_{n1}^U] & [a_{n2}^L, a_{n2}^U] & \cdots & [a_{nj}^L, a_{nj}^U] & \cdots & [1,1] \end{bmatrix} \quad (5\text{-}21)$$

不难看出，产品群需求粗糙评价矩阵 $\widetilde{\boldsymbol{G}}_R$ 中的每一个元素都是各评价专家对不同层次用户需求两两比较的重要性判别值集合 $\tilde{a}_{ij}$ 的一个平均粗糙区间。换句话说，通过采用几何平均运算方法（见公式（5-19）和公式（5-20）），将各专家对不同层次用户需求的重要性判别值进行集聚，即可得到 $\widetilde{\boldsymbol{G}}_R$ 中的各个元素。

3. 产品群用户需求粗糙数重要度确定及排序

在获得产品群需求粗糙评价矩阵 $\widetilde{\boldsymbol{G}}_R$ 的基础上，需要进一步确定各产品群需求的重要度，以便在接下来的需求映射与传递阶段辅助产品设计人员确定产品工程特性的重要度。群用户需求重要度的确定需要综合考虑不同领域专家对各层次、不同用户需求的评价信息。因此，利用下面的几何平均方法计算各层次、不同用户的产品群需求粗糙数重要度为

$$\widetilde{\boldsymbol{G}}_{RNWi} = [G_{RNWi}^L, G_{RNWi}^U] \quad (5\text{-}22)$$

式中：

$$G_{RNWi}^L = \sqrt[n]{\prod_{j=1}^{n} a_{ij}^L} \quad (5\text{-}23)$$

$$G_{RNWi}^U = \sqrt[n]{\prod_{j=1}^{n} a_{ij}^U} \quad (5\text{-}24)$$

其中：$i, j = 1, 2, \cdots, n$ 为各层次产品用户需求的个数；G_{RNWi}^L 为产品群需求粗糙数重要度的下限，它是在将各专家对不同层次用户需求重要性判别值进行集聚（见公式（5-19）和公式（5-20））得到区间形式表达的专家判别值 $[a_{ij}^L, a_{ij}^U]$ 的基础上，进一步采用几何平均运算对各判别值下限 a_{ij}^L 的集聚；G_{RNWi}^U 为产品群需求粗糙数重要度的上限，它是采用几何平均运算对各判别值上限 a_{ij}^U 的集聚。

在得到产品群用户需求粗糙数重要度后，需要对粗糙数重要度进行大小比较和排序。显然，通过粗糙评价矩阵计算得到的产品群需求重要度也是以粗糙数形式存在的。这种用粗糙数表达决策者对两两因素重要性程度判别值的方式，反映了决策者对于评价对象的认识尽管可能不是十分精确，但在不确定中带有一定程度的精确性，因而，以粗糙数的形式更能表达实际应用中决策者的真实想法。

　　然而,如果采用这种粗糙数形式的重要度对其进行排序,所获得的排序结果会具有较大的不确定性和不可辨别性,因此不能直接用来确定产品群用户需求的优先级次序。针对上述问题,此处在对粗糙数形式的产品需求进行重要度大小排序时,采用了乐观系数决策法[137],通过确定一个适当的乐观系数 ξ($0 \leqslant \xi \leqslant 1$)值作为决策依据,进而将粗糙数形式的重要度转化为确定值形式的重要度。

　　通过乐观系数实现粗糙数形式重要度向确定值形式重要度转化的方法可采用如下公式实现:

$$G_{RNWi} = (1-\xi)G_{RNWi}^{L} + \xi G_{RNWi}^{U} \tag{5-25}$$

　　采用乐观系数决策法进行粗糙数形式重要度向确定值形式重要度转化的基本思想是:决策者可以将决策的目光放在过分乐观和过分悲观的态度之间对两两因素的重要性程度进行判断,其客观基础是决策者的偏好态度既不太乐观也不太悲观。用 ξ 表示乐观系数,则 $1-\xi$ 就表示悲观系数。以 $1-\xi$ 和 ξ 为权数,对每一个产品群用户需求粗糙数重要度的下限 G_{RNWi}^{L} 和上限 G_{RNWi}^{U} 进行加权平均,便得到所有产品群用户需求确定值形式重要度,进而可以对产品群用户需求进行比较和排序。对于同一个确定值形式的重要度 G_{RNW},决策者不同的偏好态度可能会导致不同的产品群需求重要度排序结果。如果决策者对其评价结果的偏好态度较为乐观,那么 ξ 可以取一个较大的值($\xi > 0.5$)。如果决策者对其评价结果的偏好态度较为悲观,那么 ξ 可以选择一个较小的值($\xi < 0.5$)。如果决策者对其评价结果持中立态度,此时 ξ 可以选择为确定值 0.5。

5.2.3　工程技术特性分析与优先级确定

　　在导出产品用户需求并确定其重要度的基础上,需要进一步把这些模糊的、不确定的用户需求转化为产品设计人员可以理解的、定量的、明确的产品工程技术特性,并确定工程技术特性的优先级次序,为产品提供商指明设计方向,确保优先级高的工程技术特性优先实现,从而设计出满足用户需求的产品方案。

　　产品工程技术特性分析与优先级确定方法主要包括三个方面:基于功能-特性交互图模型的产品工程技术特性分析与展开、产品群用户需求向工程技术特性映射的质量屋模型构建、基于多粒度混合语言变量的产品工程技术特性优先级确定。首先,考虑到产品用户需求及相关约束应该转移到具体的产品功能上,而产品功能将最终转移到具体的产品工程技术特性上。为此,本小节提出了一种产品功能-特性交互图模型,通过各利益主体(如产品、不同利益相关者、外部约束等)与产品功能间交互关系的分析,实现产品工程技术特性的展开与识别。其次,考虑到产品工程技术特性重要度及优先级的分析需要直接面向用户需求,这样才能真正明确用户需求和工程技术特性间的关联关系。为此,构建了产品质量屋模型,以实现用户需求向工程技术特性的准确映射。最后,考虑到大多数关于产品用户需求和工程技术特性相关关系分析的方法中,除了要确定这两者间的互相关关系,还要分析工程技术特性自身间的自相关关系,这使得质量屋的计算过程异常复杂。为此,提出了基于多粒度混合语言变量的产品工程技术特性优先级确定方法,在保留决策者关于用户需求和工程技术特性互相关关系、工程技术特性间自相关关系评价信息的同时,简化了质量屋的计算过程。

1. 基于功能-特性交互图模型的产品工程技术特性分析与展开

产品工程技术特性(technical characteristic,TC)是指产品能够实现的功能属性,是用于实现具体用户需求属性的工程方案特征。通过将定性的产品用户需求转化为定量的产品工程技术特性,能够帮助设计人员理解抽象和模糊的用户需求。

在导出产品用户需求、确定产品用户需求重要度的基础上,需要进一步对产品、利益相关者、外部约束、产品功能等要素间的交互关系进行分析,以便为产品设计人员直观并清晰地展示出对产品用户需求实现具有促进或妨碍作用的产品工程技术特性。为此,本书在功能结构图(function structure diagram,FSD)[138]和交互图(interaction graph,IG)[139]的基础上,提出了一种产品功能-特性交互图模型(见图 5-6),以直观、有效地辅助产品设计人员准确地分析产品方案的不同工程技术特性,并确保全面、充分地满足用户产品的使用需求。

根据交互图所包含功能的分类,可将产品功能-特性交互图模型中的产品功能分为交互性产品功能和适应性产品功能。通过此分析模型,可以将运维活动过程中各利益相关者、外部环境及法律法规要求和约束,向具体的产品能够实现的功能属性转化,而产品功能属性的实现,将最终反映在具体的产品工程技术特性上。下面对交互性产品功能和适应性产品功能分别予以解释和举例说明,以方便理解。交互性产品功能是指为满足用户在不同运维阶段内正常使用产品实现其期望价值,产品所应该具有的功能。适应性产品功能反映了由于受外部因素(如产品使用环境、相关法律法规等)限制,产品需要做出的、适应这些限制的相应调整或改变。

如前所述,产品工程技术特性是对产品的功能及其相关特性的形式化描

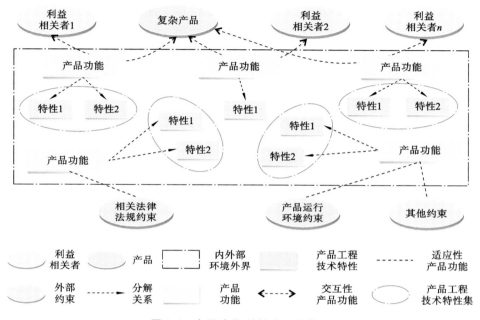

图 5-6　产品功能-特性交互图模型

述。因此,产品功能-特性交互图模型中的交互性产品功能和适应性产品功能均可通过具体的产品工程技术特性来刻画和描述。通常,产品设计专家团队会使用类似于"及时""迅速""高""低"等表示程度的语言术语以及具体的代表功能特性的词语来描述产品功能。

2. 产品群用户需求向工程技术特性映射的质量屋模型构建

质量功能展开是一种能够把用户对产品的需求进行多层次映射,转化为产品的设计要求、零部件特性、工艺要求、生产要求的有效方法[140][141]。该方法在产品开发的初期就考虑后续的工艺和制造要求,并直接面向用户需求,在保证产品设计质量的同时,最大限度地提升了用户满意度。在产品设计领域,借助质量功能展开方法,能够将产品用户需求获取的流程规范化,进而可将抽象的、定性的产品用户需求具体化为定量的产品工程技术特征。因此,该方法对于产品用户需求向工程技术特性的映射与转化过程仍然有效。

质量屋是质量功能展开方法论的核心工具,它可以通过一种图形化、直观的矩阵框架方式建立用户需求和相应技术特性之间的关联关系。典型的质量屋模型及其结构如图 5-7 所示。从图中可以看出,将质量屋模型划分为用户需求、用户需求重要度、技术特性、技术特性自相关矩阵、用户需求与技术特性互相关关系矩阵、市场竞争性评估、用户需求权重、技术特性重要度及技术竞争性评估几个主要的部分并构建相应的矩阵,可实现用户需求向技术特性的映射和转化。图 5-7 所示典型的质量屋模型中的各个要素,在大多数产品开发和项目管理过程中是通用的。同时,也可以根据具体的工程背景及应用实际,对每个部分进行适当的剪裁、修改和扩充。

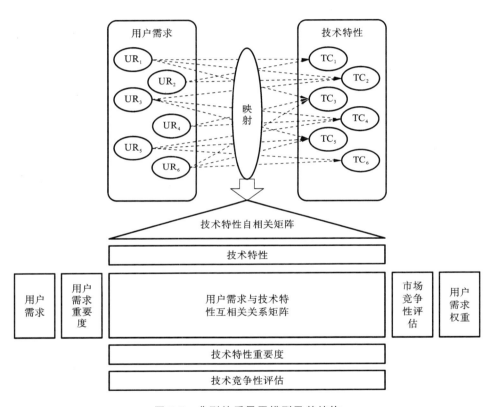

图 5-7　典型的质量屋模型及其结构

通过对上述典型质量屋模型结构及其各部分功能的分析不难发现,构建产品质量屋,可将定性的产品群用户需求准确地映射并转化为设计人员可理解的定量的产品工程技术特性,从而可以确保产品设计方案的有效性。与典型的质量屋模型相比,本书所构建的产品质量屋的核心理念是将分析和识别获得的多个用户需求(URs)转化为产品方案设计中相应的多个工程技术特性(TCs)。具体来说,URs 是对通过用户需求层次模型分析得到的用户需求进行集聚而获得

的一系列产品群用户需求;而 TCs 则是一系列通过产品功能-特性交互图模型
得到的用于实现群用户需求的工程技术措施。在确认了 TCs 后,便可以由设计
团队来分析用户需求和工程技术特性的相关关系,以及 TCs 之间的自相关关
系,进而可以构建产品质量屋。此外,考虑到 TCs 之间的相互关系可能为非对
称的,由此而产生的工程技术特性自相关矩阵属于非对称矩阵。因此,这里将
产品质量屋自相关矩阵的三角结构改为矩形结构。

所构建的用户需求向工程技术特性映射的产品质量屋模型如图 5-8 所示。
图中左侧为产品/服务用户需求及其重要度;上部是产品/服务工程技术特性及
其自相关关系评价矩阵;中部为产品/服务用户需求与工程技术特性相关关系
评价矩阵;下部为产品/服务工程技术特性重要度。

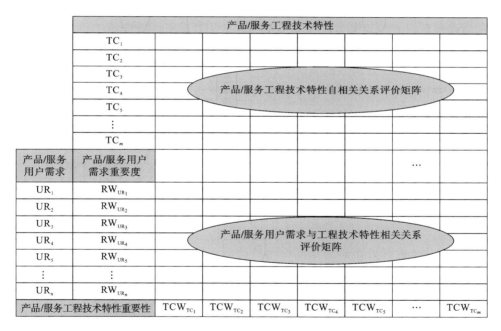

图 5-8　用户需求向工程技术特性映射的产品质量屋模型

在产品方案设计过程中,工程技术特性之间也存在着大量的负相关和冲突
关系。鉴于语言信息决策理论能够充分保留和利用决策者的评价信息[142],本
书在构建产品质量屋模型进行用户需求和工程技术特性相关关系评估时,采用
多粒度混合语言变量的方法。这样可以在简化计算的同时,全面涵盖和完整表
达用户需求与工程技术特性之间的正、负关联关系。同时,多粒度混合语言变

量方法在评价用户需求和工程技术特性相关关系过程中,使得产品工程技术特性之间的自相关关系在产品用户需求和工程技术特性相关关系评价矩阵中得到了间接体现,也使得质量屋的分析和计算更加简便清晰。

3. 基于多粒度混合语言变量的产品工程技术特性优先级确定

在确定了产品群用户需求、群用户需求重要度、工程技术特性,并通过产品质量屋模型将定性的用户需求映射为定量的工程技术特性的基础上,下一步的工作是确定产品工程技术特性的重要度及优先级。由于优先级高的工程技术特性会对用户的满意度影响更大,因此,在产品方案设计中,设计团队应该对那些优先级高的工程技术特性给予更多的关注并配置更多的设计资源,以确保其优先实现。此外,最终确定的产品工程技术特性优先级,对后续各环节质量屋的构建影响很大,只有在准确地分析并确定产品工程技术特性的基础上,产品提供商才可以有的放矢地设计和开发能够充分满足用户需求的产品方案,并提升其竞争优势。

为了得到图 5-8 中下部的产品/服务工程技术特性重要度,产品设计专家需要首先对产品用户需求与产品工程技术特性之间的相关关系,以及各产品工程技术特性间的相关关系进行判断和评价,以形成各用户需求与不同工程技术特性间的互相关关系矩阵和各工程技术特性自身之间的自相关关系矩阵。如前所述,为了简化质量屋的计算并同时考虑工程技术特性间的正、负相关关系,此处采用多粒度混合语言变量来构建质量屋中的产品用户需求和工程技术特性的互相关关系矩阵,与此同时,产品工程技术特性间的自相关关系也在互相关关系矩阵中间接地得到了体现。

假设在产品设计过程中,有 q 位产品用户需求与产品工程技术特性相关关系评价专家,记为 $TCE_l(l=1,2,\cdots,q)$;共有 n 个用户需求,记为 UR_i $(i=1,2,\cdots,n)$;有 m 个工程技术特性,记为 $TC_j(j=1,2,\cdots,m)$。由于在评价 UR_i 和 TC_j 相关关系的实际过程中,经验丰富的评价专家倾向于用确定形式的语言变量进行相关关系判别,而经验不足的评价专家倾向于用不确定的区间型语言变量进行相关关系判别。因此,UR_i 和 TC_j 相关关系的分析和确定,是一个典型的多属性群决策过程。简而言之,用于实现产品用户需求的工程技术特性可视为多属性群决策的方案,而产品用户需求则可视为属性。下面给出采用多粒度混合语言变量,并通过产品质量屋确定 UR_i 和 TC_j 相关关系矩阵,进而实现产品工程技术特性重要度的计算,其步骤和方法如下。

步骤 1:获得初始多粒度混合语言评价矩阵。

基于文献[143]给出的以零为中心对称,且语言术语个数为奇数的非平衡语言评估标度集(unbalanced linguistic label sets,ULLS)$S^{(k)}$:

$$S^{(k)} = \left\{ S_\theta^k \mid \theta = 1-k, \frac{2(2-k)}{3}, \frac{2(3-k)}{4}, \cdots, 0, \cdots, \frac{2(k-3)}{4}, \frac{2(k-2)}{3}, k-1 \right\}$$

$$(5-26)$$

其中:S_θ^k 为语言术语评估值;特别地,S_{1-k}^k 和 S_{k-1}^k 分别表示语言术语评估值的下边界和上边界;θ 为语言评估值集合里面表示产品用户需求与工程技术特性间正、负相关关系大小的判别值;k 为大于 0 的整数,在实际应用中,k 的取值一般不大于 8。由公式(5-26)可知,相关关系语言术语评估集所包含的语言术语评估值个数为 $(2k-1)$ 个,选择不同的 k 值,可得到不同粒度的语言评估标度集,即语言粒度为 $(2k-1)$。表 5-4 给出了 k 取不同值时的非平衡语言评估标度集。同时,图 5-9 给出了常用的三种语言标度集 $S^{(3)}$、$S^{(4)}$、$S^{(5)}$ 及其对应的语言术语评估值。

表 5-4　不同粒度的语言评估标度集($k=1\sim7$)

k	粒度 $(2k-1)$	语言术语正、负相关关系判别值 θ	不同粒度的语言标度集 $S^{(k)} = S_\theta^{(k)}$
$k=1$	1	$\theta = 0$	$S^{(1)} = \{ S_0^{(1)} \}$
$k=2$	3	$\theta = -1, 0, 1$	$S^{(2)} = \{ S_{-1}^{(2)}, S_0^{(2)}, S_1^{(2)} \}$
$k=3$	5	$\theta = -2, -2/3, 0, 2/3, 2$	$S^{(3)} = \{ S_{-2}^{(3)}, S_{-2/3}^{(3)}, S_0^{(3)}, S_{2/3}^{(3)}, S_2^{(3)} \}$
$k=4$	7	$\theta = -3, -4/3, -1/2, 0, 1/2, 4/3, 3$	$S^{(4)} = \{ S_{-3}^{(4)}, S_{-4/3}^{(4)}, S_{-1/2}^{(4)}, S_0^{(4)}, S_{1/2}^{(4)}, S_{4/3}^{(4)}, S_3^{(4)} \}$
$k=5$	9	$\theta = -4, -2, -1, -2/5, 0, 2/5, 1, 2, 4$	$S^{(5)} = \{ S_{-4}^{(5)}, S_{-2}^{(5)}, S_{-1}^{(5)}, S_{-2/5}^{(5)}, S_0^{(5)}, S_{2/5}^{(5)}, S_1^{(5)}, S_2^{(5)}, S_4^{(5)} \}$
$k=6$	11	$\theta = -5, -8/3, -3/2, -4/5, -1/3, 0, 1/3, 4/5, 3/2, 8/3, 5$	$S^{(6)} = \{ S_{-5}^{(6)}, S_{-8/3}^{(6)}, S_{-3/2}^{(6)}, S_{-4/5}^{(6)}, S_{-1/3}^{(6)}, S_0^{(6)}, S_{1/3}^{(6)}, S_{4/5}^{(6)}, S_{3/2}^{(6)}, S_{8/3}^{(6)}, S_5^{(6)} \}$
$k=7$	13	$\theta = -6, -10/3, -2, -6/5, -1/7, 0, 1/7, 2/3, 6/5, 2, 10/3, 6$	$S^{(7)} = \{ S_{-6}^{(7)}, S_{-10/3}^7, S_{-2}^{(7)}, S_{-6/5}^{(7)}, S_{2/3}^{(7)}, S_{1/7}^{(7)}, S_0^{(7)}, S_{1/7}^{(7)}, S_{2/3}^{(7)}, S_{6/5}^{(7)}, S_2^{(7)}, S_{10/3}^7, S_6^{(7)} \}$

由此,可得到各评价专家对不同产品需求和不同产品工程技术特性的语言术语评估值 $r_{ijl} \in S^{(k)}$ $(i=1,2,\cdots,n; j=1,2,\cdots,m; l=1,2,\cdots,q)$,其表示第 l 个评价专家关于第 i 个产品用户需求与第 j 个产品工程技术特性相关关系的语言术语评估值。进而可得到各专家的初始多粒度混合语言评价矩阵:

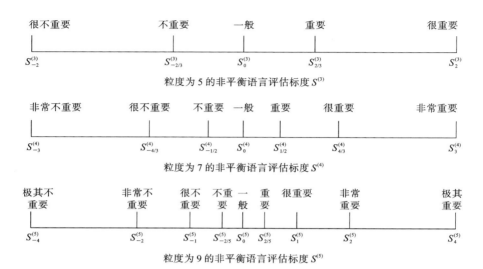

粒度为5的非平衡语言评估标度 $S^{(3)}$

粒度为7的非平衡语言评估标度 $S^{(4)}$

粒度为9的非平衡语言评估标度 $S^{(5)}$

图 5-9 语言标度集 $S^{(3)}$、$S^{(4)}$、$S^{(5)}$ 及其对应的语言术语评估值

$$\mathrm{LEM}_d = (r_{ijl})_{n \times m} \tag{5-27}$$

值得注意的是,这里得到的初始多粒度混合语言评价矩阵 LEM_d 有可能是一个粒度不一致,且含有不确定区间型语言术语评估值的矩阵。例如,假设有 5 个评价专家,对其中任意一个产品用户需求和任意一个产品工程技术特性相关关系的语言术语评估值可表示为 $\{S^{(4)}_{-4/3}, [S^{(3)}_{-2/3}, S^{(3)}_0], S^{(4)}_{1/2}, [S^{(4)}_{2/5}, S^{(5)}_1], S^{(4)}_3\}$。这说明专家 1、专家 3、专家 5 均使用了确定形式的语言术语对用户需求和产品工程技术特性的相关关系进行评估,且均采用了粒度相同(粒度为 7)的语言评估标度集 $S^{(4)}$;而专家 2 使用了不确定区间型语言术语,采用的语言评估标度集为 $S^{(3)}$(粒度为 5);而专家 4 也使用了不确定区间型语言术语,采用的语言评估标度集为 $S^{(5)}$(粒度为 9)。

对于非平衡语言评估标度 $S^{(k)}$ 中的任意两个语言术语评估值 $S^{(k)}_{\theta 1}$ 和 $S^{(k)}_{\theta 2}$,给定参数 $0 \leqslant \lambda, \lambda_1, \lambda_2 \leqslant 1$,其运算遵循如下法则[144]:

$$S^{(k)}_{\theta 1} \bigoplus S^{(k)}_{\theta 2} = S^{(k)}_{\theta 2} \bigoplus S^{(k)}_{\theta 1} = S^{(k)}_{\theta 1 + \theta 2} \tag{5-28}$$

$$\lambda S^{(k)}_{\theta} = S^{(k)}_{\lambda \theta} \tag{5-29}$$

$$(S^{(k)}_{\theta})^{\lambda} = S^{(k)}_{\theta^{\lambda}} \tag{5-30}$$

$$\lambda (S^{(k)}_{\theta 1} \bigoplus S^{(k)}_{\theta 2}) = \lambda S^{(k)}_{\theta 2} \bigoplus \lambda S^{(k)}_{\theta 1} = S^{(k)}_{\lambda(\theta 1 + \theta 2)} \tag{5-31}$$

$$(\lambda_1 + \lambda_2) S^{(k)}_{\theta} = \lambda_1 S^{(k)}_{\theta} \bigoplus \lambda_2 S^{(k)}_{\theta} \tag{5-32}$$

步骤 2：获得粒度一致的混合语言评价矩阵。

考虑到各评价专家可能使用不同粒度的非平衡语言标度集评估产品工程特性对用户需求的促进或妨碍关系（如上面所举的例子），在不丢失评价专家决策信息的前提下，有必要对多粒度的语言标度集进行一致化处理。

假设有两个不同粒度的相关关系语言评估标度集 $\overline{S}^{(k_1)}$ 和 $\overline{S}^{(k_2)}$，分别表示为

$$\overline{S}^{(k_1)} = \{ S_\beta^{(k_1)} \mid \beta \in [1-k_1, k_1-1] \} \tag{5-33}$$

$$\overline{S}^{(k_2)} = \{ S_\gamma^{(k_2)} \mid \gamma \in [1-k_2, k_2-1] \} \tag{5-34}$$

则可以按照如下公式实现 $\overline{S}^{(k_1)}$ 的语言粒度 $(2k_1-1)$ 向 $\overline{S}^{(k_2)}$ 的语言粒度 $(2k_2-1)$ 的转化：

$$\mathrm{LGTF}_{k_1}^{k_2} : S_{[1-k_1, k_1-1]}^{(k_1)} \longrightarrow S_{[1-k_2, k_2-1]}^{(k_2)} \tag{5-35}$$

$$\mathrm{LGTF}_{k_1}^{k_2}(S_\beta^{(k_1)}) = I_{k_2}^{-1}\left(\frac{I_{k_1}(S_\beta^{(k_1)})(k_2-1)}{k_1-1} \right) = I_{k_2}^{-1}\left(\frac{\beta(k_2-1)}{k_1-1} \right) = (S_\gamma^{(k_2)}) \tag{5-36}$$

$$\gamma = \frac{\beta(k_2-1)}{k_1-1} \tag{5-37}$$

其中：I_k 和 I_k^{-1} 分别表示语言标度和其下标之间的对应关系函数，可通过下面的函数获得。

$$I_k(S_\beta^{(k)}) = \beta \tag{5-38}$$

$$I_k^{-1}(\beta) = S_\beta^{(k)} \tag{5-39}$$

类似地，可通过如下公式实现 $\overline{S}^{(k_2)}$ 的语言粒度 $(2k_2-1)$ 向 $\overline{S}^{(k_1)}$ 的语言粒度 $(2k_1-1)$ 的转化：

$$\mathrm{LGTF}_{k_2}^{k_1} : S_{[1-k_2, k_2-1]}^{(k_2)} \longrightarrow S_{[1-k_1, k_1-1]}^{(k_1)} \tag{5-40}$$

$$\mathrm{LGTF}_{k_2}^{k_1}(S_\gamma^{(k_2)}) = I_{k_1}^{-1}\left(\frac{I_{k_2}(S_\gamma^{(k_2)})(k_1-1)}{k_2-1} \right) = I_{k_1}^{-1}\left(\frac{\gamma(k_1-1)}{k_2-1} \right) = (S_\beta^{(k_1)}) \tag{5-41}$$

$$\beta = \frac{\gamma(k_1-1)}{k_2-1} \tag{5-42}$$

下面给出一个简单的例子来说明不同粒度语言标度集转化的具体过程。

例如，将语言标度集 $S^{(5)}$ 转化为语言标度集 $S^{(4)}$。首先根据公式（5-35）可知 $k_1=5$，$k_2=4$，即 $\mathrm{LGTF}_5^4 : S_{[-4,4]}^{(5)} \rightarrow S_{[-3,3]}^{(4)}$。又根据公式（5-37）可得 $\gamma = \frac{3}{4}\beta$。在此基础上，根据表 5-4 所列出的不同粒度的语言评估标度集有 $S^{(5)} = \{ S_{-4}^{(5)}, S_{-2}^{(5)}, S_{-1}^{(5)}, S_{-2/5}^{(5)}, S_0^{(5)}, S_{2/5}^{(5)}, S_1^{(5)}, S_2^{(5)}, S_4^{(5)} \}$，即此处的 β 值依次取 $\beta = -4$，

$-2,-1,-2/5,0,2/5,1,2,4$。相应地，γ 的值依次为 $\gamma = -3, -3/2, -3/4$，$-3/10,0,3/10,3/4,3/2,3$。则根据公式（5-36）可得到如下转换结果：$S_{-4}^{(5)} \rightarrow S_{-3}^{(4)}, S_{-2}^{(5)} \rightarrow S_{-3/2}^{(4)}, S_{-1}^{(5)} \rightarrow S_{-3/4}^{(4)}, S_{-2/5}^{(5)} \rightarrow S_{-3/10}^{(4)}, S_0^{(5)} \rightarrow S_0^{(4)}, S_{2/5}^{(5)} \rightarrow S_{3/10}^{(4)}, S_1^{(5)} \rightarrow S_{3/4}^{(4)}, S_2^{(5)} \rightarrow S_{3/2}^{(4)}, S_4^{(5)} \rightarrow S_3^{(4)}$。

在对多粒度的语言标度集进行一致化处理时，一般可选择任意一个评价专家的语言标度集作为基本语言术语集 S^{BasicSet} 进行粒度的转换。然而，在实际应用中，通常选择大多数专家所使用的语言标度集（或使用频率最高的语言标度集）作为 S^{BasicSet}，通过公式（5-35）～公式（5-42），将其他粒度的语言标度集向 S^{BasicSet} 转化，从而可得到粒度一致的混合语言评价矩阵：

$$\text{LEM}_d^u = (r_{ijl}^u)_{n \times m}, \quad l = 1, 2, \cdots, q \tag{5-43}$$

上述方法将不同语言标度的、专家对产品用户需求和产品工程技术特性相关关系的评估值转化为同一语言标度下的评估值，直接对语言术语评估值进行计算，减少了评价专家决策信息的丢失。

步骤 3：将不确定的区间型语言术语评估值转化为确定形式语言术语。

通过步骤 2 的方法，可获得粒度一致的混合语言评价矩阵。然而，在对产品用户需求和产品工程技术特性相关关系的评估过程中，一些专家可能采用了不确定的区间型语言术语评估值。需要对这些区间型的评估值进行处理，将其转化为确定形式，以便于决策者最终对产品工程技术特性优先级与重要度的判断和比较。对于任何一个不确定的区间型语言术语评估值 $\tilde{r}_{ijl} = [r_{ijl}^{\text{L}}, r_{ijl}^{\text{U}}]$，通过引入系数 $\zeta(0 < \zeta < 1)$，可按照如下公式将其向确定形式的语言术语评估值转化：

$$r_{ijl} = (1-\zeta) \times r_{ijl}^{\text{L}} + \zeta \times r_{ijl}^{\text{U}} \tag{5-44}$$

其中：r_{ijl} 表示第 $l(l = 1, 2, \cdots, q)$ 个评价专家关于第 i 个产品用户需求与第 j 个产品工程技术特性相关关系的语言术语评估值；r_{ijl}^{L} 和 r_{ijl}^{U} 分别表示不确定的区间型语言术语评估值的下边界和上边界；ζ 为评价专家对产品用户需求与产品工程技术特性相关关系大小与上下边界的接近程度的态度。在实际应用中，ζ 一般取 0.5，表示各专家对上述相关关系持中立态度。

利用公式（5-44）可实现混合语言评价矩阵 $\text{LEM}_d^u = (r_{ijl}^u)_{n \times m}$，$(l = 1, 2, \cdots, q)$ 中所有不确定的区间型语言术语评估值向确定形式语言术语评估值的转化。至此，初始的多粒度混合语言评价矩阵（记为 $\text{LEM}_d = (r_{ijl})_{n \times m}$）经过粒度一致化处理（得到 $\text{LEM}_d^u = (r_{ijl}^u)_{n \times m}$）、确定值形式转化（可表示为 $\text{LEM}_d^d = (r_{ijl}^d)_{n \times m}$）后，最终得到了粒度一致且语言术语评估值为确定值形式的混合语言评价矩阵。

步骤 4：获得集聚的群决策混合语言评价矩阵。

计算粒度一致且为确定形式的产品用户需求与工程技术特性相关关系混合语言评价矩阵中的语言术语评估值 r_{ijl}^d 的算数平均，得到一个集聚的群决策混合语言评价矩阵：

$$
\text{LEM}_c^{gd} = (r_{ij}^{gd})_{n \times m}, \quad r_{ij}^{gd} = \frac{\sum_{l=1}^{q} r_{ijq}^d}{q} \tag{5-45}
$$

式中：r_{ij}^{gd} 为集聚后得到的最终语言术语评估值；q 为产品用户需求与产品工程技术特性相关关系评价专家的人数（$i=1,2,\cdots,n; j=1,2,\cdots,m; l=1,2,\cdots,q$）。

步骤 5：确定产品工程技术特性重要度及优先级。

由于通过上述各步骤最终得到的相关关系群决策混合语言评价矩阵中的评估值是语言变量，而产品工程技术特性最终的重要度需要用数字形式表达，以方便比较和排序，因此，可采用语言加权算数平均（linguistic weighted arithmetic averaging，LWAA）算子[145]来计算加总的产品工程技术特性优先级。给定 $(S_{\theta_1}^{(k)}, S_{\theta_2}^{(k)}, \cdots, S_{\theta_s}^{(k)}) \in \overline{S}^{(k)}$ 为一个语言评估标度集，$(\kappa_1, \kappa_2, \cdots, \kappa_s)$ 为其对应的权重向量，且满足 $0 \leqslant \kappa_i \leqslant 1$ 和 $\sum_{i=1}^{s} \kappa_i = 1$，则语言加权算数平均可定义为

$$
\text{LWAA}_\kappa(S_{\theta_1}^{(k)}, S_{\theta_2}^{(k)}, \cdots, S_{\theta_s}^{(k)}) = \overset{s}{\underset{i=1}{\oplus}}(\kappa_i \times S_{\theta_i}^{(k)}) \tag{5-46}
$$

根据公式（5-46）对语言加权算数平均的定义，加总的产品工程技术特性优先级 P_{TC_j}（$j=1,2,\cdots,m$）可通过如下公式计算：

$$
P_{\text{TC}_j} = \text{LWAA}_{G_{RNW}}(r_{1j}^{gd}, r_{2j}^{gd}, \cdots, r_{nj}^{gd}) = \overset{n}{\underset{i=1}{\oplus}}(G_{RNWi} \times r_{ij}^{gd}) \tag{5-47}
$$

其中：G_{RNWi} 为最终的产品用户需求重要度（$i=1,2,\cdots,n$）；r_{ij}^{gd} 为产品用户需求与产品工程技术特性最终的相关关系评估值（$j=1,2,\cdots,m$）。根据得到的 P_{TC_j}，可对各产品工程技术特性 TC_j 进行优先级排序。

5.3　产品质量特性分析与控制技术

5.3.1　元动作与元动作单元

以元动作单元为出发点，对运动过程中的产品质量特性进行分析与控制，可有效提高产品设计质量，使复杂产品高质、高量地满足市场用户需求。将复杂产品按某种规则进行单元化处理，单元内的各个零部件之间及单元与单元之

间在运动过程中相互影响、耦合、传递、耗散及响应,这些内在、外在的关系构成了产品质量特性[146]。而这个单元就是指最小运动单元-元动作单元。将产品中传递动力和运动的最基本的运动形式称为元动作,而能够保证产品的元动作得以正常运行的所有零件按照装配关系组成的统一整体就构成了元动作单元[147],且每一个元动作单元都能很好地反映出产品所具有的质量特性。将总体质量特性映射到元动作单元质量特性进行分析,建立整个产品的 FMA[148] 树,并对产品 FMA 树进行整机功能质量特性映射,可得到树中各单元质量特性的约束关系,如图 5-10 所示。相比于传统烦琐的质量特性分析过程,该方法仅需分析对应功能的元动作单元本身,在一定程度上可以简化质量特性的分析过程,提升分析效率。

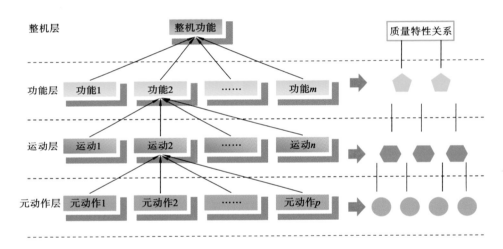

图 5-10   基于 FMA 树的质量特性层次映射图

5.3.2   产品质量特性分析技术

将复杂产品单元化,每个动作用一个单独的单元来实现,不同的单元协同运动完成不同的动作,组成一个复杂的合成运动,以高质、高量、高效地实现其主体功能。元动作单元能够独立完成指定的运动或操作,因此更适合用来进行质量特性分析。但元动作单元的质量特性具有多样性和动态性的特征,主要表现在以下方面。

(1)从结构上来看,元动作单元的质量特性由不同工序间加工和装配得到,且存在多个质量特性波动在同一道工序中叠加的情况。元动作单元质量特性既要考虑零件本身的质量特性,又要考虑零件之间的质量特性。

(2) 从生命周期来看,元动作单元和产品的生命周期同步,且相互之间可以映射转换。

(3) 从设计、制造、服务三个阶段来看,其质量特性表现形式及形态分别为:在设计阶段,工作人员通过市场调研收集大量的用户需求信息,对其进行分析和处理,提取出元动作单元需求,将这些需求信息转化为元动作单元工程质量特性,并与设计过程相结合,形成元动作单元设计质量特性;在制造阶段,将元动作单元的质量特性映射为工艺特征参数,进一步转化为实际的加工质量特性;在服务阶段,将实际的加工质量特性转换为元动作单元使用质量特性,对其进行预测和控制[149]。

(4) 从时间角度来看,元动作单元质量特性随时间而变化。在不同的时间域内,元动作单元质量特性的状态不一致,尤其是在产品耗损阶段,当受到外部环境变化、内部零件间的摩擦等因素作用时,元动作单元质量特性可能会出现退化现象,甚至元动作单元的功能会丧失(失效),即发生故障[150]。元动作单元随时间的耗损过程如图 5-11 所示。

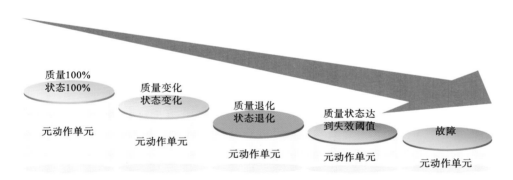

图 5-11　元动作单元随时间的耗损过程

综上所述,元动作单元的质量特性由于元动作单元组成部分的不同贯穿产品全生命周期的各个阶段,且在不同的时间域内表现为不同的状态,因此,必须深入研究元动作单元质量特性的形成机理和演化机制,在设计之初就实现对元动作单元质量特性的有效预测和控制,才能确保后续制造和服务环节的顺利进行。具体可采用的方法如下:首先,通过将失效模式、质量功能展开及影响分析和模糊理论相结合,构建元动作单元的质量特性提取模型,提取元动作单元的质量特性。其次,通过质量功能展开、相对熵、层次分析法、模糊理论和相似判定等方法,从产品精度、性能稳定性和可靠性三个方面[151]研究质量特性的形成机理,对质量特性指标进行分析和建模。由于功能结构的不同,不同产品的元动作单元可能各不相同,即使对于同一产品下名称结构相似的元动作单元,其质量特性参数也可能相异。这导致了元动作单元的质量特性数据十分缺乏。针对上述问题,采用模糊物元的方法建立数学模型,计算单元间的距离,进而实现相似性判定,通过相似性判定可以增大元动作单元质量特性样本数据量,为后续元动作单元质量特性控制提供数据保障。

5.3.3 产品质量特性控制技术

通过分析产品质量特性的特点,可将产品质量特性控制的难点归结如下:① 质量特性由用户需求决定,因此用户需求的多样性也决定了产品质量特性的多样性;② 产品质量特性的演化过程包括产品整机、单元、零部件等不同粒度级别,不同粒度下的控制手段和方法不同;③ 质量特性的控制过程随产品工作过程的动态变化而变化,需不断反馈和摄动来控制其质量特性;④ 产品的设计、制造和运行过程中存在着各种不确定性影响因素,产品的质量特性易发生变异和产生波动;⑤ 质量特性多元耦合关联。因此,为实现产品质量特性的有效控制,可借鉴"分解—分析—综合"的质量控制策略,在对复杂产品进行合理分解的基础上,从元动作单元入手对其工作过程进行分析和建模,实现对元动作单元层的质量特性控制,进而将单元质量特性集成,由下至上实现对整机质量特性的综合控制。

"分解—分析—综合"的质量控制方法如图 5-12 所示。首先,可采用 FMA 结构化分解方法对产品进行功能运动进行分解以得到最基本的元动作,形成元动作单元;其次,采用最小二乘法、支持向量机、质量波动传递函数和相对熵等方法分析元动作单元关键质量特性的形成机理、关联关系及融合控制机制,分别建立各单元质量特性形成模型和多质量特性融合控制模型,并对模型进行求解,实现单元质量的精细化控制,为整机的质量控制奠定基础。最后,基于FMA 树质量特性映射图得到耦合关系图及其简化模型,分析单元质量特性之间的耦合作用,对单元的连接关系进行研究。根据耦合情况,采用多学科优化设计的方法对质量特性进行解耦规划,减弱质量特性间的耦合作用,得出单元质量特性优化控制顺序。可采用自适应变步长反向传播神经网络预测算法建立整机质量特性的控制模型,由下至上对产品质量特性进行预测,实现对整机质量特性的控制。

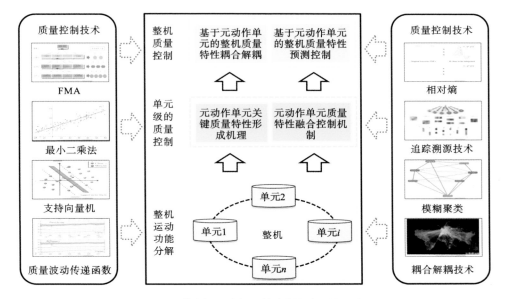

图 5-12 "分解—分析—综合"的质量控制方法

5.4 基于配置推理的产品方案设计

产品方案设计通常包括设计要求分析、系统功能分析、原理方案设计等若干过程。在此过程中,设计人员需要按照设计任务书的要求,运用自己的知识、经验、灵感和想象力等,根据产品功能和性能所需要实现的总体对象,选择合理的技术系统,构思满足设计要求的解答方案。方案设计是整个设计工作的前奏,是一个从无到有的创意设计过程,需要大量的理性分析、收集整理和沟通工作,在设计过程中起着决定性的作用[152]。产品配置推理过程[153]是根据预定义的零部件集以及它们之间的相互关系按照合理的规则进行组合,最终形成一个满足用户个性化需求的产品的设计过程。将配置推理与产品方案设计相结合,可以高效、直观、简便、快速地生成符合用户偏好的设计方案,辅助企业开发出一系列新产品,最大限度地满足多变的市场需求和用户的个性化需求。

基于配置推理的产品方案设计过程是一个涉及相关领域知识及专家经验的复杂过程。基于配置推理的产品方案设计架构如图 5-13 所示,主要包括产品配置方法和产品配置结果两大模块。首先,通过配置知识表示方法来描述可配置产品模型和用户需求的关系,让用户按照自己的需求配置产品。在产品设计阶段,配置知识表示要综合考虑结构和功能配置需求。因此,可采用面向对象的约束表示方法来定义产品结构、存储和转化抽象模型,再采用基于实例的知识表示方法构建满足用户需求的产品实例模型。其次,通过推理求解寻求配置策略。专家知识经验以规则的形式存储在知识库中,根据产品历史的设计和生产规则,可采用基于规则的知识推理方法,合理、方便、高效地进行产品配置。在此基础上,采用基于实例的知识推理方法,在原有的配置实例基础上,检索与之相似的新的配置实例,并把新的配置实例存储于实例库中,以便用户按照功能需求进行产品方案精准配置。需要指出的是,目前还没有一种通用的产品配置方法,既能概念化地进行配置知识表示,又能快速有效地进行推理求解。因此,针对某一具体的应用领域仍然需要采用基于领域知识的产品配置方法。

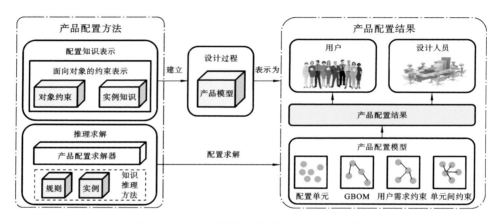

图 5-13 基于配置推理的产品方案设计架构

基于配置推理的产品方案设计流程如图 5-14 所示。首先,企业在对静态用户需求、动态设计需求以及企业资源进行分析的基础上,可采用面向对象的约束表示与基于实例的知识表示相结合的方法,把客户需求映射为配置模型属性参数,为后期相似度的计算提供依据。其次,对产品进行重组,建立不同系列、不同结构、不同功能的产品结构模型。从模块化的零部件中抽取通用模块,建立产品模块实例库,用于存储和后期检索配置;然后,搜索实例库,采用基于规则的推理方法,选出用户需要的模块;最后,在产品配置求解过程中,引入相似度算法,根据属性参数计算模型与实例相似度,检索与之相似度最高的配置实例。设计人员对检索出的实例进行配置检测,并存储到实例库中,以扩充、完善实例库,从而有效缩短配置时间,提高配置的准确性。

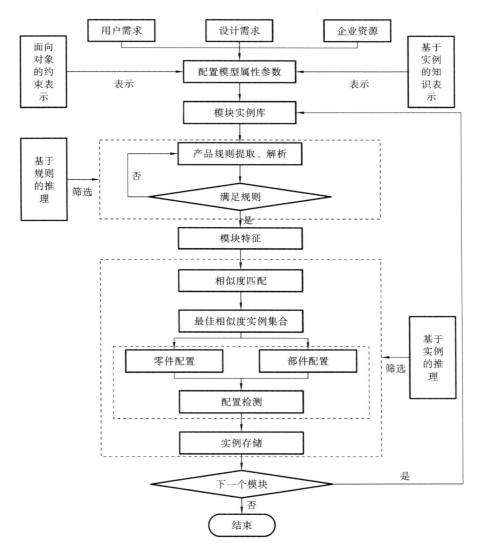

图 5-14　基于配置推理的产品方案设计流程

5.5　基于关联模型的产品详细设计

产品详细设计是对设计方案进行具体实现的细化。由于复杂产品结构层次多、零部件相互关联关系复杂,产品的精确建模效率低下,影响了产品设计效率。针对这些问题,可采用基于关联模型的产品详细设计方法对产品进行设计。关联模型综合考虑特征与零件之间、零部件与系统之间互相影响、互相依赖的关系,制定以关联传播路径为基础的关联传递规则,可有效避免零件之间关联耦合导致的传播反复、更改繁杂等问题,对提高设计准确率、保证设计质量具有重要意义[154][155]。

基于关联模型的产品详细设计架构如图 5-15 所示。该架构主要包括数据层、功能维护、关联设计、设计知识模型和应用服务层等模块。

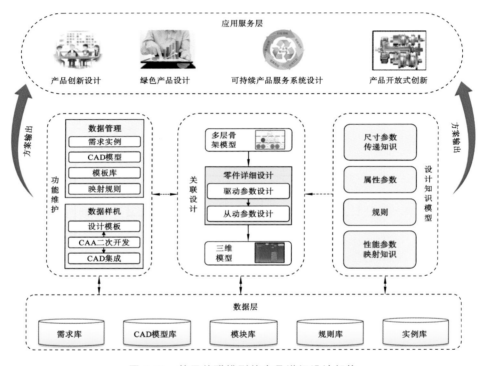

图 5-15　基于关联模型的产品详细设计架构

（1）数据层包含需求库、CAD 模型库、模块库、规则库和实例库五个模块,为功能维护、关联设计等提供必要的数据支持及设计知识和理论支持。其中,用户通过输入需求参数,根据需求参数查询实例库,计算实例的相似度,来检索实例库是否有满足需求的实例。此外,用户还可以根据参数映射形成的模块需求查询模块库,用满足条件的模块替换实例中的相应模块。规则库用来读取相应规则和识别映射规则。根据规则表达多对多的需求映射和复杂的非线性映射。

（2）功能维护包含数据管理和数据样机两个模块。在配置推理的基础上，对数据库的数据进行管理和维护，并将设计方案以 CAD 模型形式展现出来。其中，数据管理主要是指对数据层的相关资源库进行管理和维护。数字样机主要用于实现与 CAD 系统的交互作用，如模块间的关联设计和结果展示等。

（3）关联设计包含多层骨架模型、零件详细设计和三维模型三个模块。多层骨架模型可实现产品各个模块的整体结构功能，具有多级抽象层次，能够充分反映产品的功能需求和几何特征；模型构建完成之后，在零件与零件之间利用参数化设计技术进行参数化建模。参数分为驱动参数和从动参数，前者主要由顶层骨架模型产生，后者主要受驱动参数影响。零件详细设计可以保证产品结构按照设计要求进行自适应修改。三维模型是实现后期可视化、仿真运动等的基础，通过三维模型可以对产品运动性能进行分析。

（4）设计知识模型包含性能参数映射知识、尺寸参数传递知识、属性参数和规则四个模块。性能参数映射知识主要是指性能需求和参数之间的关系，可有效支持参数的赋值。尺寸参数传递知识建立了零件的驱动参数与其他从动参数之间的尺寸约束关系。属性参数包括产品的关键性能、结构参数以及受关键结构参数驱动的从动参数。这些属性参数可用作零件详细设计中的驱动参数。规则用于实例推理后的规则推理，以检验实例推理提供的解决方案是否可靠。

（5）应用服务层将数据层获得的模型、知识、规则和关联关系等进行整合，以集成应用的方式提供给生命周期各阶段的利益主体，实现跨企业、跨阶段数据的价值增值、知识的共享反馈和整个生命周期制造服务的开放协作。应用服务层主要提供产品创新设计、绿色产品设计、可持续产品服务系统设计、产品开放式创新等设计应用服务。

基于关联设计技术的产品详细设计流程如图 5-16 所示。首先，根据产品的总体结构、设计约束、参照基准及其布局等信息[156]，构建出包括关键结构属性、参数等信息的产品顶层骨架模型，创建模型节点及属性信息，再将信息传递到下游骨架模型并创建对应的模型节点及属性信息，以完成多层级骨架模型的构建，来描述产品和模块的主要空间位置和几何形状，及反映模块之间的约束关系[157]。其次，利用参数化设计技术进行参数化建模，基于性能参数映射知识、尺寸参数传递知识完成性能需求驱动的产品关联设计。最后，将关联产生的模型进行虚拟装配，形成整机产品，通过动力学仿真分析，输出满足性能评价的产品，添加到实例库，完成实例知识的学习和积累。

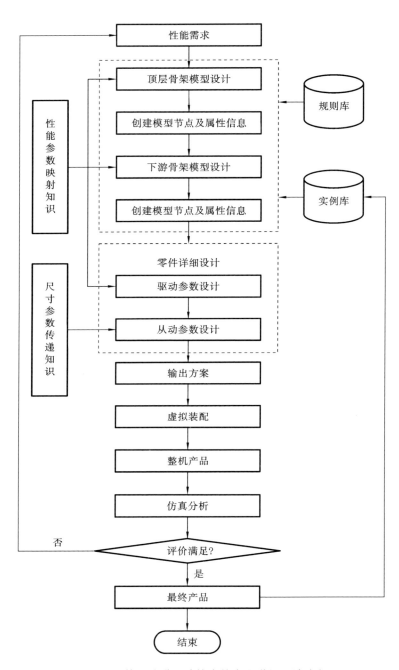

图 5-16 基于关联设计技术的产品详细设计流程

第6章

实时数据驱动的制造过程自适应协同优化方法

复杂产品制造过程各环节的协同联动与自适应优化是制造系统高效、优态运行的关键。现代信息技术在制造车间的应用,使得制造企业对车间运行状态及性能指标的实时监控和动态预测成为可能。为实现制造系统和车间运行状态分析与决策的透明化、协同化和智能化,推动设计-制造-服务一体化协同技术的落地应用,本章提出了一种实时数据驱动的制造过程自适应协同优化方法,阐述了该方法的特点及总体流程,并详细介绍了底层物理制造资源的智能化建模、基于大数据的制造过程性能分析与诊断、基于大数据的制造过程自适应协同优化方法。

6.1 实时数据驱动的制造过程自适应协同优化特点及总体流程

6.1.1 实时数据驱动的制造过程自适应协同优化特点

实时数据驱动的制造过程自适应协同优化方法的特点主要包括以下三点。

(1)底层物理制造资源的智能化建模是制造过程自适应协同优化的前提和基础。物理制造资源是集团、企业、车间固有的、相对稳定的实体资源(如车床、铣床、数控设备、搬运设备、刀具、夹具等),需对其进行智能化建模,使其成为具有主动感知能力,能够连接集团、企业、车间的智能体。在此基础上,将这些具有主动感知能力的制造资源智能体进行服务化封装,形成统一的服务资源池,并将整个资源池接入云端,实现底层制造资源的智能化建模与云端共享。

(2)基于大数据的制造过程性能分析与诊断是优化制造系统车间性能、提升生产效率的关键和保障。制造过程性能分析与诊断需要针对产品制造过程中的多层次事件进行认识、分类及处理。其中,多层次事件提取过程涉及对原始事件、基本事件、复杂事件以及关键事件的认识与提取。而制造过程中的关键性能在很大程度上决定了制造系统的整体性能。因此,为提高产品质量、生产效率等车间性能,需要对制造过程的关键性能及异常原因进行识别与分析。

(3) 基于大数据的制造过程自适应协同优化方法是制造过程性能优化与制造系统协同的手段和措施。一方面,自适应协同优化方法能够针对制造系统设备层、单元层、系统层等不同加工任务提供层内协同制造方案;另一方面,自适应协同优化方法也能够针对设备层、单元层、系统层等车间级加工任务提供层间协同制造方案。在此基础上,通过层内与层级间的协同控制策略,实现制造系统的自适应全局优化和协同管控。

6.1.2 实时数据驱动的制造过程自适应协同优化总体流程

通过对制造过程实时数据进行分析,能够识别影响制造系统优态运行的关键性能、诊断制造系统关键性能异常原因,为制造过程的自适应优化提供决策支持。本小节围绕底层物理制造资源的智能化建模、制造过程性能分析与诊断、制造过程自适应协同优化方法等关键环节,阐述实时数据驱动的制造过程自适应协同优化总体流程,如图 6-1 所示。

(1) 底层物理制造资源的智能化建模:首先,通过引入各类传感器及产品嵌入式装置对物理制造资源进行智能化配置,使其成为具有一定的自我感知能力的智能体,以实现底层物理制造资源的物物互联与主动感知;其次,采用 Java 和 C♯等面向对象编程语言技术对各智能体的制造能力进行服务化封装,提升制造资源的服务化能力;最后,将封装好的制造服务接入云端,为实时数据驱动的制造过程性能分析与诊断及制造过程自适应协同优化提供动态、透明、可追溯的云端数据。

(2) 实时数据驱动的制造过程性能分析与诊断:首先,采用事件驱动的建模分析方法、RFID 电子标签技术及 MQTT 技术,实现制造系统关键性能的主动感知;其次,对复杂产品制造系统中的多层次事件(原始事件、基本事件、复杂事件以及关键事件)进行认识、分析以及提取,利用多层次事件分析模型提取制造系统关键性能,实现制造系统关键性能异常识别;最后,采用模糊贝叶斯网络和贝叶斯网络等,对制造系统关键性能异常原因进行诊断,为制造过程自适应协同优化方法提供信息支撑。

(3) 制造过程自适应协同优化方法:本书主要介绍两种自适应协同优化方法,一是 ALC 方法,该方法采用分布式制造模式,其相比于传统的集中式制造

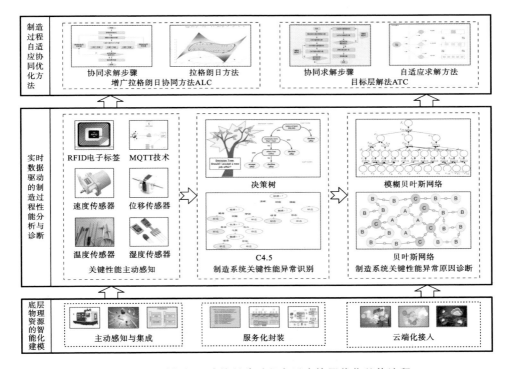

图 6-1　实时数据驱动的制造过程自适应协同优化总体流程

模式具有优势,并且能进行分布式服务的有效优化;二是 ATC 方法,面向设备层、单元层,系统层等车间不同层级,该方法可以综合层内优化和层间优化的优势,实现整个制造系统的自适应协同与高效优化。

6.2　底层物理制造资源的智能化建模

底层物理制造资源的智能化建模是获取产品制造过程中实时、动态的制造资源信息的基础,通过实时、动态的制造资源信息能够辅助上层管理人员迅速做出决策。本节结合 CPS 理念,引入工业物联网技术来实现车间底层物理制造资源的智能化建模,主要涉及三个方面:基于工业物联网的制造资源实时信息主动感知与集成、实时数据驱动的制造资源服务化封装和实时数据驱动的制造资源云端化接入。

6.2.1 基于工业物联网的制造资源实时信息主动感知与集成

实时、动态、透明以及可追溯的信息能够辅助管理者做出使制造系统优态运行的有效决策。为了构建车间的智能感知环境,提升车间的计划、调度、控制等协同能力,本小节提出一种基于工业物联网的制造资源实时信息主动感知与集成体系架构,如图 6-2 所示。该架构由智能制造对象的配置、实时数据的感知与获取、实时制造信息的集成、应用服务四个部分组成。

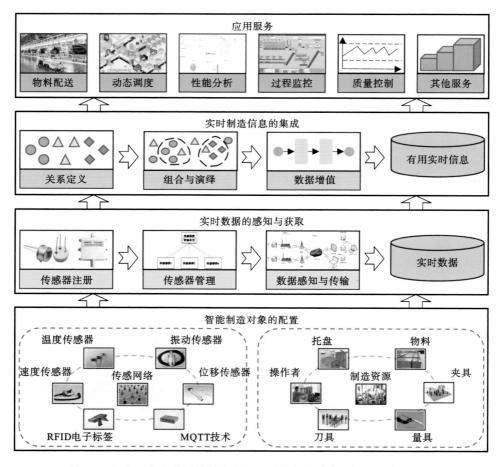

图 6-2　基于工业物联网的制造资源实时信息主动感知与集成体系架构

（1）智能制造对象的配置　该层主要通过对各种制造资源配置各类传感器、RFID 电子标签以及 MQTT 技术,构建智能感知环境,使得物料、刀具、操作者以及加工设备等传统的制造资源具有主动感知自身实时状态的能力。例如,通过对加工设备配置温湿度传感器,可以使其具有对加工环境中的温度、湿度数据进行采集获取的能力;通过配置 RFID 射频识别装置,可以为加工设备端在制品、操作者、加工工序、刀具、量具等制造资源数据的主动感知提供保障。

(2)实时数据的感知与获取 基于上述智能对象的配置,底层加工制造资源能够对产品生产过程的实时数据进行感知与获取。首先,通过制造资源端配置的物联传感装置注册,实现对传感数据的分类标识;其次,通过对传感装置进行管理,实现对制造资源端有效实时数据的优化采集;最后,通过实时数据传输装置,完成实时数据的传输。实时数据感知与获取过程如图 6-3 所示。

图 6-3 实时数据感知与获取过程

中间的圆形代表附加在车间底层加工制造资源上的物联传感装置,虚线代表配置物联传感装置后该加工制造资源的智能感知区域。例如,操作者带有 RFID 标签,当操作者进入加工设备的智能感知区域时,配置在加工设备上的读写器可以对 RFID 标签上的电子产品代码(electronic product code,EPC)进行捕获感知,并采集获取与该操作者相关的数据(例如,操作者姓名、操作者性别、操作者进入工位时间等)。

(3)实时制造信息的集成 在制造过程中,采集到的大多数多源异构数据并不能被直接应用于制造企业的业务决策,因此需要通过实时制造信息集成模块将制造资源端感知的数据转化成对生产决策有用的信息。例如,当操作者或者承载物料的托盘到达制造资源的智能感知区时,RFID 电子标签中的 EPC 可以被感知与获取,并通过数据处理模块转换成输出对应操作者以及托盘承载物料的相关集成信息,从而帮助上层管理者进行车间生产过程控制与决策。该过程可以通过关系定义、组合与演绎、数据增值等方法实现。

(4)应用服务 在实时信息集成的基础上,可以实现对制造过程各环节信息的跟踪与追溯,这些信息能够服务于不同应用场景的优化决策,从而为顶层应用服务提供决策依据。应用服务主要包括物料的主动配送服务、动态调度服务、制造能力的分析服务、生产过程的动态监控服务、质量的在线监控服务以及与其他企业信息系统的集成服务等。这些服务遵循 SOA 架构，因此它们能够作为独立的工具进行应用，也可以作为即插即用的服务单元与第三方系统进行集成服务。

在实际生产制造过程中，不同的企业可能应用不同的信息管理系统来实现对生产过程的管理，同一企业也可能应用不同的管理系统来实现不同生产制造环节的管理。因此，在基于工业物联网的制造资源实时信息主动感知与集成体系架构下，面临着如何将获取到的海量实时数据转换成有用的实时制造信息，以及如何实现其在多相异构应用系统中交互使用的问题。针对上述问题，本小节设计了一种实时制造信息集成服务（real-time manufacturing information integration service，RTMIIS），以实现实时制造数据的处理以及实时制造信息在多相异构应用系统和智能识别装置之间的交互使用。该服务以 B2MML 标准为基础，为不同的制造元素提供标准模板。

遵循面向服务的架构，RTMIIS 被封装成一个网络服务，以轻易地通过网络实现发布、搜索和调用。如图 6-4 所示，RTMIIS 以底层制造资源端采集获取到的实时数据为输入，以提供多相异构管理系统所需的标准实时制造信息为输出。RTMIIS 主要包含两个模块：数据的处理服务以及制造信息的集成服务。其中，数据处理服务用来将制造资源端传感装置采集到的孤立不一致的车间实时制造数据转化为标准制造信息，以实现多相异构管理系统间信息的共享与传递。它主要由事件定义模块和事件执行模块组成。事件定义模块用来建立自动识别装置端原始事件的相互关系（例如逻辑关系或者顺序关系），从而构建与制造相关的基本事件、复杂事件以及关键事件。事件执行模块可以看作一个事件引擎，它主要根据在事件定义模块中所定义的原始事件关系来执行相关的基本事件、复杂事件以及关键事件。制造信息的集成服务主要用来为多相异构管理系统提供需要的实时制造信息。它主要由两部分组成：一个是信息推送模块；另一个是信息推送列表管理模块。信息推送模块主要用来将相关信息推送给不同的管理系统。信息推送列表管理模块主要负责不同管理系统信息入口的注册。

6.2.2 实时数据驱动的制造资源服务化封装

制造资源服务化封装是制造能力服务化的体现。设备端的制造服务封装用于将加工设备的制造能力以及所能提供的各类智能化服务封装为一个具有标准输入/输出，且服务过程透明化和可访问化的服务对象。

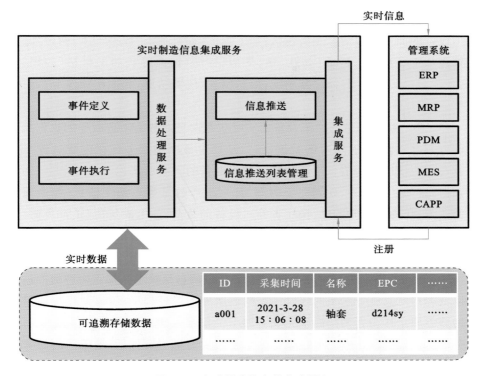

图 6-4　实时制造信息的集成服务

1. 加工设备的制造能力模型

加工设备的制造能力模型能够为制造云平台对海量制造资源进行优化配置提供重要参考信息。在制造能力的描述方面，参照 ISA-95 和 B2MML 等标准，采用 XML 对加工设备的制造能力进行描述。加工设备的制造能力模型主要包含四类信息：基本信息、加工能力信息、实时状态信息和服务质量信息。

（1）基本信息：加工设备的基本信息是对加工设备制造能力进行描述的基础部分，它能够为服务的应用与管理提供所需的基本信息，以便在后续的制造服务配置过程中能够快速高效地定位出相应的服务。加工设备的基本信息主要包括：设备的基本信息如设备名称、设备型号、设备类型等，设备的标识信息即设备编号，设备的位置信息即设备所属车间或设备所属制造单元，设备的来源信息如设备的生产厂商、购买日期等。

（2）加工能力信息　加工设备的加工能力信息是对其进行制造能力描述的

核心部分,在制造服务的配置过程中,首先要根据设备的加工能力判断其是否能够满足制造任务所提出的能力要求,从而实现制造服务的高效、敏捷配置。加工设备的加工能力信息主要包括:加工方法(如机加工、成型加工、特种加工、热处理加工等)、加工特征(如孔、槽、平面、柱面、锥面等)、加工材料(如钢、铸铁、合金等)、加工精度(如尺寸精度、形状精度、位置精度、表面粗糙度等)、生产效率、加工成本。

(3) 实时状态信息　加工设备的实时状态信息能够为制造服务的优化配置与运行调度提供准确、实时的数据支持,从而保证制造服务优化配置过程与底层设备透明使用间的信息互通共享。加工设备的实时状态信息主要包括:任务队列信息(如任务编号、计划完工时间、计划生产数量等)、加工信息(如当前加工的任务、任务的实时进度、操作者等)、设备的负荷(如未满负荷、正常负荷、超负荷等)、在制品信息(如在制品数量、在制品种类等)、设备的服务状态信息(如正常工作、闲置、维修等)。

(4) 服务质量信息　加工设备的服务质量信息反映了其加工生产的产品质量以及客户对其服务水平的评价。在制造服务配置过程中,可以通过将加工设备的服务质量作为评判指标来完成对加工设备服务的初步筛选,从而提高制造服务的配置效率和水平。加工设备的服务质量信息主要包括:加工产品的合格率、准时交货率、生产服务过程中的故障率、用户对产品的满意度、累计的服务系数等。

2. 设备端增值制造服务的封装

对设备端获取的各类实时制造信息进行增值处理,在此基础上,采用Java和C♯等面向对象的编程技术对设备端提供的各类制造服务进行软封装,如图6-5所示,通过对设备端制造服务的封装,要想获得加工设备端实时制造服务,只需远程访问用于封装该设备服务的软件(对象)即可。

设计的被封装的增值制造服务包括:生产负荷统计与预测服务、任务队列优化服务、信息统计与增值服务、缺料感知与主动配送服务、在线质量监控服务、制造过程信息追溯服务。

(1) 生产负荷统计与预测服务　它包括实时反映加工设备已分配的任务负荷,同时根据物联网技术获取的制造任务动态加工进度,对完工时间进行动态预测,为制造云平台中制造资源的优化配置提供支持。公式(6-1)～公式(6-3)表示设备"i"在时刻"t"的任务负荷和完工时间预测的数学模型。

$$L_i(t) = \{l_j | j \in v_i(t)\} \tag{6-1}$$

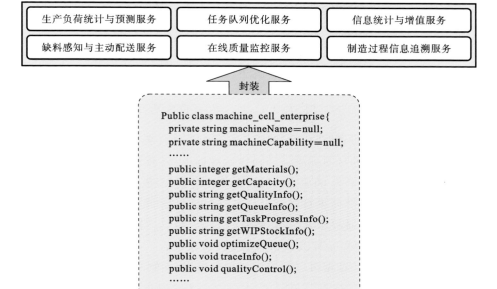

图 6-5 设备端制造服务的封装实例

$$T_{ij}(t) = f_{T_i}(S_{ij}, P_{ij}, d_j, L_i(t), X_i(t)) \tag{6-2}$$

$$T_i(t) = \max_{j \in v_i(t)}\{T_{ij}(t)\} = \max_{j \in v_i(t)}\{f_{T_i}(S_{ij}, P_{ij}, d_j, L_i(t), X_i(t))\} \tag{6-3}$$

式中：$L_i(t)$ 表示设备"i"在时刻"t"的负载集合；$v_i(t)$ 表示在时刻"t"分配到设备"i"的任务集合；l_j 表示任务"j"的工作量；$T_{ij}(t)$ 表示在时刻"t"预测到任务"j"在设备"i"上的完工时间；S_{ij} 表示任务"j"在设备"i"上的开始加工时间；P_{ij} 表示任务"j"在设备"i"上所需的加工时间；d_j 表示任务"j"的交货期；f_{T_i} 表示任务"j"完工时间的预测函数；$X_i(t)$ 表示设备"i"在时刻"t"的特征与状态参数；$T_i(t)$ 表示在时刻"t"预测到当前分配到设备"i"上所有任务的完工时间。

（2）任务队列优化服务　根据当前工序的执行情况，实时对未完成的任务池进行优化排序，提升制造设备自主动态优化任务队列的能力。最短的完工时间、最低的加工成本、最清洁的环境、最高的服务质量（TCEQ）可以作为获取最优任务加工队列的评判标准。公式（6-4）～公式（6-8）表示采用 TCEQ 标准来获取设备"i"在时刻"t"最优任务加工队列的数学模型。

目标　　　$$\mathrm{Queue}_i(t) = F_{\mathrm{Queue}_i}(T_i(t), C_i(t), E_i(t), Q_i(t)) \qquad (6\text{-}4)$$

约束　　　$$T_i(t) = \max_{j \in v_i(t)}\{f_{T_i}(S_{ij}, P_{ij}, d_j, L_i(t), X_i(t))\} \qquad (6\text{-}5)$$

$$C_i(t) = \sum_{j \in v_i(t)} f_{C_i}(S_{ij}, P_{ij}, d_j, L_i(t), X_i(t)) \qquad (6\text{-}6)$$

$$E_i(t) = \sum_{j \in v_i(t)} f_{E_i}(S_{ij}, P_{ij}, d_j, L_i(t), X_i(t)) \qquad (6\text{-}7)$$

$$Q_i(t) = \prod_{j \in v_i(t)} f_{Q_i}(S_{ij}, P_{ij}, d_j, L_i(t), X_i(t)) \qquad (6\text{-}8)$$

式中：$\mathrm{Queue}_i(t)$表示设备"i"在时刻"t"可执行的最优任务加工队列；F_{Queue_i}表示在时刻"t"$\mathrm{Queue}_i(t)$的计算函数；$C_i(t)$表示在时刻"t"预测到当前分配到设备"i"上完成所有任务所产生的成本；$E_i(t)$表示在时刻"t"预测到当前分配到设备"i"上完成所有任务所产生的能耗；$Q_i(t)$表示在时刻"t"预测到当前分配到设备"i"上完成所有任务所能达到的质量水平；f_{C_i}、f_{E_i}和f_{Q_i}分别表示完成任务"j"所需的成本、产生的能耗和可以达到的加工质量水平。

（3）信息统计与增值服务　　如对实时生产进度、在制品库存、合格率等进行信息统计和增值计算。公式（6-9）～公式（6-11）为实时生产进度、在制品库存、合格率的数学表达式。

$$\mathrm{PT}_{ij}(t) = \frac{t - S_{ij}}{P_{ij}} \qquad (6\text{-}9)$$

$$\mathrm{WIP}_i(t) \qquad (6\text{-}10)$$

$$\mathrm{QR}_i(t) = \frac{N_{\mathrm{QR}_i}(t)}{N_i(t)} \qquad (6\text{-}11)$$

式中：$\mathrm{PT}_{ij}(t)$表示任务"j"在时刻"t"的生产进度，一般来讲，如果任务"j"未被执行，$\mathrm{PT}_{ij}(t)$的值小于0，如果任务"j"已经执行完毕，$\mathrm{PT}_{ij}(t)$的值大于1，如果任务"j"正在被执行，$\mathrm{PT}_{ij}(t)$的值介于0与1之间；$\mathrm{WIP}_i(t)$表示设备"i"在时刻"t"的实时在制品数量；$\mathrm{QR}_i(t)$表示设备"i"在时刻"t"的产品合格率；$N_{\mathrm{QR}_i}(t)$表示设备"i"在时刻"t"加工的合格品数量；$N_i(t)$表示设备"i"在时刻"t"加工的产品总数量。

（4）缺料感知与主动配送服务　　针对物料使用状况的感知信息，当设备端物料低于安全设定时，能及时向配送部门生成对所需物料种类和数量的配送需求，保证生产顺利进行。表6-1所示为获取设备"i"在时刻"t"所需相关物料信息的流程步骤（getMaterialInfo(t)）。当物料"k"的数量少于完成加工任务所需的物料数量时，设备"i"就会发送所需的物料信息（物料种类、所需数量）至物料配送系统，使得所需物料能够被及时送到设备端，从而保证相关加工任务的顺利进行。

表 6-1　获取设备"i"在时刻"t"所需相关物料信息的流程步骤

<hr>

getMaterialInfo(t)

<hr>

（1）Start（开始）

（2）对于设备"i"所需的物料"k"

（3）如果 $\mathrm{Qua}_{k,i}(t) < \mathrm{Qua}_{k,0}$　　//$\mathrm{Qua}_{k,i}(t)$ 表示设备"i"在时刻"t"所拥有的物料"k"的数量

　　　　　　　　　　　　　$\mathrm{Qua}_{k,0}$ 表示保证设备"i"完成加工任务的物料"k"的数量

（4）获取 $\mathrm{Qua}_{k,r}(t)$　　//$\mathrm{Qua}_{k,r}(t) = f_{\mathrm{mat}_{k,i}}(\mathrm{Qua}_{k,i}(t), \mathrm{Qua}_{k,0}, X_i(t))$　　　　（6-12）

　　　　　　　　　　$\mathrm{Qua}_{k,r}(t)$ 表示设备"i"在时刻"t"所需的物料"k"的数量

　　　　　　　　　　$f_{\mathrm{mat}_{k,i}}$ 表示获取设备"i"在时刻"t"所需物料"k"数量的函数

（5）向配送系统发出所需物料的种类及数量

（6）End（结束）

<hr>

（5）**在线质量监控服务**　对当前加工任务的制造质量进行在线监控与诊断,如采用数理统计和工序控制图的方法对现场采集的数据进行分析、判断当前工序是否稳定、发现异常立即采取措施等。

$$q_{ij}(t) \geqslant \tau_{ij} \tag{6-13}$$

$$\| q_{ij}(t+\Delta t) - q_{ij}(t) \| \leqslant \delta_{ij} \tag{6-14}$$

公式（6-13）表示设备"i"在完成任务"j"时要满足加工质量水平 τ_{ij}。公式（6-14）表示在时间 Δt 内设备"i"对任务"j"加工质量偏差的数学模型。δ_{ij} 表示设备"i"在完成任务"j"时所允许的最大的加工质量偏差。当实时监测到加工质量水平低于 τ_{ij} 时或加工质量偏差值超过 δ_{ij} 时,说明设备"i"存在加工异常,需要采取一定的措施来提高或稳定其加工质量水平。

另外,通过建立设备端一系列的特征状态参数模型,基于采集到的实时数据,可以对设备运行的实时状态进行分析,从而判断设备的运行是否存在异常。

$$X_i(t) = (x_1(t), x_2(t), \cdots, x_n(t)) \tag{6-15}$$

$$\| X_i(t+\Delta t) - X_i(t) \|_2^2 = \| (x_1(t+\Delta t), x_2(t+\Delta t)), \cdots, x_n(t+\Delta t)$$
$$- (x_1(t), x_2(t), \cdots, x_n(t)) \|_2^2 \leqslant \varepsilon_i \tag{6-16}$$

公式（6-15）表示设备"i"在时刻"t"的特征状态参数模型,$x_n(t)$ 表示设备"i"的一种特征状态参数在时刻"t"的实时数值。公式（6-16）表示在时间段 Δt 内设备"i"的状态运行偏差,ε_i 表示设备"i"所被允许的运行状态偏差值。当设

备的运行状态偏差值大于ε_i时,需要采取一定的措施来对设备的运行状态进行修正。

（6）制造过程信息追溯服务　用于对设备的历史制造过程信息进行追溯,如提供一定时间段内该设备的负载、加工质量信息等,以更好地统计分析设备的持续服务能力。如公式（6-17）所示,$\mathrm{MH}_i(t)$为设备"i"在时刻"t"的制造过程信息实例。设备端的制造过程信息可以通过一系列的$\mathrm{MH}_i(t)$进行存储与追溯。

$$\mathrm{MH}_i(t) = (L_i(t), q_{ij}(t)) \tag{6-17}$$

6.2.3　实时数据驱动的制造资源云端化接入

加工设备端制造服务的云端化接入旨在利用制造资源虚拟化技术构建规模巨大的虚拟制造资源池,实现物理制造设备的全面互联、动态感知与反馈控制,将物理制造设备转化为逻辑制造设备,解除物理制造设备与制造应用之间的紧耦合依赖关系,以支持资源可利用率高、敏捷性高、可用性高的虚拟智能制造服务环境。

加工设备端制造服务的云端化接入如图6-6所示,其目标是在设备制造服务封装的基础上,以松耦合的方式对各类制造资源的服务进行灵活的描述和部署,接入和发布到制造云平台上。如图6-6所示,应用WSDL和SOA等技术,将加工设备的制造服务以一种松耦合的接入方式,通过标准化接口将分布在不同地域的制造设备服务注册、发布于制造云平台,并实现接口与服务的动态绑定,以快速地响应客户需求、灵活地调整制造服务资源和更好地适应不断变化与可扩展的智能环境。其中,WSDL文件从抽象定义和具体实现两部分对设备制造服务进行描述。抽象定义用于描述服务操作和消息,主要组成元素为<types>、<message>和<portType>;具体实现部分用于定义绑定与具体的服务地址相关的信息,由<binding>和<service>两部分组成。同时,为满足各类加工设备服务信息在智能制造过程中的互通和共享,在扩展ISA95和B2MML标准结构的基础上建立相应的设备端制造服务层次化结构信息模板,将设备静/动态信息,实时感知的、统计计算后的增值信息直接存储在相应模板的节点中,通过在相应的Web Service中绑定WSDL文件入口地址和SOAP协议实现对不同的信息节点的实时访问及对远程制造服务的绑定和调用。

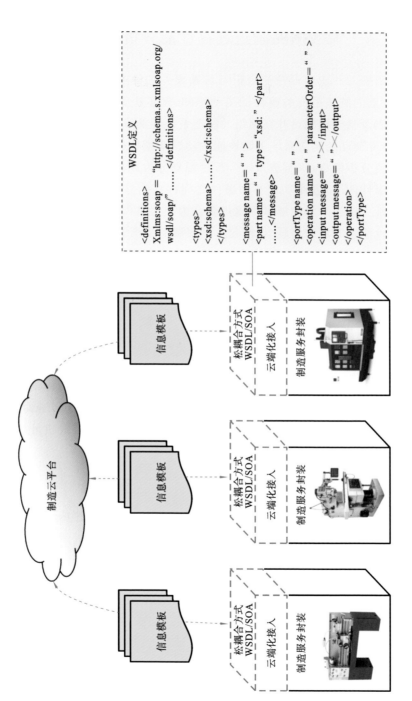

图 6-6 加工设备端制造服务的云端化接入

6.3 基于大数据的制造过程性能分析与诊断

基于大数据的制造过程性能分析与诊断模型的体系架构主要包含三个模块，即事件驱动的制造系统关键性能主动感知、基于决策树的制造系统关键性能异常识别以及基于模糊贝叶斯网络的制造系统异常原因诊断，如图 6-7 所示。

首先，事件驱动的制造系统关键性能主动感知模块提出一种基于多层次事件的制造系统分析模型，将制造系统分析过程划分为原始事件、基本事件、复杂事件和关键事件四层，进而基于不同事件之间存在的并行、时序、逻辑等关系，采用复杂事件处理技术将底层事件逐步聚合为上层事件，并从不同级别的事件中获取关键性能实时状态信息，以满足不同层级的生产管理者的信息需求。

其次，基于决策树的制造系统关键性能异常识别模块依据实时关键性能事件，对生产状况进行评估，发现制造系统中的生产异常事件。针对不同的关键性能信息，调用历史生产异常数据，基于决策树分析算法构建异常识别决策树分类模型，以获得相应的制造系统异常识别规则库。在此基础上通过制造系统关键性能实时状态与异常规则的匹配情况，快速地提取出生产异常事件。

最后，基于模糊贝叶斯网络的制造系统异常原因诊断模块针对识别出来的生产异常事件，从历史数据库中调用历史异常事件及其相关的制造因素的状态数据，依据解释结构模型来构建异常原因诊断的模糊贝叶斯模型。进而，将生产异常事件相关属性的实时状态代入模糊贝叶斯网络中，基于模糊贝叶斯网络的诊断推理能力，得出导致生产异常发生的原因。

6.3.1 事件驱动的制造系统关键性能主动感知

经由底层多源异构制造数据采集与传输技术获得的制造数据包含许多冗余信息，不能直接被上层管理者使用，需要进行数据的聚合分析才能提取出可以被上层管理者使用的关键性能信息。为了描述制造数据聚合过程，本小节提出事件驱动的制造系统关键性能主动感知模型，其中事件是指制造系统中有意义的变化[158][159]，例如，在制品开始加工、原材料出库、加工设备异常等。首先，使用多层次事件分析模型对信息提取过程进行描述，然后，使用复杂事件处理相关技术实现上层事件的逐层获取。

1. 多层次事件分析模型

多层次事件分析模型将制造系统关键性能信息处理过程转变为多层次事

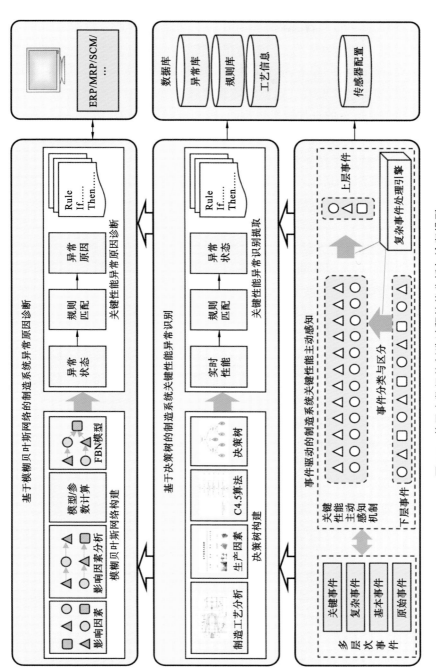

图 6-7　基于大数据的制造过程性能分析与诊断模型

件提取过程,即原始事件、基本事件、复杂事件和关键事件。当传感器采集到制造现场数据时,便可以将每一条数据看作一个事件,然后依据数据之间的关系,逐步将原始事件聚合为资源/工序级、单元级、车间级的上层复合事件,事件中包含着位置、数量、状态等不同的属性。由于制造系统决策者从工序级的加工人员、单元级加工与管理人员到车间级管理者不等,而且不同生产决策者所需的关键性能信息所在的事件层级也不同,因此可以从不同层级事件中提取出多层次关键性能指标(KPI)信息。在获取 KPI 信息后,便可以对其做进一步分析,获得制造系统生产异常的原因,以供生产决策者使用。

(1)原始事件(primitive events,PE) 指某一时刻传感采集设备(如 RFID 阅读器)读取的原子事件,是事件处理过程中最基本的组成单元。一方面,智能制造系统中常常配置大量的传感器来采集制造资源的位置、数量、质量等信息,在信息采集过程中会产生大量的多源异构制造数据。另一方面,由于传感器读取数据过程固有的高速性和自动性,即使小规模的传感器配置也会在短时间内产生大量的原始事件,数据量便会变得更加巨大。这些巨量的原始事件多是零碎、重复、多余的,甚至会出现异常、错误数据,故需要对这些原始事件进行筛选、过滤、组合等处理,以获得可供上层决策者使用的有效制造信息。

(2)基本事件(basic events,BE) 反映单个或同类制造资源或某道工序的时空状态或制造状态变化的事件,是产品有用信息的最小单元。基本事件常常需要将多个原始事件进行聚合才能获得,例如,依据在制品在不同时刻出现在不同位置的原始事件,可以推测出物料正在配送。

在制造系统的关键性能分析过程中,基本事件主要有领料出库事件(从原始物料存储区到各个生产阶段)、在制品流通事件(从零件加工生产线到部件装配生产线,从部件装配生产线到总装生产线的物料流通)、加工及装配事件(对原材料或在制品进行加工或装配)、质量检验事件(对加工质量进行检验)、完工入库事件(从总装阶段到成品存储区)五种。由于完工入库事件的生产流程与领料出库事件或在制品流通事件的相差不大,故下面仅以领料出库事件、在制品流通事件、加工及装配事件和质量检验事件这四种基本事件为例,对基本事件的工作流程进行详细分析。图 6-8 给出了这四种基本事件的工作流程,各基本事件的工作流程简述如下。

① 领料出库事件 当配送资源收到一个配送任务指令时,首先依据配送任务情况去仓储区域查找承载物料的目标托盘,并核对上面的物料信息,如果托盘和物料信息与配送任务一致,则将之装载到小车上,并依据配送指令运输至

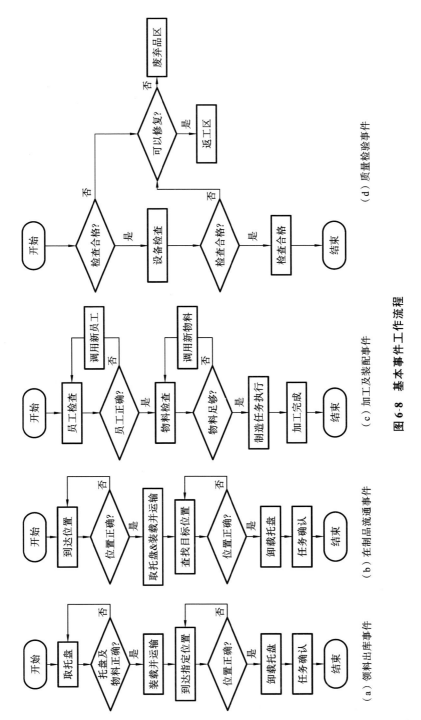

图 6-8 基本事件工作流程

（a）领料出库事件　（b）在制品流通事件　（c）加工及装配事件　（d）质量检验事件

目标位置;到达目标位置后,卸载托盘并上传任务完成的信息。工作流程如图 6-8(a)所示。

② 在制品流通事件　其工作流程与领料出库事件的相似,只是在取托盘之前到达的位置为生产工序,如图 6-8(b)所示。

③ 加工及装配事件　加工及装配事件是生产活动中主要的价值增值部分,根据不同产品生产工艺的差异,描述模型相差较大。图 6-8(c)中给出了一个通用的加工及装配事件工作流程:在执行加工或装配活动之前,首先查看生产员工的出勤情况,如果员工正确,则进一步核对物料情况,如果都合格,则可以按照生产计划执行具体生产作业。

④ 质量检验事件　在实际生产过程中经常配置一些质检工序,以确保瑕疵品不会流通到后续生产过程。质量检验过程所产生的事件即质量检验事件,一般分为两个主要阶段,员工先依据个人经验进行检查,若通过人工检验,则进一步使用监测设备对其进行深入的检查,并依据质检情况将在制品分别放入流通区、返工区或者废弃品区,如图 6-8(d)所示。

(3) 复杂事件(complex events,CE)　产品加工过程单元级或生产线零部件生产事件。复杂事件由一系列基本事件组成,如零件从"领料出库事件"到"加工完成"的基本事件组成的零件加工事件,零部件加工完成后的组装事件等。针对不同的复杂事件,需要调用不同的物料及在制品的生产工艺计划信息,并依据其生产约束关系(如时序关系、层次关系、因果关系等),逐步调用不同的成分事件,进而通过不同事件间的聚合分析获得复杂事件的状态信息。

(4) 关键事件(critical events,CrE)　指的是制造系统车间内部订单及产品级的生产信息的变化事件,这些事件对制造执行系统有较大的影响,其状态的变化会导致车间整体生产性能的变化。关键事件反映了产品某一个零部件的生产状况,进而结合车间生产计划信息,依据产品的制造 BOM,将其零部件加工过程的复杂事件及相关的基本事件信息结合起来,即可获得制造车间的整体生产状况,例如产品的加工进度、车间整体生产情况等。

2. 事件之间的关系

事件之间存在着相互依存的关系,这些关系使得不同的事件相互联系在一起,主要有五种逻辑关系:时序关系、聚合关系、层次关系、依赖关系以及因果关系。

1) 时序关系

时序关系是事件流内在的、固有的特征。在智能制造系统生产现场的数据采集过程中,事件的发生时间可以通过智能传感设备自动记录。事件的时间分为监测时间和发生时间。监测时间是指事件被读取到的时间,发生时间是指事件发生的时间。时间描述方式主要有两种:一种是点时间(如 t_1),另一种是区间时间(如 $[t_1, t_2]$)。实际生产中多数原始事件是瞬时的,可以用点时间描述,例如制造资源在某时刻被监测到出现在某个具体位置。而上层复合事件由于涉及多个成分事件,采用区间时间描述,例如某在制品的加工过程需要经历一段时间才能完成。

2)聚合关系

实际生产过程中,事件之间存在聚合关系,即多个简单的事件聚合形成一个复杂的事件,例如可以将工位缓冲区的单个在制品的"存在事件"共同聚合成该工位在制品的库存事件。另外,同一个下层事件可能是多个上层事件的共同的成分事件,即一个下层事件可以与其他不同的多个下层事件分别聚合为不同的上层事件。

3)层次关系

事件与事件之间的层次关系,可视具体的生产应用状态而决定,例如在机床的装配过程中,整机的装配活动可以看作一个上层事件,而组成整机的各种组部件的装配活动可以看作一个下层事件。

事件的层次关系和聚合关系的联系与区别主要在于:层次模型可以用事件聚合关系来表达;用层次关系描述的事件具有相同的语义范围,而事件的聚合关系描述的上层事件与下层事件可属于一个语义范围,也可以不属于一个语义范围,且大部分情况下不属于一个语义范围;层次关系主要描述的是显式的语义关系,而聚合关系主要描述的是事件之间的隐式关系。

4)依赖关系

依赖关系是事件的状态属性之间彼此依存和约束的关系,例如装配过程中的一些工序之间常具有前后关系,即某些工序需要在前面工序加工完成后才能进行。

5)因果关系

对于一个完整的事件产生过程,结束状态为果,初始状态和产生过程都可以看作因。例如制造系统中的残次品的"产生事件",可能是"工具使用错误""员工操作失误""设备发生故障"等"原因事件"造成的。

3. 事件之间的操作符

制造过程的事件可以用 $<EID, Type, Value, T>$ 描述。其中,EID 为事件特有的身份标识;$Type$ 为事件的类别,例如在制品流通事件、制造加工事件、加工进度异常事件等;Value 为事件的属性值,例如传感器读取的实时状态数值或关键事件的性能指标数值;T 为事件发生的时间,可以为点时间或区间时间。

原始事件一般由传感器直接采集获得,而上层复合事件(包括基本事件、复杂事件、关键事件)都由一个或多个原始事件组成,可以用二元组 $<Ele, Ope>$ 表示。其中,Ele 是复合事件的组成元素,它可以是原始事件也可以是复合事件,Ope 为操作规则。复合事件之间的逻辑结构与事件约束,可以利用逻辑操作符与时间操作符表示,基本的操作符如表 6-2 所示。复合事件往往由多个基本操作符组成,例如,$\neg E_1 \wedge E_2$ 表示 E_1 不发生、E_2 发生的事件。除此之外,在对实时性要求较高的情况下,许多复合事件需要结合时间限制来完成,需要与时间运算符结合。

表 6-2　事件操作符及其含义

运 算 符	实 例	含 义
AND($\wedge$)	$E = E_1 \wedge E_2$ 或 AND(E_1, E_2)	复合事件 E 的逻辑结构是由事件 E_1 与事件 E_2 都被检测到而发生
OR($\vee$)	$E = E_1 \vee E_2$ 或 OR(E_1, E_2)	复合事件 E 的逻辑结构是由事件 E_1 与事件 E_2 其中一个被检测到而发生
SEQ	$E = SEQ(E_1, E_2)$	复合事件 E 的形成需要由事件 E_1 的发生先于事件 E_2 产生
WITHEN	$E = WITHEN(E_1, T)$	复合事件 E 的形成必须是在一个特定的时间限制 T 之内检测到事件 E_1
Negation($\neg$)	$E = \neg E_1$	复合事件 E 的形成是由事件 E_1 的没有发生而产生

4. 复杂事件处理机制

复杂事件处理(complex event processing,CEP)是监测并分析制造过程的事件流(event streaming),将读取的实时事件与预先设定的事件聚合规则相匹配,从事件池中抽取出用户感兴趣的事件,当特定事件发生时去触发某些动作。

目前,IBM、Microsoft 和 Oracle 等计算机企业,都开发了自己的事件驱动架构(event-driven architectures,EDA)来解决复杂事件处理的相关问题[160][161]。EDA 允许将系统中的所有事件存储到一个中央处理服务器上,然后由感兴趣的用户从中订阅信息,各用户只要遵循 EDA 的规范模板,就可以实现不同类型事件的发布与订阅。许多公司推出了自己的事件处理语言(event processing language,EPL)和相应的事件处理引擎,用户能够方便地使用 EPL 定义自己关心的事件处理方式,在用户完成对事件的设置后,复杂事件处理引擎可以依据 EPL 规则进行事件的检测和处理。

Esper 和 NEsper 是 Esper 技术公司推出的可以免费使用的开源产品,分别基于 JAVA 和 C♯. NET 语言开发,可以处理和分析事件及事件之间的关系,并且可以满足事件流查询的高吞吐量、低时延和复杂逻辑的需求,故本书使用 Esper 作为事件处理的工具,其特有的 EQL(event processing query language)作为复杂事件处理语言[162]。EQL 是一种类 SQL(structured query language),其事件流查询方式是先通过 CEP 系统存储事件查询条件,然后让事件流通过查询系统,CEP 系统自动检测数据是否满足匹配条件,不间断地检测出满足查询条件的事件。

表 6-3 给出了一个 Esper 引擎的复杂事件处理语言实例。首先,用户需要通过应用程序接口配置已存在的事件类型或者增添新的事件类型。Esper 引擎提供了多种方式来描述一个事件,主要包括简单 Java 对象(plain old Java object,POJO)和基于 XML 的标准化文档。例如,表 6-3 中的实例代码便给出了这个引擎能够通过 Uniform Resource Locator 来读取基于 XML 语言的标准化文档。然后,引擎通过生成"Update Listener"接口来定义事件更新机理,实例中的"New Event"和"Old Event"定义了新旧事件的属性信息。进而,通过"Configuration Instance"把定义的事件增添到仿真路径之中。然后,通过定义事件 EPL 语句来定义复合事件的获取方式,实例中以一个单元级加工合格率计算为例说明了 EPL 语句的定义方式,其中:Insert into 部分定义新的复杂事件的名称及含义;Select 部分定义事件的属性、参数、计算方法等信息;From 部分定义生成新事件的环境、事件触发的条件等,常配合 group by、where 等语句,以更好地展示事件发生的环境。最后,经过以上定义与设置,Esper 引擎将不断地从事件流中提取新的复合事件,并将其传输给上层管理系统。

表 6-3　Esper 引擎的复杂事件处理语言实例

基于复杂事件处理语言的复合事件提取方法

```
Public class sensorEvent{
    URL schemaURL = this. getClass(). getClassLoader(). getResource("sensor. xsd");}
    //Create an event class. 生成一个新的事件类型
Public class mylistener implements UpdateListener {
    Public void update(EventBean[] newEvents, Eventbean[] oldEvents){
        If(newEvents ! = null){
```

基于复杂事件处理语言的复合事件提取方法

```
        For(int i＝0;i<newEvent. length;i＋＋) {

            If(newEvent[i] ＝＝ null){

        Continue;}}}}      //Create an UpdateListener interface 生成事件更新接口

Public class SelectContainedEventTest {

Public static void main(String {} args) {

    Configuration config ＝ new configuration();

    Config. addEventType ("sensorEvent",sensorcfg);

    //Create a configuration instance 生成一个事件配置实例

    EPServiceProvider epService ＝ EPServiceProviderManager. getDefaultProvider(config);

    EPAdministrator admin ＝ epService. getEPAdministrator();

    EPRuntime runtime ＝ epService. getEPRuntime();

    //obtain EPServiceProvider object 生成一个服务提供对象

String epl＝"Insert into Acceptance Rate on Cell Level Select cell. id,sum(Accepted WIP)
as AW,sum

(processed WIP) as TW,AW/TPW as AR From sensorEvent. win;time(1 hour) Where
cell. id＝'SS8820'

Group by cell. id Output last every 1 hour,
/＊ 定义事件查询语言并输出获得的事件,这里以一个单元级加工合格率事件的获取为
例,加工合格率是单位时间(1 小时)内总共获得的合格品数量与总加工数量的比值 ＊/

EPStatement state ＝ admin. createEPL(epl);

State. addListener(new OutputAfterListener( ));

// Create EPStatement 将事件输入添加到事件处理语言中

Runtime. sendEvent( );   //Send events to the engine 将事件输出至事件处理引擎

}}
```

6.3.2　基于决策树的制造系统关键性能异常识别

1. 基于决策树的制造系统关键性能异常识别的工作逻辑

决策树(decision tree,DT)[163]是一种常见的数据分类方法,它能够递归地

选择最优特征,并根据选择的特征对训练数据逐步进行分割,使各数据都有一个最好的分类结果,常常使用树形结构展示对象属性和对象值之间的一种映射关系。典型的算法包括 ID3(iterative dichotomiser 3)、C4.5[164][165]、CART(classification and regression trees)等。由于生产关键性能的状态及相关属性信息多具有连续性的数值,例如,加工进度可以在 0% 到 100% 之间任意取值,因此采用能处理连续值属性的 C4.5 算法进行生产异常的识别。

图 6-9 所示为基于决策树的制造系统关键性能异常识别的工作逻辑。首先,当获取一个实时生产关键性能事件及其相关信息时,从历史数据库中调用相应的历史生产性能异常数据集;然后,使用 C4.5 算法逐步计算出各属性的信息增益,并选择信息增益最大的属性为分类属性。逐步迭代以上过程,直到所有生产异常都分割完毕,构建出关键性能异常识别决策树,并生成相应的规则库。依据实时关键性能各属性和异常规则库中规则的匹配情况,便可以分析出实时关键性能是否为异常状态。最后,依据后续专家的评估与分析,评判数据是否分类准确,并将识别准确的数据放入历史分类库中,供后续参考与使用。

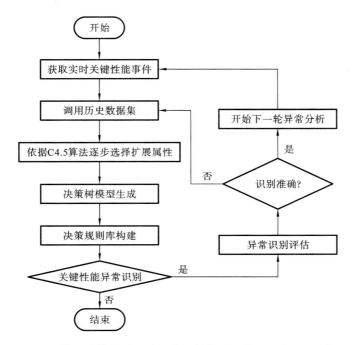

图 6-9 基于决策树的制造系统关键性能异常识别的工作逻辑

2. 制造系统关键性能异常识别决策树构建

本小节给出基于 C4.5 算法获取关键性能异常识别决策树的计算过程。在获取关键性能异常数据集后，可以将数据集中的每一条数据看作一个"样本"，分别携带着不同的属性信息，这些属性信息可以分为条件属性和决策属性两类，其中条件属性是事件所携带的种类、位置等参与分类的属性，决策属性指划分的类别。基于 C4.5 算法分割属性的具体步骤如下。

（1）选择扩展属性（选择树的根节点），分为以下三步。

① 假设样例集 S 按离散属性 A 的可能取值个数（设为 A_n），划分为 $S_1, S_2, \cdots, S_{A_i}, \cdots, S_{A_n}$ 共 A_n 个子集，则用 A 对 S 进行划分的信息增益为

$$\text{Gain}(S, A) = \text{info}(S) - \sum_{i=1}^{A_n} \frac{|S_{A_i}|}{|S|} * \text{info}(S_{A_i}) \tag{6-18}$$

式中：$\text{info}(S) = -\sum_{j=1}^{N_{\text{Class}}} \frac{\text{freq}(C_j, S)}{|S|} \cdot \log_2 \left(\frac{\text{freq}(C_j, S)}{|S|} \right)$，其中，$|S|$ 为样本集 S 的总个数，$|S_{A_i}|$ 为样本集中属性 A 取第 i 个值的个数，N_{class} 为样本的分类属性的取值种类总数，$\text{freq}(C_j, S)$ 为样本集 S 中分类属性为 C_j 的个数。进而，获得 A 对 S 进行划分的信息增益率为

$$\text{GainRatio}(S, A) = \frac{\text{Gain}(S, A)}{\text{SplitInformation}(S, A)} \tag{6-19}$$

式中：$\text{SplitInformation}(S, A) = -\sum_{i=1}^{A_n} \frac{|S_{A_i}|}{|S|} \log_2 \left(\frac{|S_{A_i}|}{|S|} \right)$。

② 将具有连续值的属性分割为离散的区间集合，并计算划分后的属性信息增益率。若 A 是在连续区间取值的连续性属性，首先将训练集 X 的样本根据属性 A 的值从小到大排序，一般用快速排序法。假设训练样本集合 A 中有 m 个不同的取值，将排好序后的属性的取值序列设为 $V_1, V_2, \cdots, V_m$，按顺序求两个相邻值的平均值

$$V = (V_i + V_{i+1})/2, \quad 1 \leqslant i < m \tag{6-20}$$

V 作为分割点将样本集划分为两个子集，分别对应 $A \leqslant V$ 和 $A > V$，共有 $m-1$ 个分割点。分别计算每个分割点的信息增益率，选择具有最大信息增益率 $\text{GainRatio}(v')$ 的分割点 v' 作为局部阈值，则按照属性 A 划分样本集 X 的信息增益率 $\text{GainRatio}(v')$。而在序列 $V_1, V_2, \cdots, V_m$ 中找到的最接近但又不超过局部阈值 v 的取值 V 即属性 A 的分割阈值。

③ 按照上述方法求出当前候选属性集中所有属性的信息增益率，找到其中信息增益率最高的属性作为扩展属性。

（2）分割样例集。

使用步骤（1）中选择的扩展属性来分割样本集。对划分得到的各个样例子集继续进行扩展属性信息增益的计算与划分，直到满足停止条件，最终生成决策树。

（3）由决策树生成异常识别规则。

一棵决策树可以转换为一组 If-Then 规则，由树的根节点到叶节点的每条路径对应一条 If-Then 规则。

6.3.3　基于模糊贝叶斯网络的制造系统异常原因诊断

在实际生产过程中，有很多状态是模糊的，没有明确的两极界限，例如，生产设备的运行状况是一个模糊概念，设备常常处于中间状态，不能实现其最优性能，又不是完全不能使用。传统的集合理论很难对这种概念进行刻画。模糊集合论[166] 使计算机跨越"黑白"两极界限，在"灰色"中间地带发挥作用。模糊集合论认为，把元素属于集合的概念模糊化，认为论域上存在既非完全属于某一集合，又非完全不属于某一集合的元素；它又能够将"属于"概念量化，通过"隶属度函数"描述一个元素属于某一集合的程度。其中，隶属度的值一般取 $[0,1]$ 的一个值，且一个元素属于不同集合的概率之和应该为 1。本小节提出一种基于模糊贝叶斯网络（fuzzy Bayesian network，FBN)[167] 的制造系统关键性能异常原因诊断方法，将模糊集合理论与传统贝叶斯网络（Bayesian network，BN)[168][169] 技术结合，采用模糊数描述资源及异常的状态，并利用 BN 模型的诊断推理能力来获取更加贴合实际的生产异常诊断模型。

模糊贝叶斯网络可以用一个三元组 $FBN = \{U, L, P\}$ 表示。

$U = \{u_1, u_2, u_3, \cdots, u_i, \cdots, u_n, u_{n+1}\}$ 表示模糊化的节点集合，用以表述生产样例的不同属性集合，n 为影响因素总个数，u_{n+1} 表示异常分类属性节点。第 i 个模糊属性的模糊语言值可以用 $T(u_i) = \{T_1(u_i), T_2(u_i), \cdots, T_j(u_i), \cdots, T_k(u_i)\}$ 表示，并可以用 $u_i = \{u_{i1}, u_{i2}, \cdots, u_{ij}, \cdots, u_{ik}\}$ 表示第 i 个节点的模糊状态分布，k 为 u_i 的模糊状态数，u_{ij} 为 u_i 的第 j 个模糊状态，可以用 $u_{ij} = \{x_i, u_{ij}(x) \mid x_i \in X\}$ 表示，其中 $X = \{x_1, x_2, \cdots, x_n\}$ 为未模糊化的节点集合，$u_{ij}(x)$ 为变量 x_i 隶属于 u_i 中的第 j 个模糊状态 u_{ij} 的程度。

$L = \{(u_i, u_j) \mid i \neq j, i = 1, 2, \cdots, n; j = 1, 2, \cdots, n\} \subset U \times U$ 表示有向边集合，用来表示变量之间的因果依存关系，常用有向箭头表示。节点和有向边共同组成了 FBN 的网络结构，并且没有有向边输入的节点称为根节点，有有向边输入的节点称为非根节点。

$\Theta=\{P(u_i\,|\,\pi(u_i))\,|\,i=1,2,\cdots,n\}$ 表示各节点的先验概率及条件概率分布集合,根节点的初始分布称为先验概率,非根节点相对于根节点的分布称为条件概率分布。其中,$\pi(u_i)$ 表示模糊变量 u_i 父节点集合。在 FBN 中,对于根节点需要确定先验概率,而对于非根节点要给出其基于父节点的条件概率分布。

在 FBN 模型中没有确定的输入或输出节点,节点之间的影响是相互的,任何节点获得新证据或者新估计时,都会对其他节点产生作用,并基于贝叶斯估计进行状态更新,因此,FBN 模型能同时支持预测推理和诊断推理,能够适应于制造系统异常原因诊断的相关任务。

现阶段 FBN 模型的构建方法主要分为基于专家知识建模、基于数据建模和两阶段建模(即综合专家知识和数据建模的优势)。首先基于专家知识构建 FBN 网络拓扑结构(structure learning),再通过样本数据学习修正网络结构并学习获得网络参数(parameter learning),其中,参数包括节点的先验概率和条件概率分布。

基于专家知识建模方式对专家知识的依赖性过强,网络结构与参数难以准确给出;基于数据建模方式是通过对大量的历史生产异常事件相关数据进行分析获取网络结构与参数,由于智能制造系统的结构复杂,生产现场数据种类繁多,直接从数据中抽取 FBN 网络对计算系统能力要求较高且难以保持高可靠性;两阶段建模方法能够考虑制造系统的专家知识,并同时考虑制造系统的生产现场状况,能够综合前两种网络建模与学习的优势,故本书采用两阶段建模方法进行 FBN 的构建。首先,基于解释结构模型(interpretative structural model,ISM)[170]构建 FBN 结构模型,它能够把结构复杂的系统分解为若干子系统,应用实践经验和领域知识,并借助计算机的辅助计算,最终构造出一个多级递阶关系的结构模型,它特别适用于要素众多,关系复杂而结构模糊的系统分析。具体思路如下。

(1)确定影响因素 $u_1,u_2,u_3,\cdots,u_n$ 以及系统的目标因素 T_{pi}。

(2)确定因素关系,建立邻接矩阵 $\boldsymbol{Y}=\left[y_{ij}\right]_{n\times n}$,其中:

$$y_{ij}=\begin{cases}1, & \text{表示 } u_i \text{ 与 } u_j \text{ 有关系}\\0, & \text{表示 } u_i \text{ 与 } u_j \text{ 没关系}\end{cases} \tag{6-21}$$

(3)邻接矩阵 $\boldsymbol{Y}$ 通过布尔运算求出可达矩阵 $\boldsymbol{B}=\left[m_{ij}\right]_{n\times n}$,其中:

$$m_{ij}=\begin{cases}1, & \text{表示 } u_i \text{ 与 } u_j \text{ 有关系}\\0, & \text{表示 } u_i \text{ 与 } u_j \text{ 没关系}\end{cases} \tag{6-22}$$

布尔运算公式为

$$\boldsymbol{B} = (\boldsymbol{Y} + \boldsymbol{I})^{r+1} = (\boldsymbol{Y} + \boldsymbol{I})^r \neq \cdots \neq (\boldsymbol{Y} + \boldsymbol{I}) \tag{6-23}$$

式中:$r = 1, 2, 3, \cdots$;$\boldsymbol{I}$ 是与 X 同阶的单位矩阵。

（4）将可达矩阵 $\boldsymbol{B} = [m_{ij}]_{n \times n}$ 分解为以下集合。

① 可达集 $P(u_i)$:因素 u_i 可以到达其他因素的集合,表示为

$$R(u_i) = \{u_j \in N \mid m_{ij} = 1\} \tag{6-24}$$

式中:N 为因素的集合。

② 先行集 $Q(u_i)$:其他可以到达因素 u_i 的集合,表示为

$$Q(u_i) = \{u_j \in N \mid m_{ij} = 1\} \tag{6-25}$$

③ 最高集 $T(u_i)$:可达集与先行集的交集仍是可达集的集合,表示为

$$T(u_i) = \{u_j \in N \mid P(u_i) \bigcap Q(u_i) = P(u_i)\} \tag{6-26}$$

（5）建立 ISM 模型。以上述可达矩阵为基础,基于最高集确定本层级因素,并删除可达矩阵中相应元素的行和列。以此类推,确定不同层级中的因素,用 L_g 表示,其中 g 表示所在层级。然后利用级间划分和可达矩阵关系,确定各层级因素间的关系,构建 ISM 模型。

（6）依据 ISM 模型获得 FBN 模型网络结构,从而获取网络拓扑结构 $S = <U, L>$。

① 贝叶斯网络节点转换:根据专家知识,将结构模型中对应的影响因素转化为 FBN 模型的节点集合 U,并给出不同节点的模糊状态值。

② 贝叶斯网络有向边转换:将 ISM 模型中因素间的因果关系转换为 FBN 模型的有向边 L。

（7）计算 FBN 模型节点的先验概率和条件概率分布。通过对历史数据集的模糊化处理,构建出模糊样例集合,进而通过对样例集合的学习获得根节点的先验概率或中间节点和叶节点间依赖关系的条件概率分布表。

① 模糊数据集构建。依据数据集中的数据值,基于隶属度函数计算出样例的属性属于不同状态的集合,多种隶属度函数可以构建模糊属性值,由于三角模糊函数具有含义简单、运算方便、通俗易懂等优点,本书选用三角模糊函数作为属性分析的隶属函数,如下所示:

$$u_{T_1(u_i)}(x) = \begin{cases} 1, & x \leqslant c_1 \\ (c_2 - x)/(c_2 - c_1), & c_1 < x < c_2 \\ 0, & x \geqslant c_2 \end{cases} \tag{6-27}$$

$$u_{T_k(u_i)}(x) = \begin{cases} 1, & x \geqslant c_k \\ (x - c_{k-1})/(c_k - c_{k-1}), & c_{k-1} < x < c_k \\ 0, & x \leqslant c_{k-1} \end{cases} \tag{6-28}$$

$$u_{T_j(u_i)}(x) = \begin{cases} 0, & x \geq c_{j+1} \\ (c_{j+1}-x)/(c_{j+1}-c_j), & c_j < x < c_{j+1}, 1 < j < m \\ (x-c_{j-1})/(c_j-c_{j-1}), & c_{j-1} < x < c_j \\ 0, & x \leq c_{j-1} \end{cases} \tag{6-29}$$

式中：$u_{T_j(u_i)}(x)$ 表示属性（如 u_1）取值为 x 时，相对于模糊语言值 $T_j(u_i)$ 的隶属度；c_j 表示 $T_j(u_i)$ 的中间值；k 表示属性 u_i 的模糊语言值总数。

② FBN 模型的参数学习。FBN 模型的参数学习是指在给定网络拓扑结构 S 和异常数据集 D 的情况下，利用解析或搜索的方法，确定 FBN 模型中各节点的先验概率及条件概率密度 Θ，使得 $P(\Theta|S,D)$ 达到最大值。采用基于最大似然估计（maximum likelihood estimation，MLE）的学习来估计 FBN 模型的参数。基于最大似然估计的参数估计方法最先由 Spiegelhalter 等[171] 提出，该方法的参数是通过计算给定父节点集的值时子节点取不同值的概率，并将其作为该子节点的条件概率参数，其基本原理就是试图寻找使得似然函数最大的参数。

考虑一个生产关键性能异常识别样例集 $D=\{e_1,e_2,\cdots,e_e,\cdots,e_N\}$，简单起见，$N$ 为样本的个数。需要计算的网络参数集合为

$$\Theta = \{\theta_{ijp} = P(u_i=j|\pi(u_i)=p), \quad 1 \leq i \leq n+1, 1 \leq j \leq k, 1 \leq p \leq q_i\} \tag{6-30}$$

式中：p 表示第 i 个节点为第 j 种状态且其父节点集合为第 p 种取值组合的记录数；q_i 表示第 i 个节点的父节点的可行取值组合。

根据最大似然估计方法原理，基于现有异常数据集和已构建的 FBN 结构，可以给出 FBN 模型中每个参数 θ_{ijp}^* 的最大似然估计，如公式（6-31）所示。

$$\theta_{ijp}^* = \begin{cases} \dfrac{\sum\limits_{e=1}^{N} u_{ij}^e \cdot (u_{\pi(i)=p}^e)}{\sum\limits_{e=1}^{N}\sum\limits_{j=1}^{k} u_{ij}^e \cdot (u_{\pi(i)=p}^e)} = \dfrac{\sum\limits_{e=1}^{N} u_{ij}^e \cdot (\prod\limits_{v=1}^{n_{\pi(i)}} u_{v,p_v}^e)}{\sum\limits_{e=1}^{N}\sum\limits_{j=1}^{k} u_{ij}^e \cdot (\prod\limits_{v=1}^{n_{\pi(i)}} u_{v,p_v}^e)}, & \sum\limits_{j=1}^{k}\sum\limits_{j=1}^{k} u_{ij}^e \cdot (u_{\pi(i)=p}^e) > 0 \\ \dfrac{1}{k}, & \text{其他} \end{cases} \tag{6-31}$$

式中：$n_{\pi(i)}$ 表示节点 i 的所有父节点的数目；u_{v,p_v}^e 表示实例 e 的第 i 个节点的第 v 个父节点属于 p_v 的隶属度；p_v 表示第 p 种父节点取值组合中父节点 v 所取的状态。

在构建了 FBN 模型之后,基于已知目标节点的某种状态下发生的异常实时情况,利用贝叶斯网络的逆向推理能力可以得到各个异常原因节点发生的概率,概率最大的就是异常原因,从而为制造系统异常处理提供信息依据。

6.4　基于大数据的制造过程自适应协同优化方法

企业级和车间级智能制造服务的优化配置是实现基于大数据的制造过程自适应优化方法的有效手段。首先,针对企业级智能制造服务的优化配置问题,通过增广拉格朗日协同优化方法,构建基于服务提供方自主决策的分布式优化模型,并设计相应的求解过程和协同求解策略,实现对该类问题的自主化分布式协同求解。其次,针对车间级的智能制造服务的优化配置问题,可根据车间制造系统、单元、设备等的自主化能力,采用 ATC 自适应协同优化方法构建基于层级架构的分布式优化模型,并设计协同求解策略,实现对该类问题的分布式协同自适应优化求解。

6.4.1　增广拉格朗日协同优化方法

增广拉格朗日协同优化方法(简称 ALC 方法)是一种新型的应用于多学科优化设计领域的分布式协同优化方法,其最初由埃因霍芬理工大学的 Tosserams 提出,并用来处理大规模复杂系统的优化设计问题[172][173]。ALC 方法的基本思想是按照可行的决策空间将复杂问题分解成多个具有自主决策权的元素,并利用特定的分布式协同优化策略,完成对全局最优解的获取[174][175]。ALC 方法具有以下特点:① 为决策者提供了在优化过程中的自主性;② 使得决策者能够在选择协同策略时具有较大程度的灵活性;③ 因为其是在增广拉格朗日松弛与块坐标下降法的基础上提出的,所以具有数学的严谨性;④ 在获得一致的最优解上,具有高效性。ALC 方法的这些特点使其能够用于求解面向复杂产品任务的企业级智能制造服务分布式协同优化配置问题。

ALC 方法的应用主要包含以下几个步骤[176][177][178]:① 将复杂系统问题分解成具有自主决策权的元素;② 在分解的元素中引入辅助变量和一致性约束;③ 一致性约束的松弛化;④ 分解元素的公式化;⑤ 分解元素的协同求解,得到最优结果。

为了便于理解,现将以公式(6-32)～公式(6-36)所示的几何规划问题[179]为例,对每个步骤做出详细的解释说明。该几何规划问题的变量为 $z_1,z_2,z_3,z_4,z_5,z_6,z_7$,最小化目标函数 f 由两个局部目标 $f_1=z_1^2$ 和 $f_2=z_2^2$ 组成。

$$\min_{z_1,z_2,\cdots,z_7} \quad f = f_1 + f_2 = z_1^2 + z_2^2 \tag{6-32}$$

$$\text{s. t.} \quad g_1 = (z_3^{-2} + z_4^2)z_5^{-2} - 1 \leqslant 0 \tag{6-33}$$

$$g_2 = (z_5^2 + z_6^{-2})z_7^{-2} - 1 \leqslant 0 \tag{6-34}$$

$$h_1 = (z_3^2 + z_4^{-2} + z_5^2)z_1^{-2} - 1 = 0 \tag{6-35}$$

$$h_2 = (z_5^2 + z_6^{-2} + z_7^2)z_2^{-2} - 1 = 0 \tag{6-36}$$

（1）复杂系统问题的分解　ALC 方法用于复杂系统设计优化问题求解的第一步是将原始问题分解成多个可以并行自主优化的子问题，这些子问题在 ALC 方法中称为元素。复杂系统问题分解所采用的方法主要根据实际需求而定，例如根据系统优化问题涉及的学科领域分解，或者根据系统所包含的物理构成分解，或者根据系统优化过程中的特殊需求分解等。

根据上述几何规划问题中目标以及约束的构成，对其进行分解。如图 6-10 所示为该几何规划问题分解后的模型，主要包含两个元素 P_1 和 P_2。元素 P_1 包含局部变量 z_1、z_3 与 z_4，局部目标 f_1，以及局部约束 g_1 与 h_1；元素 P_2 包含局部变量 z_2、z_6 与 z_7，局部目标 f_2，以及局部约束 g_2 与 h_2。分解模型中还包含一个连接变量 z_5。在 ALC 方法中，连接变量是指由两个或者多个分解元素共享的变量。

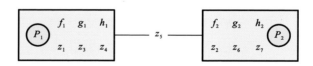

图 6-10　几何规划问题的分解模型

（2）辅助变量和一致性约束的引入　分解后的元素并不是完全独立的，它们的局部约束由于连接变量存在着耦合关系，辅助变量的引入是为了实现分解元素局部约束的完全分离。辅助变量是连接变量的复制而被引入分解元素中。在上述几何规划问题中，辅助变量 $z_5^{[1]}$ 和 $z_5^{[2]}$ 作为连接变量 z_5 的复制，分别被引入分解元素 P_1 和 P_2 中。为了保持 $z_5^{[1]}$、$z_5^{[2]}$ 与原始连接变量 z_5 的一致性，需要引入一致性约束 $\boldsymbol{c}$，其中，$\boldsymbol{c} = [c_1 \quad c_2]^T = [0 \quad 0]^T$，$c_1 = z_5 - z_5^{[1]}$，$c_2 = z_5 - z_5^{[2]}$。在引入辅助变量和一致性约束后，最初的几何规划问题可以转化为

$$\min_{z_1,z_2,\cdots,z_7,z_5^{[1]},z_5^{[2]}} \quad f = f_1 + f_2 = z_1^2 + z_2^2 \tag{6-37}$$

$$\text{s. t.} \quad g_1 = (z_3^{-2} + z_4^2)(z_5^{[1]})^{-2} - 1 \leqslant 0 \tag{6-38}$$

$$g_2 = ((z_5^{[2]})^2 + z_6^{-2})z_7^{-2} - 1 \leqslant 0 \tag{6-39}$$

$$h_1 = (z_3^2 + z_4^{-2} + (z_5^{[1]})^2)z_1^{-2} - 1 = 0 \tag{6-40}$$

$$h_2 = ((z_5^{[2]})^2 + z_6^2 + z_7^2)z_2^{-2} - 1 = 0 \tag{6-41}$$

$$\boldsymbol{c} = [c_1 \quad c_2]^T = [z_5 - z_5^{[1]} \quad z_5 - z_5^{[2]}]^T = [0 \quad 0]^T \tag{6-42}$$

（3）一致性约束的松弛化　虽然分解元素的局部约束相互独立，但是由于一致性约束的引入，分解的元素仍然存在着耦合关系。因此，为了能够实现各个元素的自主优化，需要对一致性约束进行松弛化处理。在 ALC 方法中，增广拉格朗日惩罚函数 ϕ 被用来对一致性约束 $\boldsymbol{c}$ 进行松弛化处理，$\phi(\boldsymbol{c}) = \boldsymbol{v}^T \boldsymbol{c} + \| \boldsymbol{w} \circ \boldsymbol{c} \|_2^2$。其中：$\boldsymbol{v}$ 表示拉格朗日乘子的向量，$\boldsymbol{w}$ 表示惩罚权重的向量，它们统称为惩罚系数；$\| x \|_2^2$ 表示某个向量二范数的平方；"∘"表示两个向量的 Hadamard 积，例如 $\boldsymbol{a} \circ \boldsymbol{b} = [a_1 \quad a_2 \quad \cdots \quad a_n]^T \circ [b_1 \quad b_2 \quad \cdots \quad b_n]^T = [a_1 b_1 \quad a_2 b_2 \quad \cdots \quad a_n b_n]^T$。针对该部分提到的几何规划问题，$\boldsymbol{v} = [v_1 \quad v_2]^T$，$\boldsymbol{w} = [w_1 \quad w_2]^T$，$\phi(\boldsymbol{c})$ 如下所示：

$$\begin{aligned}\phi(\boldsymbol{c}) &= \boldsymbol{v}^T \boldsymbol{c} + \| \boldsymbol{w} \circ \boldsymbol{c} \|_2^2 = \phi_1(c_1) + \phi_2(c_2) \\ &= v_1(z_5 - z_5^{[1]}) + \| w_1(z_5 - z_5^{[1]}) \|_2^2 + v_2(z_5 - z_5^{[2]}) + \| w_2(z_5 - z_5^{[2]}) \|_2^2\end{aligned} \tag{6-43}$$

$$\phi_1(c_1) = v_1(z_5 - z_5^{[1]}) + \| w_1(z_5 - z_5^{[1]}) \|_2^2 \tag{6-44}$$

$$\phi_2(c_2) = v_2(z_5 - z_5^{[2]}) + \| w_2(z_5 - z_5^{[2]}) \|_2^2 \tag{6-45}$$

一致性约束松弛化后，原始的几何规划问题可以表示为

$$\min_{z_1, z_2, \cdots, z_7, z_5^{[1]}, z_5^{[2]}} z_1^2 + z_2^2 + \phi_1(c_1) + \phi_2(c_2) \tag{6-46}$$

$$\text{s. t.} \quad g_1 = (z_3^{-2} + z_4^2)(z_5^{[1]})^{-2} - 1 \leqslant 0 \tag{6-47}$$

$$g_2 = ((z_5^{[2]})^2 + z_6^{-2})z_7^{-2} - 1 \leqslant 0 \tag{6-48}$$

$$h_1 = (z_3^2 + z_4^{-2} + (z_5^{[1]})^2)z_1^{-2} - 1 = 0 \tag{6-49}$$

$$h_2 = ((z_5^{[2]})^2 + z_6^2 + z_7^2)z_2^{-2} - 1 = 0 \tag{6-50}$$

（4）分解元素的公式化　一致性约束松弛化后，各个分解元素的约束是完全分离的，因此可以对每个元素分别进行公式化。元素 P_1 的决策变量是 $z_1, z_3, z_4, z_5^{[1]}$；元素 P_2 的决策变量是 $z_2, z_6, z_7, z_5^{[2]}$。如图 6-11 所示，在公式化之前，需要在分解模型中引入一个辅助元素 P_0。在 ALC 方法中，辅助元素的引入能够允许分解模型中的元素进行并行自主的求解，从而能够减少问题的求解时间，同时辅助元素也能够实现在辅助变量固定时，对原始连接变量的求解。

图 6-11 所示分解模型中各个元素的公式化如下所示。

辅助元素 P_0 的公式化：

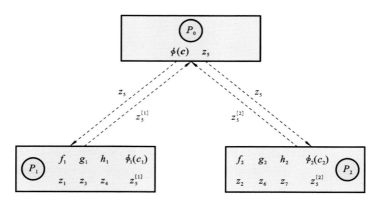

图 6-11　辅助元素引入后的分解模型

$$\min_{z_5}\phi(c) = \boldsymbol{v}^{\mathrm{T}}\boldsymbol{c} + \| \boldsymbol{w}\circ\boldsymbol{c} \|_2^2 = \phi(c_1) + \phi(c_2)$$

$$= v_1(z_5 - z_5^{[1]}) + \| w_1(z_5 - z_5^{[1]}) \|_2^2 + v_2(z_5 - z_5^{[2]})$$

$$+ \| w_2(z_5 - z_5^{[2]}) \|_2^2 \tag{6-51}$$

分解元素 P_1 的公式化：

$$\min_{z_1,z_3,z_4,z_5^{[1]}} z_1^2 + v_1(z_5 - z_5^{[1]}) + \| w_1(z_5 - z_5^{[1]}) \|_2^2 \tag{6-52}$$

$$\text{s. t.} \quad g_1 = (z_3^{-2} + z_4^2)(z_5^{[1]})^{-2} - 1 \leqslant 0 \tag{6-53}$$

$$h_1 = (z_3^2 + z_4^{-2} + (z_5^{[1]})^2)z_1^{-2} - 1 = 0 \tag{6-54}$$

分解元素 P_2 的公式化：

$$\min_{z_2,z_6,z_7,z_5^{[2]}} z_2^2 + v_2(z_5 - z_5^{[2]}) + \| w_2(z_5 - z_5^{[2]}) \|_2^2 \tag{6-55}$$

$$\text{s. t.} \quad g_2 = ((z_5^{[2]})^2 + z_6^{-2})z_7^{-2} - 1 \leqslant 0 \tag{6-56}$$

$$h_2 = ((z_5^{[2]})^2 + z_6^2 + z_7^2)z_2^{-2} - 1 = 0 \tag{6-57}$$

　　按照 ALC 方法的规则，辅助元素 P_0 的公式化中只包含目标函数项，而其目标函数项只由增广拉格朗日惩罚项 $\phi(c)$ 组成；分解元素公式化的目标函数项由两部分组成，一部分是元素自身的局部目标，另一部分是一致性约束的松弛项，而分解元素的约束项由其自身的局部约束构成。

　　（5）分解元素的协同求解　在分解元素以及辅助元素公式化后，需要采用协同策略对它们进行求解。ALC 方法的协同求解策略包含内循环与外循环两部分。内循环主要用来在惩罚参数固定的情况下对分解元素以及辅助元素进行求解，外循环主要用来完成对惩罚参数的更新。图 6-12 所示为 ALC 方法的

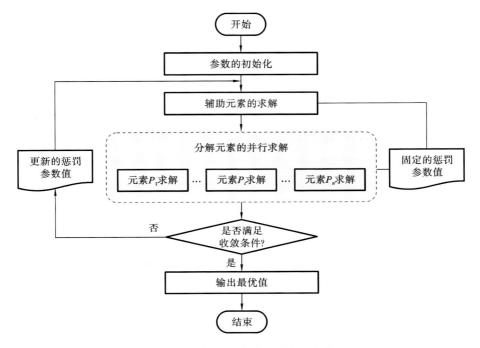

图 6-12　ALC 方法的协同求解步骤

协同求解步骤。

　　ALC 方法的协同求解步骤如下:

　　① 初始化所要求解问题的各参数值;

　　② 固定惩罚函数值,利用块坐标下降法交替求解辅助元素以及各个分解元素,其中各个分解元素可进行并行求解;

　　③ 检查此次循环得到的解是否满足收敛条件:若满足收敛条件,则输出最优解,若不满足,则进行下一步;

　　④ 利用乘子法更新惩罚参数值,并返回步骤②。

　　下面从外循环和内循环两个部分对 ALC 方法的协同求解步骤进行阐述。

　　外循环:在协同求解策略的外循环中,采用乘子法对惩罚参数的值进行更新,其更新方法如公式(6-58)～公式(6-59)所示。

$$v^{k+1} = v^k + 2w^k \circ w^k \circ c^k \tag{6-58}$$

$$w_m^{k+1} = \begin{cases} w_m^k & |c_m^k| \leqslant \gamma |c_m^{k-1}| \\ \beta w_m^k & |c_m^k| > \gamma |c_m^{k-1}| \end{cases} \tag{6-59}$$

$$\| c^k - c^{k-1} \|_\infty < \varepsilon \qquad\qquad (6\text{-}60)$$

$$\| c^k \|_\infty < \varepsilon \qquad\qquad (6\text{-}61)$$

式中：k 表示外循环的迭代次数；c_m 表示第 m 个一致性约束；w_m 表示第 m 个惩罚权重；β 和 γ 是用于加快收敛的参数，一般地，$\beta > 1$ 和 $0 < \gamma < 1$。

公式(6-60)和公式(6-61)是收敛状态的判断条件，当它们都被满足时，达到外循环的收敛条件，外循环停止迭代。公式(6-60)表示外循环收敛时，连续两次外循环迭代的最大的一致性约束值之间的变化值必须要小于预先设定的终止偏差值 ε，$\varepsilon > 0$；公式(6-61)表示外循环收敛时，当前迭代次数的最大的一致性约束值也必须小于终止偏差值 ε。

在内循环中，块坐标下降法用来完成对辅助元素以及分解元素的求解。块坐标下降法是一种交替优化方法，ALC 方法利用块坐标下降法交替对辅助元素进行优化以及对分解元素进行并行优化。如公式(6-62)所示，当一致性约束松弛化后的原始问题的目标函数值，在连续两次内循环迭代的变化小于预先设定的终止偏差值 $\varepsilon_{\text{inner}}$ 时，内循环停止迭代。一般地，$\varepsilon_{\text{inner}} > 0$，$\varepsilon_{\text{inner}} = \varepsilon / 100$。$\xi$ 表示内循环的迭代次数，F 表示一致性约束松弛化后的原始问题的目标函数值，对于该部分提到的几何规划问题 $F = z_1^2 + z_2^2 + \phi_1(c_1) + \phi_2(c_2)$。

$$\frac{|F^\xi - F^{\xi-1}|}{1 + |F^\xi|} < \varepsilon_{\text{inner}} \qquad\qquad (6\text{-}62)$$

当上述步骤全部执行完毕后，就能够得到原始问题的最优解。

6.4.2　目标层解自适应协同优化方法

目标层解自适应协同优化方法(简称 ATC 方法)是一种用来解决多学科优化设计问题(multidisciplinary design optimization，MDO)的分布式决策方法，最初由密歇根大学的学者提出[180]。因其在解决复杂系统优化设计问题方面的卓越表现，引起了国内外学者越来越多的关注，并逐渐拓展用于解决广泛的工程实践问题[181][182][183]。

作为一种层级式的多学科优化设计方法，ATC 方法解决复杂系统优化设计问题的整体思想是将复杂系统逐层分解，形成经严格定义的优化问题的层级式元素集合，通过保证不同层级元素间目标传递偏差的最小化，获得系统内部的兼容性和自适应性，进而通过层与层之间的协同优化、同层之间的并行优化，获得最终的优化设计结果[184]。目标层解法具有以下特征[185]。

(1) 通过将原始的优化问题分解为形如系统、子系统、组件等元素集合组成的层级结构(见图 6-13)，降低了整个系统设计优化的复杂性。

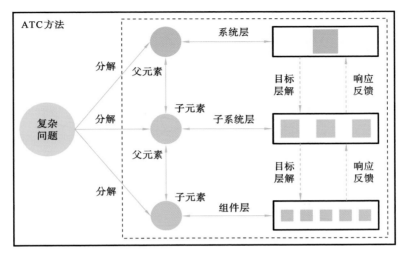

图 6-13　ATC 方法的层级结构

（2）在分解的层级结构中，上层元素（父元素）向下层元素（子元素）传递设置的优化目标，下层元素利用自身的优化分析模块对上层元素层解的目标做出响应。通过最小化上下层关联元素间目标与响应之间的偏差获得一致性的优化设计结果。

（3）同层元素可以不考虑相互之间的联系而进行独立自主的并行优化过程，这样大大提高了优化设计的灵活性，同时降低了优化成本；当同层元素获取的优化目标不一致时，可以通过上层的父元素进行优化协调，使得算法本身有很高的实用性和可行性。

ATC 方法的这些特征使其能够适用于车间级智能制造服务的分布式协同优化配置。

如图 6-14 所示，ATC 方法的工作逻辑可以描述为：首先，将原始的系统或优化问题分解成一个由多个目标层解元素组成的多层层级模型。然后，识别反映各元素之间依赖关系的关键连接。通过将关键连接的偏差最小化项嵌入每个元素的公式化中，建立整个层级结构中各元素的函数依赖关系。根据建立的函数依赖关系，从系统层元素开始向较低层的元素层解目标，如果父元素层解的目标在子元素中无法实现，则父元素需要调整层解的目标；如果子元素可以满足父元素层解的目标，则继续向更低层级的元素层解目标，直到达到最低层级元素。这个过程将持续到整个系统趋于一致的设计为止。

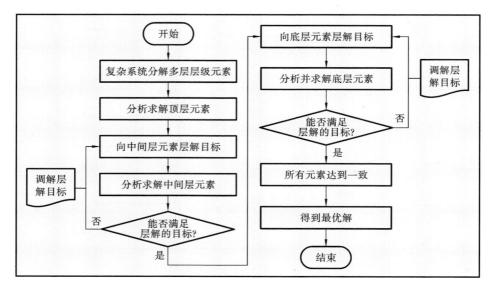

图 6-14　ATC 方法的工作逻辑

　　上述优化过程可以概括为以下几个步骤：（1）复杂系统优化问题的层级分解；（2）各层元素间关键连接的识别；（3）目标层解元素的公式化；（4）各元素的协同并行求解。下面以图 6-15 所示的层级分解模型对每个步骤进行说明。

　　（1）复杂系统优化问题的层级分解。

　　复杂系统优化问题的层级分解是指将系统转化成一组分层组织的元素的过程。许多现有的方法可以用来进行系统的层级分解，例如，基于物理构成的系统层级分解，基于学科分类的系统层级分解，基于模型的系统层级分解。至于要采用哪种方法则取决于系统的特征以及具体的应用环境。如图 6-15 所示，原始的系统被分解成了具有多个目标层解元素的三层的层级模型。$P_{i,j}$ 表示第 i 层的第 j 个目标层解元素。系统层的元素 $P_{1.1}$ 有两个子系统层的元素 $P_{2.1}$ 和 $P_{2.2}$。同时，元素 $P_{2.1}$ 有两个组件层元素 $P_{3.1}$ 和 $P_{3.2}$。

　　（2）各层元素间关键连接的识别。

　　关键连接是指在分解的层级模型中由两个或多个目标层解元素共享的变量，它们必须在相关的元素之间保持一致。关键连接的识别为目标层解法的优化提供了基础。关键连接包含响应变量 $R_{i,j}$ 和连接变量 $y_{i,j}$。响应变量是指由父元素和子元素共享的变量，例如，$R_{2.1}$ 既是元素 $P_{1.1}$ 分析模型 $r(R_{2.1}, R_{2.2}, x_{1.1})$ 的决策变量，又是元素 $P_{2.1}$ 分析模型 $r(R_{3.1}, R_{3.2}, x_{2.1}, y_{2.1})$ 的输出。连接

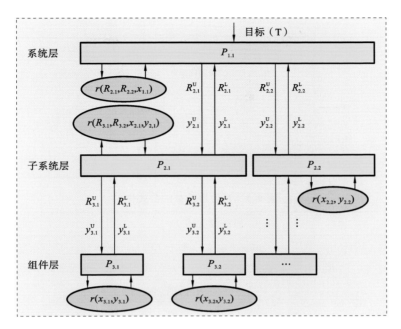

图 6-15　ATC 方法的层级分解模型[186]

变量是指由子元素共享的变量,例如,$y_{2.1}$ 和 $y_{2.2}$ 是存在于元素 $P_{2.1}$ 分析模型 $r(R_{3.1},R_{3.2},x_{2.1},y_{2.1})$ 和元素 $P_{2.2}$ 分析模型 $r(x_{2.2},y_{2.2})$ 的相同的决策变量。子元素连接变量的一致性由它们的父元素来协调完成。

（3）目标层解元素的公式化。

一般来讲,目标层解元素的公式化由三部分组成:目标函数、分析模型和约束。通过将关键连接的偏差最小化嵌入相关元素的目标函数中,可以建立元素之间的函数依赖关系。当所有关键连接的偏差减小到允许的容差范围内时,整个系统达到一致的优化状态。每个元素的主要目标都集中在最小化当前元素与其父元素和子元素之间关键连接的偏差。分析模型用来获得当前元素对父元素层解目标的响应,以及对其子元素层解的目标。按照目标层解法的惯例,子系统层、系统层和组件层元素的公式化如表 6-4、表 6-5、表 6-6 所示。

表 6-4　子系统层元素的公式化

子系统层元素 $P_{i,j}$	
目标函数	$\min \parallel w_{i,j}^{R} \cdot (R_{i,j}^{i} - R_{i,j}^{i-1}) \parallel_{2}^{2} + \parallel w_{i,j}^{y} \cdot (y_{i,j}^{i} - y_{i,j}^{i-1}) \parallel_{2}^{2} + \varepsilon_{i,j}^{R} + \varepsilon_{i,j}^{y}$
分析模型	$R_{i,j}^{i} - r_{i,j}(x_{i,j}, y_{i,j}^{i}, R_{i+1,1}^{i}, \cdots, R_{i+1,C_{i,j}}^{i}) = 0, C_{i,j}$ 表示当前元素的子元素数

续表

约束	$g_{i,j}(x_{i,j},y_{i,j},R_{i,j}^i,R_{i+1.1}^i,\cdots,R_{i+1.C_{i,j}}^i)\leqslant 0$
	$h_{i,j}(x_{i,j},y_{i,j},R_{i,j}^i,R_{i+1.1}^i,\cdots,R_{i+1.C_{i,j}}^i)=0$
	$\displaystyle\sum_{k_{i,j}=1}^{C_{i,j}}\parallel R_{i+1.k_{i,j}}^i-R_{i+1.k_{i,j}}^{i+1}\parallel_2^2\leqslant\varepsilon_{i,j}^R$
	$\displaystyle\sum_{k_{i,j}=1}^{C_{i,j}}\parallel y_{i+1.k_{i,j}}^i-y_{i+1.k_{i,j}}^{i+1}\parallel_2^2\leqslant\varepsilon_{i,j}^y$

表 6-5   系统层元素的公式化

系统层元素 $P_{1.1}$	
目标函数	$\min\parallel w_{1.1}^R\cdot(R_{1.1}^1-T)\parallel_2^2+\varepsilon_{1.1}^R+\varepsilon_{1.1}^y$
分析模型	$R_{1.1}^1-r_{1.1}(x_{1.1},R_{2.1}^2,\cdots,R_{2.C_{1.1}}^1)=0,C_{1.1}$表示当前元素的子元素数
	$g_{1.1}(x_{1.1},R_{1.1}^1,R_{2.1}^1,\cdots,R_{2.C_{1.1}}^1)\leqslant 0$
	$h_{1.1}(x_{1.1},R_{1.1}^1,R_{2.1}^1,\cdots,R_{2.C_{1.1}}^1)=0$
约束	$\displaystyle\sum_{k_{i,j}=1}^{C_{1.1}}\parallel R_{2.k_{1.1}}^i-R_{2.k_{1.1}}^2\parallel_2^2\leqslant\varepsilon_{1.1}^R$
	$\displaystyle\sum_{k_{i,j}=1}^{C_{1.1}}\parallel y_{2.k_{1.1}}^i-y_{2.k_{1.1}}^2\parallel_2^2\leqslant\varepsilon_{1.1}^y$

表 6-6   组件层元素的公式化

组件层元素 $P_{N.1}$	
目标函数	$\min\parallel w_{N.l}^R\cdot(R_{N.l}^N-R_{N.l}^{N-1})\parallel_2^2+\parallel w_{N.l}^y\cdot(y_{N.l}^N-y_{N.l}^{N-1})\parallel_2^2$
分析模型	$R_{N.l}^N-r_{N.l}(x_{N.l},y_{N.l}^N)=0$
约束	$g_{N.l}(x_{N.l},R_{N.l}^N,y_{N.l}^N)\leqslant 0$
	$h_{N.l}(x_{N.l},R_{N.l}^N,y_{N.l}^N)=0$

如表 6-4 所示,子系统层元素的公式化中,目标函数由四个部分构成:前两个部分为目标偏差项,$R_{i,j}^i$ 和 $y_{i,j}^i$ 为当前元素对关键连接的响应值,$R_{i,j}^{i-1}$ 和 $y_{i,j}^{i-1}$ 为来自于父元素对关键连接的目标值,$w_{i,j}^R$ 和 $w_{i,j}^y$ 为对应的权重系统,$\varepsilon_{i,j}^R$ 和 $\varepsilon_{i,j}^y$ 是对当前元素与子元素关键连接偏差的容限值。在分析模型中,$x_{i,j}$ 表示当前元素的局部决策变量,$R_{i+1.C_{i,j}}^i$ 表示当前元素向子元素层解的目标。约束包括局部的不等式约束,局部的等式约束,当前元素与其子元素关键连接(响应变量、

连接变量)偏差之和不得超过 $\varepsilon_{n,j}^R$ 和 $\varepsilon_{i,j}^y$。

如表 6-5 和表 6-6 所示,系统层元素和组件层元素的公式化与子系统层元素的公式化略有不同。系统层元素只有 $P_{1,1}$,因此,在其目标函数中并没有关于连接变量的目标偏差项。类似地,组件层元素没有子元素,因此,在其目标函数中,没有关于关键连接偏差的容限值。当然,这些不同也体现在它们的分析模型和约束中。

(4)各元素的协同并行求解。

当对目标层解模型中的各元素公式化后,就可以对其进行协同并行求解。关于各元素的协同并行求解可以分为两个方面,第一个方面是全局收敛策略的选择,第二个方面是各元素局部优化方法的选择。

目前,学者们提出了五类关于目标层解法的全局收敛策略:① 较低层元素先收敛;② 中层元素先收敛,然后上层元素收敛;③ 中层元素先收敛,然后下层元素收敛;④ 上层元素先收敛;⑤ 上层元素和下层元素同时收敛。针对以上五类收敛策略,具体采用哪种收敛策略,要视具体的应用环境和优化目标而定。

目标层解法的一大优势是允许各元素进行自主并行的优化。它仅定义了总体的协调机制,对各元素局部优化采用何种方法并没有做出限制。因此,最适合的局部优化方法完全视具体的应用问题而定。

第 7 章
基于运维数据的产品主动维修与智能运维服务方法

产品的运行维护在其使用过程中占有重要地位,以机械加工领域的机床产品为例,其可靠性和维修性直接影响着机床的使用寿命和制造企业的生产效率。传统的产品运维以非实时的事后维修(corrective maintenance,CM)策略为主,存在停机以致生产不连续、未及时解决的关键组部件故障引发整个产品失效或报废等严重问题。针对上述问题,本章聚焦产品主动维修与智能运维服务过程的产品退化特征识别、剩余有效寿命预测、预防性维修(preventive mainte-nance,PM)策略优化三个环节,在全面分析实时的产品运行状态数据和历史的产品运维过程数据基础上,对支撑上述三个环节有效实现的共性方法与关键技术进行阐述,提出一种基于运维数据的产品主动维修与智能运维服务方法及整体解决方案,以改进产品的维修流程并提升其运维服务的质量。

7.1 基于运维数据的产品主动维修与智能运维服务特点及总体流程

7.1.1 基于运维数据的产品主动维修与智能运维服务特点

在产品的运维过程中(特别是针对复杂高端产品),产品/服务提供商或者用户以防止产品功能退化、降低产品失效概率、确保生产计划连续等为目标,对产品的运行状态数据进行实时监控与分析,并根据分析结果及时调整和优化产品运行参数、控制和消除退化因素,以预防因退化积累而进一步引发的产品故障或失效。同时,越来越多的产品/服务提供商及终端用户将产品的历时运维数据与实时运行状态数据进行联合分析,以快速、准确地发现数据中隐藏的退化信息,并对产品的健康状态和剩余寿命进行识别和预测,从而为后续维修策略的制定和优化提供参考。据此分析,基于运维数据的产品智能运维服务具有以下特点。

（1）实时地识别产品或组部件运行状态数据中的退化信息是实现智能运维的重要依据。产品性能的退化状态往往无法通过直接观察得到，且产品运维数据中表征产品健康状态的性能退化数据蕴含了与产品寿命相关的丰富信息。通过传统时域和频域特征提取、深度神经网络算法等对产品或组部件的实时运行状态数据进行特征参数提取，可实现对产品或组部件退化状态的及时识别，从而通过主动调度可用的维修资源对产品或组部件退化状态进行及时处理。

（2）动态、准确地评估产品或组部件健康状态并预测其剩余寿命是智能运维服务高效实施的有效保障。通过将当前运行中产品或组部件的实时状态数据与历史运维记录、寿命统计信息等进行联合分析，可实现其健康状态的实时评估和剩余寿命的精准预测，进而调用可用的维修资源并执行预防性维修任务，可在有效使用维修资源和精准预测产品及其组部件寿命的同时，确保维修任务执行的准确性和维修服务的高质量。

（3）主动并高效执行产品预防性维修是实现智能运维的关键途径。传统非实时的产品事后维修策略在产品运维过程中存在诸多问题，故产品运维过程存在高实时性、主动预防性维修需求。针对单个产品和多个产品的实时主动预防性维修需求，分别建立相应的维修资源优化调度模型，可满足产品运维过程中的高实时性维修服务需求，实现产品智能运维。

7.1.2 基于运维数据的产品主动维修与智能运维服务总体流程

如前所述，产品实时运行状态数据和历史运维过程数据用于主动维修与智能运维服务的输入。本小节在获取产品实时运行状态数据和历史运维过程数据的基础上，识别出产品或其组部件潜在的退化状态，并进一步预测其剩余有效寿命，从而根据产品预防性维修策略提供主动维修与智能运维服务（见图 7-1）。其总体流程主要分为三个阶段。

（1）基于运维数据的产品性能退化状态识别方法。在产品的运维过程中，首先应该对具有高实时性要求的组部件维修任务进行处理，以避免出现因退化状态积累而引起的产品报废与生产中断现象。为此，在获得产品组部件实时运行状态数据的基础上，结合传统时域和频域特征参数，运用深度神经领域自编码器方法提取产品组部件退化特征。其次，建立产品组部件性能退化模型，根据实时运行状态数据对模型进行训练更新，得到表征产品性能退化特征状态的健康因子曲线，以实现对产品性能退化状态的识别。

（2）基于剩余有效寿命预测的复杂产品预防性维修模型。考虑到复杂产品预防性维修过程中，能否准确预测其组部件剩余有效寿命，会对维修计划的及

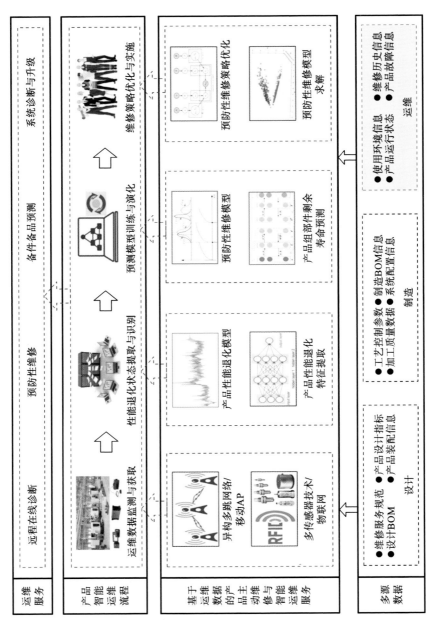

图 7-1 基于运维数据的产品主动维修与智能运维服务实现逻辑

时制定、维修任务的准确执行以及维修资源的高效利用等产生极大影响,需要对组部件不同工况下的剩余有效寿命进行准确预测。因此,首先要建立面向单一运行条件和复杂运行条件的产品组部件剩余有效寿命预测模型;其次要利用所得到的预测模型,结合产品组部件的实时运行状态数据,一方面实现组部件剩余有效寿命的动态预测,另一方面实现预测模型的持续更新,以提升寿命预测的准确性和可靠性;最后基于有效寿命预测,提出产品预防性维修策略,建立复杂产品预防性维修模型。

(3)产品预防性维修模型求解及维修策略优化。首先在构建预防性维修模型后,根据预防性维修模型求解流程,采用智能算法对多目标预防性维修模型进行求解,确保产品预防性维修的准确性;其次提出了产品预防性维修实时优化策略,在对产品组部件进行监控并获得实时运行状态数据的基础上,需要将各监测点的当前运行状态观测值与预先给定的正常运行状态范围值进行实时比较,以及时发现异常状态,进而通过调度现有可用的维修资源(如维修设备、人员等),并预测维修任务完成的时间,确保对高实时性维修任务的实时响应。

7.2 基于运维数据的产品性能退化状态识别方法

产品退化失效是指产品在工作过程中存在可以表征其健康状态的性能参数,随着时间的延长该性能参数不断退化,直到其超过规定阈值导致产品功能不再满足需求。一些功能复杂的产品甚至拥有多个性能参数,这些性能参数相互影响共同决定了产品失效时间。在产品运维数据中,表征产品健康状态的性能退化数据蕴含了与产品寿命相关的丰富信息,如果能够对其进行充分挖掘,对产品有效寿命预测以及预防性维修具有重要意义。

7.2.1 产品性能退化特征提取方法

产品性能的退化状态往往无法通过直接观察得到,主要有以下原因:① 在运行过程中频繁地强制产品停止运行以观察各部件的退化程度是不现实的;② 产品早期运行过程中的退化程度较低,只有借助专业的测量仪器才能获取各部件的退化状态;③ 对于一些复杂的产品部件,内部故障往往难以观察。所以需要对产品运维数据进行分析,以评估产品性能的退化状态。但通常情况下获得的运维数据维数高、数据量大、涉及的变量多,如果对这些数据进行全部分析,那么会耗费大量的人力、物力与时间。面对这一问题,解决方法是对运维数据进行产品性能特征提取,将原有数据经过适当的变换,转移到新的特征空间中,得到数据内在的特征并根据这些特征来评估产品退化状态。产品退化状态评估是将产品运行过程中不同的特征参量映射到健康因子(health index/indicator,HI),以评估产品当前的健康状态。根据 HI 曲线构建方式的不同,已有的产品 HI 可以分为具备物理含义的 HI 以及不具备物理含义的虚拟 HI 两类。前者往往是借助传统的数理统计或信号处理方法对产品监测数据进行处理得到,如均方根值、能量熵等;后者是在前者的基础上对其进一步融合,借助多种信号处理方法以及机器学习方法,从而获得不具备实际物理含义的 HI 曲线,仅仅作为产品的退化状态表征。

1. 时域和频域特征参数

具备实际物理含义的 HI 主要包括时域特征参数和频域特征参数两大类。根据有无量纲,时域特征指标可大致分为两类。无量纲参数指标包括:峭度、波形、脉冲及裕度等,有量纲参数指标包括:最大值、最小值、均值、标准差等。详细计算表达式参考表 7-1[187]。

表 7-1 时域特征参数计算表达式

特征参数	计算表达式	特征参数	计算表达式
均值	$\overline{X}=\dfrac{1}{N}\sum\limits_{i=1}^{N}x_i$	方差	$\sigma^2=\dfrac{1}{N-1}\sum\limits_{i=1}^{N}(x_i-\overline{X})$
最小值	$X_{\min}=\min\{\,\lvert x_i\rvert\,\}$	最大值	$X_{\max}=\max\{\,\lvert x_i\rvert\,\}$
峰峰值	$X_{p-p}=\max\{x_i\}-\min\{x_i\}$	均方根值	$X_{\mathrm{rms}}=\sqrt{\dfrac{1}{N}\sum\limits_{i=1}^{N}x_i^2}$
方根幅值	$X_r=\left(\dfrac{1}{N}\sum\limits_{i=1}^{N}\sqrt{\lvert x_i\rvert}\right)^2$	绝对平均幅值	$\lvert\overline{X}\rvert=\dfrac{1}{N}\sum\limits_{i=1}^{N}\lvert x_i\rvert$
峭度	$K=\dfrac{1}{N}\sum\limits_{i=1}^{N}x_i^4$	歪度	$S=\dfrac{1}{N}\sum\limits_{i=1}^{N}x_i^3$
峰值指标	$C_f=\dfrac{X_{\max}}{X_{\mathrm{rms}}}$	波形指标	$S_f=\dfrac{X_{\mathrm{rms}}}{\lvert\overline{X}\rvert}$
脉冲指标	$I_f=\dfrac{X_{\max}}{\lvert\overline{X}\rvert}$	裕度指标	$\mathrm{CL}_f=\dfrac{X_{\max}}{X_r}$
峭度指标	$K_v=\dfrac{K}{X_{\mathrm{rms}}^4}$	偏斜度指标	$P=\dfrac{S}{X_{\mathrm{rms}}^3}$

注:$y(t),t=1,2,\cdots,T$ 为信号频谱,T 为谱线数,f_t 为第 t 条谱线对应的频率。

频域特征提取方法是指对时域信号进行傅里叶变换,在频域范围内进行特征提取的方法。频域特征提取方法主要包括频谱分析、相干分析、细化谱分析、倒频谱分析及包络分析等,频域中的特征参数有重心频率、均方频率、频率方差和莱斯频率等。其离散化的计算表达式如表 7-2 所示。

表 7-2 频域特征参数计算表达式

序号	计算表达式	序号	计算表达式
1	$f_1 = \dfrac{\sum\limits_{t=1}^{T} y(t)}{T}$	8	$f_8 = \dfrac{\sqrt{\sum\limits_{t=1}^{T}\left[f_t^4 y(t)\right]}}{\sum\limits_{t=1}^{T}\left[f_t^2 y(t)\right]}$
2	$f_2 = \dfrac{\sum\limits_{t=1}^{T}\left[y(t)-f_1\right]^2}{T-1}$	9	$f_9 = \dfrac{\sum\limits_{t=1}^{T}\left[f_t^2 y(t)\right]}{\sqrt{\left[\sum\limits_{t=1}^{T} f_t^4 y(t)\right]\left[\sum\limits_{t=1}^{T} y(t)\right]}}$
3	$f_3 = \dfrac{\sum\limits_{t=1}^{T}\left[y(t)-f_1\right]^3}{T\left(\sqrt{f_2}\right)^3}$	10	$f_{10} = \dfrac{f_6}{f_5}$
4	$f_4 = \dfrac{\sum\limits_{t=1}^{T}\left[y(t)-f_1\right]^4}{T f_2^2}$	11	$f_{11} = \dfrac{\sum\limits_{t=1}^{T}\left[(f_t-f_5)^3 y(t)\right]}{K f_6^3}$
5	$f_5 = \dfrac{\sum\limits_{t=1}^{T}\left[y(t) f_t\right]}{\sum\limits_{t=1}^{T}\left[y(t)\right]}$	12	$f_{12} = \dfrac{\sum\limits_{t=1}^{T}\left[(f_t-f_5)^4 y(t)\right]}{K f_6^4}$
6	$f_6 = \dfrac{\sqrt{\sum\limits_{t=1}^{T}\left[(f_t-f_5)^2 y(t)\right]}}{T}$	13	$f_{13} = \dfrac{\sum\limits_{t=1}^{T}\left[\sqrt{\left|f_t-f_5\right|} y(t)\right]}{K\sqrt{f_6}}$
7	$f_7 = \dfrac{\sqrt{\sum\limits_{t=1}^{T}\left[f_t^2 y(t)\right]}}{\sum\limits_{t=1}^{T}\left[y(t)\right]}$		

注:$y(t)$,$t=1,2,\cdots,T$ 为信号频谱,T 为谱线数,f_t 为第 t 条谱线对应的频率值。

在虚拟 HI 的构建研究中,往往在对产品监测信号提取多个时域及频域特征的基础上进行融合来反映产品的退化状态。下面主要介绍基于自动编码器的产品特征提取方法。

2. 基于自动编码器的产品特征提取方法

1）神经网络

神经网络[188]模型中最基本的组成单元是神经元,其数学运算模型如图 7-2 所示。神经元具有对其输入进行运算的能力,各个输入$(x_1,x_2,x_3,\cdots,x_n)$通过不同的权重与神经元连接,其加权总和与神经元的偏置相加,其结果根据设定的激活函数能够转换为不同的输出值 y。权重的大小与神经元之间关系的强弱有关,权重为正值表示这个输入对该神经元有促进作用,权重为负值表示这个输入对该神经元有抑制作用。通过赋予各个输入不同的权重,能够模拟人脑中神经元兴奋和抑制的状态。

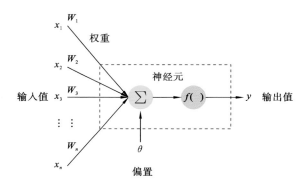

图 7-2　神经元的数学运算模型

抽象数学模型为

$$y = f\left(\sum_{i=1}^{n} W_i x_i + b\right), \quad i = 1,2,\cdots,n \tag{7-1}$$

式中:x 为输入;W 为权重;b 为偏置参数;y 为输出;$f(\cdot)$ 为激活函数,其作用为将经过偏置的神经元输入转换为输出值。将几个神经元分层连接在一起就组成了神经网络模型,图 7-3 所示为简单三层神经网络模型,包括一层输入层、一层隐含层和一层输出层。

在多层神经网络模型中,用 n_l 来表示网络的层数,图 7-3 中 $n_l = 3$。将第 l 层记为 L_l,图中 L_1、L_2、L_3 分别表示输入层、隐含层和输出层,分别包含 3 个输入单元、3 个隐含单元和 1 个输出单元,"+1"的圆圈表示偏置单元。神经网络参数用 $W_{ij}^{(l)}$ 和 $b_i^{(l)}$ 来表示,其中 $W_{ij}^{(l)}$ 是第 l 层第 j 单元与第 $l+1$ 层第 i 单元之间的连接参数,$b_i^{(l)}$ 是第 $l+1$ 层第 i 单元的偏置项,$a_i^{(l)}$ 表示第 l 层第 i 单元的

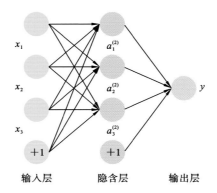

图 7-3　简单三层神经网络模型

激活值（输出值）。图 7-3 所示神经网络的计算步骤如下[189]：

$$a_1^{(2)} = f(W_{11}^{(1)} x_1 + W_{12}^{(1)} x_2 + W_{13}^{(1)} x_3 + b_1^{(1)}) \qquad (7-2)$$

$$a_2^{(2)} = f(W_{21}^{(1)} x_1 + W_{22}^{(1)} x_2 + W_{23}^{(1)} x_3 + b_2^{(1)}) \qquad (7-3)$$

$$a_3^{(2)} = f(W_{31}^{(1)} x_1 + W_{32}^{(1)} x_2 + W_{33}^{(1)} x_3 + b_3^{(1)}) \qquad (7-4)$$

$$y = a_1^{(3)} = f(W_{11}^{(2)} a_1^{(2)} + W_{12}^{(2)} a_2^{(2)} + W_{13}^{(2)} a_3^{(2)} + b_1^{(2)}) \qquad (7-5)$$

2）反向传播算法

神经网络模型的训练过程包括两个阶段：正向训练过程与反向传播过程。输入层中的输入值被赋予不同的权重后到达中间层，经过中间层设置的激活函数转换为相应的输出值。这些输出值作为下一层神经网络的输入，经过上述的相同步骤，一层一层相互连接，最终到达输出层并得到网络的输出值。网络最终的输出值通常会与目标值存在差异，这时通过误差反向传播（backpropagation，BP）算法[190]，对各个神经元之间的连接权重进行调整，以最小化网络的输出值与目标值之间的差异为目标。

假设神经网络模型中各层之间的神经元完全连接，并且激活函数为 S 型函数。使用 S 型函数的好处在于后续对权重进行链式求导时，神经元输出值与输入的微分可以用神经元的输出来表示，即

$$\frac{\partial y}{\partial u} = y(1 - y) \qquad (7-6)$$

式中：u 和 y 分别代表神经元的输入与输出。

整个网络的误差 E 定义为所有输出层神经元的输出值与对应的目标值之间的误差的平方和，如公式（7-7）所示。误差越小表示神经网络模型的输出值

和实际值之间的差异越小,整个模型的效果越好:

$$E = \frac{1}{2} \sum (y_k - d_k)^2 \qquad (7\text{-}7)$$

式中:k 表示神经网络模型输出层中的第 k 个节点;y_k 和 d_k 分别表示第 k 个节点的输出值与目标值。神经元之间的连接权重可根据公式(7-8)进行调整,学习率 η 越大,调整的幅度越大。

$$\Delta W = -\eta \frac{\partial E}{\partial W} \qquad (7\text{-}8)$$

以三层神经网络模型为例,中间层第 j 个神经元与输出层第 k 个神经元连接权重的偏微分可以通过链式求导法则来计算。

$$\frac{\partial E}{\partial W_{kj}} = \frac{\partial E}{\partial y_k} \frac{\partial y_k}{\partial u_k} \frac{\partial u_k}{\partial W_{kj}} \qquad (7\text{-}9)$$

式中:

$$\frac{\partial E}{\partial y_k} = -(d_k - y_k) \qquad (7\text{-}10)$$

$$\frac{\partial y_k}{\partial u_k} = y_k(1 - y_k) \qquad (7\text{-}11)$$

$$\frac{\partial u_k}{\partial W_{kj}} = a_j \qquad (7\text{-}12)$$

a_j 为中间层第 j 个神经元的输出值。再假设 δ_k 为输出层第 k 个神经元的误差量,其值如下所示:

$$\delta_k = (d_k - y_k)y_k(1 - y_k) \qquad (7\text{-}13)$$

结合公式(7-9)～公式(7-13),中间层第 j 个神经元与输出层第 k 个神经元的连接权重可以变更为

$$\Delta W_{kj} = \eta \delta_k a_j \qquad (7\text{-}14)$$

同样地,输入层第 i 个神经元与中间层第 j 个神经元的连接权重可以通过类似的方式计算得到。这样通过减小输出值与目标值的误差来不断地调整网络中各个神经元的连接权重,完成神经网络模型的反向传播算法,能够使得模型更加逼近真实的函数关系,实现更好的效果。

3) 自动编码器

自动编码器(autoencoder,AE)实质上是一种三层的神经网络模型,与普通的三层神经网络模型不同的是自动编码器的输出与输入一致。自动编码器的组成包括编码器(encoder)与解码器(decoder)两部分,编码与解码两个过程实现原始数据的特征提取[191]。

由于经过 AE 提取到的特征受其结构的限制,因此 AE 在鲁棒性和特征有效性方面表现一般。AE 的编码过程可表示如下:

$$h_m = f(wx_m + b) \tag{7-15}$$

式中:$x = \{x_m\}_{m=1}^M$ 为 AE 的输入层数据,M 为样本数目;$h = \{h_m\}_{m=1}^M$ 为 AE 的隐含层数据;w 和 b 分别为输入层到隐含层的权重和偏置值;$f(\cdot)$ 为编码网络的激活函数。

AE 的解码过程可表示如下:

$$\hat{x}_m = \hat{f}(\hat{w}h_m + \hat{b}) \tag{7-16}$$

式中:$\hat{x} = \{\hat{x}_m\}_{m=1}^M$ 为 AE 的输出层数据,即输入层的重构;$\hat{w}$ 和 $\hat{b}$ 分别为隐含层到输出层的权重和偏置值;$\hat{f}(\cdot)$ 为解码网络的重构函数。

AE 通过最小化 x 和 $\hat{x}$ 的重构误差 $\varphi(x, \hat{x})$,完成网络的训练,$\varphi(x, \hat{x})$ 可以表示为

$$\varphi(x, \hat{x}) = \frac{1}{M} \sum_{m=1}^M \| x_m - \hat{x}_m \|^2 = \frac{1}{M} \sum_{m=1}^M \| x_m - \hat{f}(\hat{w}f(wx_m + b) + \hat{b}) \|^2 \tag{7-17}$$

式中:$\varphi(x, \hat{x})$ 为重构误差函数,即 AE 的损失函数。

根据公式(7-17)定义的整体代价函数通过反向传播算法不断进行迭代,即可得到更新后的权重值 W 和偏置值 b,获取原始输入数据的特征表达。

4）基于自动编码器的产品组部件退化特征提取方法

基于自动编码器的产品组部件退化特征提取方法如图 7-4 所示,包括以下四个步骤。

步骤 1:确定 AE 模型的输入和输出参数。

AE 模型的输出数据是难以直接测量的产品组部件退化状态特征参数,输入数据为可直接测量的产品组部件退化状态的相关数据。

步骤 2:基于 AE 的隐含层数据训练过程。

首先,对于一个拥有 n 层隐含层的 AE 模型,建立 AE_1,其输入层和隐含层数据分别为 AE 模型的输入层和第 1 层隐含层的数据,获取的 AE_1 编码过程的权重和偏置值 (w_1, b_1) 用来初始化模型输入层到第 1 层隐含层的权重和偏置值 (w_1, b_1),然后重复上述过程,直到模型的 n 层隐含层的数据被逐层预训练完。

步骤 3:基于 softmax(一种重构函数)的分类过程建立第 n 层隐含层与输出层的映射关系,可表示如下:

$$y_k = \text{softmax}(w_{n+1} \cdot h_k^n + b_{n+1}) \tag{7-18}$$

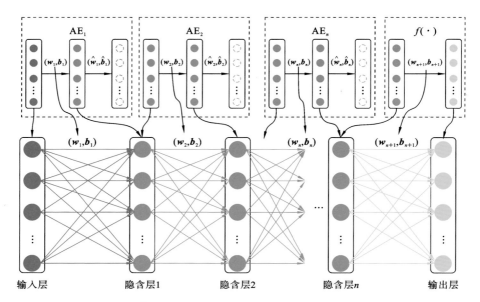

图 7-4　基于自动编码器的产品组部件退化特征提取方法

式中：$y = \{y_k\}_{k=1}^K$ 为输出层的实际输出；$h^n = \{h_k^n\}_{k=1}^K$ 为第 n 层隐含层数据；w_{n+1} 和 b_{n+1} 分别为第 n 层隐含层到输出层的权重和偏置值，softmax($\cdot$) 为 softmax 函数。

建立 softmax 函数的交叉熵损失函数，可表示如下：

$$L(y,o) = \sum_{k=1}^K y_k \lg o_k = \sum_{k=1}^K \sum_{m=1}^M y_k^m \lg o_k^m \tag{7-19}$$

式中：$o = \{o_k\}_{k=1}^K$ 为输出层的期望输出；M 表示输出层神经元数目；$y_k = \{y_k^m\}_{m=1}^M$ 表示实际输出的第 k 个样本值；$o_k = \{o_k^m\}_{m=1}^M$ 表示期望输出的第 k 个样本值。

采用梯度下降法，将 softmax 函数最小化，得到训练好的 w_{n+1} 和 b_{n+1}，赋值给第 n 层隐含层和输出层的权重和偏置值（w_{n+1}, b_{n+1}）。

步骤 4：AE 模型的参数微调过程。

建立模型参数微调过程的损失函数，可表示如下：

$$\varphi_{\mathrm{AE}}(w,b) = \frac{1}{2K} \sum_{k=1}^K \parallel y_k - o_k \parallel^2 \tag{7-20}$$

采用反向传播算法最小化 AE 模型的误差函数，获取优化的 AE 模型。

7.2.2　产品性能退化建模

产品在服役过程中,其性能随着运行时间不断退化,需要建立合理的性能退化模型,进而支撑产品组部件寿命预测。在实际应用中,产品退化模型一般是未知的,且不同类型产品的退化模型也不尽相同,退化模型的选择不当将严重影响剩余有效寿命的预测精度。基于自动编码器的方法能够解决退化模型未知的问题,同时构建模型的输入也不仅局限于状态监测数据,可以是多种不同类型的数据。下面介绍一种基于自动编码器的产品性能退化模型构建流程。

1. 基于自动编码器的产品性能退化建模

基于自动编码器的产品性能退化建模流程如图 7-5 所示。

步骤 1:获取产品多个传感器采集的历史退化数据。

步骤 2:数据处理。对多个传感器的历史退化数据进行预处理,进行归一化,划分训练集,作为自动编码器的输入数据。

步骤 3:自动编码器模型训练。在训练集上进行自动编码器的无监督预训练,在 7.2.1 节有详细阐述。

步骤 4:构建 HI 健康因子曲线。将测试数据输入训练好的自动编码器中,通过多个隐含层进行自适应特征提取,得到产品组部件对应的健康因子值,构建测试数据的 HI 曲线。

步骤 5:对构建出的所有 HI 曲线进行平滑滤波处理以减少局部噪声,然后对 HI 构建结果进行评价,并返回更新训练模型。

2. 退化模型与寿命分布

退化型失效产品发生失效与否是通过失效标准来判定的,在工程问题中,失效标准可能是一个固定值,也可能是一个随机变量,即存在确定性失效标准和随机失效标准两种情况。比如,裂纹疲劳失效问题中通常规定疲劳裂纹宽度达到预设固定值即判定产品失效;而对于强度-应力失效模型来说,当产品的强度低于其所受应力时,产品便会失效,其所受应力和失效阈值则为随机变量。

根据退化失效的定义,规定产品特性退化量 $Y(t)$ 首次达到失效标准 ω 时产品失效,因此寿命 T_R 可定义为

$$T_R = \inf\{t : Y(t) = \omega; t \geqslant 0\} \tag{7-21}$$

在某些实际问题中,经常还会碰到用退化量 $Y(t)$ 与其初始值 $Y(0)$(或产品性格特征量初始值)的比值表示产品功能的情况,规定当 $Y(t)/Y(0)$ 达到失效标准时,产品失效,则对应的失效产品的寿命为

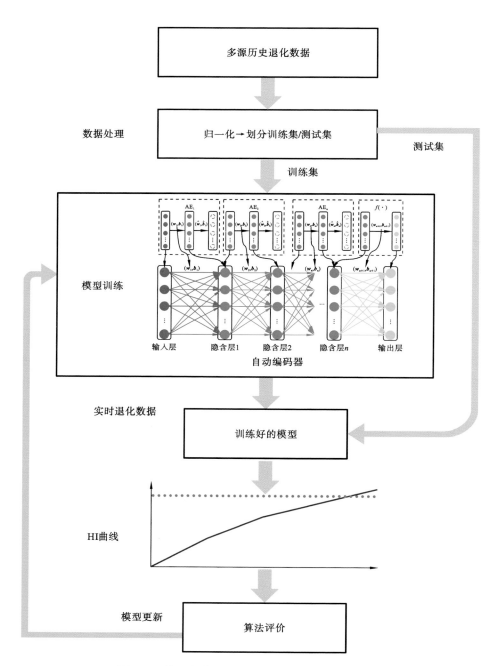

图7-5 基于自动编码器的产品性能退化建模流程

$$T_R = \inf \left\{ t : \frac{Y(t)}{Y0} = \omega ; t \geqslant 0 \right\} \qquad (7-22)$$

式中：寿命是通过退化量与初始值的比值定义的，因此将此时的失效标准称为相对失效标准。大多数情况下，产品退化量初始值 $Y(0)$ 是一个服从某一分布的随机变量，因此用于处理以上两种失效标准下的退化失效问题的方法会有所不同。

7.3　基于剩余有效寿命预测的复杂产品预防性维修模型

产品主要的维修方式可分为事后维修方式和预防性维修方式。事后维修也称为故障后维修，是最早被广泛应用于机械系统，是指故障出现后进行维修活动，如果系统没有出现故障，则不进行维修。事后维修虽然确保了所有组部件寿命的充分利用，但是缺乏对突发性故障的应急措施（如维修资源是否可用、备件备品库存是否满足要求等），会导致维修时间长、打乱正常生产计划等问题，进而会提高企业的运维成本。预防性维修是在故障未发生之前进行的各种维修活动，可以有效地防止故障的发生。但在传统的基于组部件剩余寿命估计的产品预防性维修方法中，维修服务人员通常根据自身经验以及组部件的历史使用时间来决定进行维修的时间，基于经验的剩余寿命估计通常比较保守，会造成维修资源及产品组部件的浪费。

产品组部件的实际有效使用寿命在不同的使用条件和使用环境下是不同的。因此，通过对组部件在不同使用条件下的使用时间进行简单累加来判断是否达到其使用寿命，并确定是否需要维修的方法，会出现所作出的维修决策不准确，以及组部件的保守或者过度使用等问题。此外，由于组成复杂产品的组部件种类繁多，且影响各组部件寿命的多个因素间的耦合机理无法判定，导致难以用公式精确表达影响因素与组部件寿命的映射关系。以机床刀具为例，在生产加工过程中，其实际有效使用寿命受刀具材料、加工件材料、主轴转速、进给量、切削深度、机床本身运行的稳定性、外界温度、振动等诸多因素影响，这些因素与刀具寿命的关系无法用精确的物理模型来表达。

为解决上述问题，本节提出了一种产品组部件剩余有效寿命预测方法，分别对单一运行条件和复杂运行条件的产品组部件进行剩余有效寿命预测，基于此建立了复杂产品预防性维修模型。

7.3.1　产品组部件剩余有效寿命预测

剩余有效寿命(remaining useful life,RUL)预测是指在产品运行的某一时刻 t,根据之前监测的系统运行状态或历史数据,预测产品由当前时刻至失效的剩余寿命,其定义为

$$T_{RUL}(t) = T - t \mid T > t, Z(t) \qquad (7\text{-}23)$$

其中:T 代表设备失效时刻;t 代表当前时刻;$Z(t)$ 为至当前时刻的历史监测数据。剩余有效寿命预测的主要任务是基于已有的数据来预测从当前时刻到产品最终失效的剩余运行时间。

通过对目前主流技术和应用研究的总结,产品剩余有效寿命预测技术主要分为以下两类:基于物理模型的 RUL 预测方法、基于数据驱动的 RUL 预测方法。基于物理模型的 RUL 预测方法一般根据故障机制或设备性能退化准则来建立数学模型,最典型的应用是通过机械系统的裂纹扩展物理模型实现 RUL 预测。然而,在实际应用中通常难以对复杂时间序列数据建立精确的数学模型,模型参数需要大量的实验进行估计,并且非常依赖领域内的专家经验,这大大限制了基于物理模型的 RUL 预测方法的发展和应用。目前这种方法大多应用于模型清晰的系统中,在其他相对复杂的领域,其预测模型的研究相对滞后。

随着设备监测数据量的爆炸式增长以及存储技术、计算能力的发展,基于数据驱动的方法已经成为产品 RUL 预测领域的主流技术。基于数据驱动的 RUL 预测方法从设备监测数据中获取相关参数,利用这些参数反映对象系统的退化行为,通过分析和推理可获得对象系统的 RUL 预测结果。基于数据驱动的 RUL 预测方法大致可以分为基于数理统计的方法和机器学习方法。数理统计模型主要包括自回归模型、维纳过程模型、马尔可夫模型等等。这种预测方式主要依靠专业的领域知识来建立模型,通常是利用已知数据拟合随机过程模型或系数模型,在描述退化过程的不确定性及其对预测结果的影响时非常有效。除数理统计模型外,机器学习方法的应用同样广泛,包括神经网络模型、向量机模型以及高斯过程回归模型等。本小节接下来将构建产品组部件剩余有效寿命预测模型。

1. 面向单一运行条件的产品组部件有效寿命预测

为了实现面向单一运行条件的产品组部件剩余有效寿命预测,需要建立剩余有效寿命预测模型(useful life prediction model,ULPM)。本书约定,此处的单一运行条件是指产品或者其组部件在相同工况和相同环境下运行的一种状

态。以机床某型号的刀具为例,该刀具的单一运行条件是指在切削深度、进给速度、主轴转速、机床稳定性等工况相同,以及车间温度、湿度、振动等使用环境相同的情况下,进行相同数量、相同材料在制品加工的一种状态。

单一运行条件下,产品组部件 ULPM 模型的构建流程如图 7-6 所示,其构建步骤如下。

步骤 1:产品组部件 HI 曲线的构建。首先对产品组部件退化数据进行处理,基于自动编码器提取性能退化特征,构建产品组部件性能退化模型,从而获得产品组部件健康因子 HI 曲线,其主要步骤内容在 7.2 节已做过阐述。

步骤 2:数据预处理。根据已有的训练集及测试集 HI 曲线获取 ULPM 的输入数据,并对数据进行标准化,可采用 z-score[192] 数据标准化方法对训练集与测试集数据进行预处理,具体方式为

$$z = (x - \text{mean}(x))/\text{std}(x) \tag{7-24}$$

首先对训练集进行标准化,$\text{mean}(x)$ 为所有训练集 HI 曲线堆叠而成的一维向量的均值,$\text{std}(x)$ 为一维向量的标准差;之后对测试集进行标准化,均值与标准差均采用训练集上的结果,最终得到标准化后的训练与测试数据。

步骤 3:剩余有效寿命预测模型训练。建立剩余有效寿命预测模型,对模型参数进行迭代训练。本部分可采用 DNN、相关向量机(relevance vector machine,RVM))、循环神经网络中的长短时记忆(long and short time memory network,LSTM)网络和线性回归方法等。

步骤 4:测试集验证。将测试集的 HI 曲线输入训练好的 ULPM 模型中,得到各个产品组部件对应的剩余有效寿命预测值。

2. 面向复杂运行条件的产品组部件剩余有效寿命预测

考虑到产品组部件在实际运行过程中,其运行条件是动态变化的,因而单一运行条件下的产品组部件剩余有效寿命预测值并不能准确反映该组部件实际的剩余有效寿命。为了更准确地预测产品组部件剩余有效寿命,本部分引入文献[27]中相对寿命损失率的概念,来综合衡量产品组部件在复杂运行条件下的寿命损耗。相对寿命损失率可表示为

$$\eta = \sum \frac{t_i}{T_i} \tag{7-25}$$

其中:t_i 表示产品组部件在第 i 种运行条件下已经运行的时间;T_i 表示产品组部件在第 i 种运行条件下,基于单一条件下产品组部件 ULPM 模型获得的有效寿命预测值。

给定相对寿命损失率经验阈值 ρ,当计算得到的 η 值与阈值 ρ 的差值较大

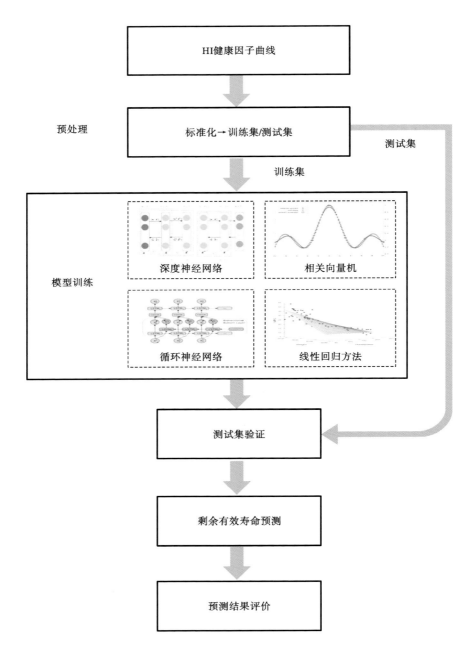

图 7-6 产品组部件 ULPM 模型的构建流程

时,说明产品组部件在当前仍具有较长的可用剩余有效寿命,无须对其进行剩余有效寿命预测;当 η 达到经验阈值 ρ 时,说明产品组部件已经达到其剩余有效寿命的临界点,需要对产品组部件的剩余有效寿命进行预测,并依此及时采取措施对产品实施预防性维修。

当产品组部件的相对寿命损失率达到经验阈值 ρ 时,其剩余有效寿命可通过以下公式进行预测:

$$\begin{cases} RT = \alpha(1-\eta)\sum \varepsilon_i T_i + \beta(1-\eta)\overline{T} \\ \alpha > 0, \beta > 0, \alpha + \beta = 1 \\ \varepsilon_i > 0, \sum \varepsilon_i = 1 \end{cases} \qquad (7\text{-}26)$$

其中:RT 为产品组部件剩余有效寿命。产品组部件的剩余有效寿命预测包括两部分,即复杂运行条件下的剩余有效寿命预测值 $\sum \varepsilon_i T_i$ 和基于历史数据得出的剩余有效寿命的期望值 $\overline{T}$。公式(7-26)中的 α 和 β 分别是上述两部分的权重,为经验参数。当产品组部件的剩余有效寿命受运行条件影响较大时,α 将取一个较大的值;相反,当产品组部件的剩余有效寿命受运行条件影响较小时,β 将取一个较大的值。在 $\sum \varepsilon_i T_i$ 中,ε_i 为通过历史数据统计分析得到的产品组部件在运行条件 i 下的使用时间占实际使用寿命的比重。

基于非实时运维数据的产品组部件剩余有效寿命预测算法伪代码如表 7-3 所示。

表 7-3 基于非实时运维数据的产品组部件剩余有效寿命预测算法伪代码

算法:基于非实时运维数据的产品组部件剩余有效寿命预测算法

输入:$\boldsymbol{x}$, $\boldsymbol{y}$, RT_paras^{set}, $\overline{T}^{\text{set}}$

输出:RT^{set}

1　$AE_j = AE\_train(x, BP, \varphi_{AE})$

2　$<\boldsymbol{w_1}, \boldsymbol{b_1}> = <AE_1 . InputWeights, AE_1 . Biases>$

3　$<\boldsymbol{w}, \boldsymbol{b}> \leftarrow <\boldsymbol{w_1}, \boldsymbol{b_1}>$

4　$\boldsymbol{h}^1 = AE_1 . HiddenLayer$

5　$For j = 2 : n \{$

6　$AE_j = AE\_train(\boldsymbol{h}^{j-1}, \varphi_{AE}, BP)$

7　$<\boldsymbol{w_j}, \boldsymbol{b_j}> = <AE_j . InputWeights, AE_j . Biases>$

8　$<\boldsymbol{w}, \boldsymbol{b}> \leftarrow <\boldsymbol{w_j}, \boldsymbol{b_j}>$

续表

算法：基于非实时运维数据的产品组部件剩余有效寿命预测算法
9　　$\boldsymbol{h}^j = \text{AE}_j . \text{HiddenLayer}$
10　　}
11　　$y_k = \text{softmax}(w_{n+1} \cdot h_k^j + b_{n+1})$
12　　$<\boldsymbol{w}, \boldsymbol{b}> \leftarrow <\boldsymbol{w}_{n+1}, \boldsymbol{b}_{n+1}>$
13　　$\text{ULPM} = \text{ulpm\_train}(\boldsymbol{x}, \boldsymbol{y}, \boldsymbol{w}, \boldsymbol{b})$
14　　For RT_paras^{set} 所有的 RT_paras^k {//RT_paras^{set} 是多个组部件寿命相关参数集合
15　　　　For RT_paras^k 中所有的条件 cond_i^k {//RT_paras^k 是组部件 k 不同条件下的寿命相关参数集合
16　　　　$T_i^k = \text{ULPM}(\text{cond}_i^k)$
17　　}
18　　$\eta^k = \sum \dfrac{t_i^k}{T_i^k}$
19　　　$RT^k = \alpha^k(1-\eta^k)\sum \varepsilon_i^k T_i^k + \beta^k(1-\eta^k)T^k$
20　　$RT^{\text{set}} \leftarrow RT^k$
21　　}
22　　返回 RT^{set}

7.3.2　基于剩余有效寿命的产品预防性维修建模

1. 预防性维修策略

（1）假设产品运行中忽略外部环境因素，仅考虑三种维修操作，即预防性维修、预防性更换和故障后更换，维修时间忽略不计。其中预防性维修为非完美的维修效果，即会使设备在一定程度上延长寿命，但不会修复如新；预防性替换和故障后更换均为修复如新的维修效果。t_i^- 表示已接收到监测数据 S_i，进行预防性维修之前时刻，t_i^+ 表示进行预防性维修之后时刻。t_i^- 时刻系统的剩余有效寿命 T_i^- 定义为当前时刻至发生失效时的这段时间长度，剩余有效寿命的一次实现记为 $u(t_i^-)$，剩余有效寿命概率密度函数记为 $f_i^-(t|s_i)$。t_i^+ 时刻剩余有效寿命为 T_i^+，剩余有效寿命的一次实现记为 $u(t_i^+)$，剩余有效寿命概率密度函数记为 $f_i^+(t|s_i)$。

（2）设剩余有效寿命 u_1^* 为预防性维修阈值，剩余有效寿命 u_2^* 为预防性更换阈值，其中 $u_1^* > u_2^*$，即在 t_i^- 时刻预测到其剩余有效寿命 $u(t_i^-) \geq u_1^*$ 时，无须进行预防性维修；$u_2^* \leqslant u(t_i^-) \leqslant u_1^*$ 进行预防性维修活动；预测到其剩余有效寿命 $0 \leqslant u(t_i^-) \leqslant u_2^*$ 对其进行预防性更换，以减少系统突发故障造成的经济损失。由系统失效定义可知一旦系统在运行过程中发生故障，必须进行故障后维修更新，如图 7-7 所示。

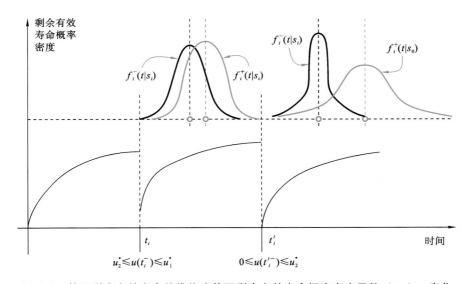

图 7-7   基于剩余有效寿命的维修决策下剩余有效寿命概率密度函数 $f_i(t|s_i)$ 变化

（3）每次发生预防性维修的成本为 C_{pm}，预防性更换的成本为 C_{pr}，发生故障后的更换成本为 C_{fr}，且 $C_{pm} < C_{pr} < C_{fr}$，系统运行到 t_i 时刻的预防性维修费用为 c_i。

2. 维修决策建模

假设产品在 $[0,t]$ 周期内的运行所需维修成本为 $C(t)$，产品长期运行的平均维修成本率为 c_∞，由更新定理可知产品长期运行的平均维修成本率可以由寿命周期内的平均维修成本率求得。产品长期运行的平均维修成本率 c_∞ 的表达式为

$$c_\infty = \lim_{t \to \infty} \frac{C(t)}{t} = \frac{E[C(T)]}{E[T]} \tag{7-27}$$

其中：$E[C(T)]$ 为产品寿命周期运行的平均维修成本；$E[T]$ 为产品平均寿命周期。

设在时刻 T_i^- 进行预防性维修的概率为 P_{pm}^i：

$$P_{pm}^i = P(u_2^* \leqslant T_i^- < u_1^* \mid T_i > 0, S_i)$$

$$= P(T_i^- < u_1^* \mid T_i^- > 0, S_i) - P(T_i^- \leqslant u_2^* \mid T_i^- > 0, S_i)$$

$$= \int_{u_2^*}^{\infty} f_i^-(t \mid s_i)\,\mathrm{d}t - \int_{u_1^*}^{\infty} f_i^-(t \mid s_i)\,\mathrm{d}t \qquad (7\text{-}28)$$

产品发生预防性更换的概率为 P_{pr}：

$$P_{\mathrm{pr}} = P(0 \leqslant T_i^- < u_2^* \mid T_i^- > 0, S_i) = 1 - P(T_i^- \geqslant u_2^* \mid T_i^- > 0, S_i)$$

$$= 1 - \int_{u_2^*}^{\infty} f_i^-(t \mid s_i)\,\mathrm{d}t \qquad (7\text{-}29)$$

产品在预测周期内发生故障后维修的概率为 P_{fr}：

$$P_{\mathrm{fr}} = P(T_{i-1}^+ < t_i - t_{i-1} \mid T_{i-1}^+ > 0, S_{i-1}) = \int_0^{t_i - t_{i-1}} f_{i-1}^+(t \mid s_{i-1})\,\mathrm{d}t \qquad (7\text{-}30)$$

产品产生的维修成本主要由预防性维修、预防性更换或故障后更新产生，因此产品寿命周期运行的平均维修成本为

$$c_\infty = \frac{E[C(T)]}{E[T]} = \frac{C_{i-1} + C_{\mathrm{pm}}P_{\mathrm{pm}}^i + C_{\mathrm{pr}}P_{\mathrm{pr}} + C_{\mathrm{fr}}P_{\mathrm{fr}}}{t_{i-1} + (t_i - t_{i-1})P_{\mathrm{pm}}^i + (t_i - t_{i-1})P_{\mathrm{pr}} + \int_0^{t_i - t_{i-1}} t f_{i-1}^+(t \mid s_i)\,\mathrm{d}t}$$

$$(7\text{-}31)$$

$$c_{i-1} = \sum_{j=1}^{i-1} C_{\mathrm{pm}}P_{\mathrm{pm}}^j \qquad (7\text{-}32)$$

其中：式(7-32)表示接收到前 $i-1$ 个监测数据后可能产生的预防性维修成本之和。期望在保证产品安全可靠运行的前提下，平均成本率达到最小，即

$$\min\{c_\infty\} = \min\left\{\frac{E[C(T)]}{E[T]}\right\} \qquad (7\text{-}33)$$

根据假设条件，预防性维修阈值 u_1^* 和预防性更换阈值 u_2^* 均影响平均维修成本率的值，因此可根据目标函数对两者同时进行优化求解。

7.4　产品预防性维修模型求解及维修策略优化

7.4.1　产品预防性维修模型求解

1. 多目标预防性优化模型

上文所阐述的产品预防性维修模型优化目标为平均维修成本率，这是维修成本的延伸。除此之外，产品预防性维修模型优化目标还有可靠度与可用度。

1）可靠度

可靠度定义为产品在规定的条件和时间内，完成功能的概率[193]。若定义产品寿命 T_{m} 为产品从正常运行状态直到失效状态经历的时间，那么可靠度函

数的定义式可写为

$$R(t) = p(T_m > t) \tag{7-34}$$

与可靠度相对应的一个概念为不可靠度 $F(t)$，也称为累计失效频率，即

$$F(t) = P(T_m < t) = 1 - R(t) \tag{7-35}$$

定义失效概率密度函数为

$$f(t) = \frac{dF(t)}{dt} \tag{7-36}$$

$R(t)$、$F(t)$ 和 $f(t)$ 的关系为

$$F(t) = \int_0^{t_0} f(t)dt \tag{7-37}$$

$$R(t) = \int_t^{+\infty} f(t)dt \tag{7-38}$$

失效率 $\lambda(t)$ 定义为工作到 t 时刻尚未失效的产品，在时刻 t 后单位时间内产品失效的概率。该定义是一个条件概率，其定义式为

$$\lambda(t) = \lim_{\Delta t \to \infty} \frac{P(t < T_m < t + \Delta t \mid T_m > t)}{\Delta t} \tag{7-39}$$

若定义 Δn 为 $(t, t + \Delta t)$ 时间段内失效的产品数，$n(t)$ 是在时刻 t 已经失效的产品数，则 $[N - n(t)]$ 为时刻 t 仍然正常工作的产品数，此时可得 $\lambda(t)$ 的关系式为

$$\lambda(t) = \frac{\Delta n / [N - n(t)]}{\Delta t} \tag{7-40}$$

$R(t)$、$f(t)$ 与 $\lambda(t)$ 的关系为

$$\lambda(t) = \frac{f(t)}{R(t)} \tag{7-41}$$

$$R(t) = \exp\left[-\int_0^t \lambda(t)dt\right] \tag{7-42}$$

2）可用度

可用度表示设备在规定条件下使用时，在某时刻具有或维持功能的概率。常用的可用度有三种：瞬时可用度 $A(t)$ 指设备在 t 时刻的可用度，与 t 时刻前是否失效无关；平均可用度 $\overline{A}(t)$ 即瞬时可用度在 $[0, t]$ 内的平均值；稳态可用度 $A(\infty)$ 则是 t 趋于无穷时的情形，即该设备经过长时间的运转后，其处于正常运行状态的时间占比。其表达式为[194]

$$\overline{A}(t) = \frac{1}{t} \int_0^t A(t)dt \tag{7-43}$$

$$A(\infty) = A = \lim_{t \to \infty} A(t) = \frac{\text{MTBF}}{\text{MTBF} + \text{MTTR}} \tag{7-44}$$

其中：MTBF 为产品正常工作时间；MTTR 为产品因故障而不能正常工作时间。

综上所述，产品预防性维修多目标优化模型为

$$
\begin{cases}
\min c_\infty = \dfrac{E[C(T)]}{E[T]} \\[2ex]
\max R(T) = \exp\left[-\displaystyle\int_0^T \lambda(t)\,\mathrm{d}t\right] \\[2ex]
\max A(T) = \lim_{t \to T} A(T) = \dfrac{\mathrm{MTBF}}{\mathrm{MTBF} + \mathrm{MTTR}}
\end{cases}
\tag{7-45}
$$

2. 模型求解流程及通用算法

产品预防性维修模型求解流程如图 7-8 所示。

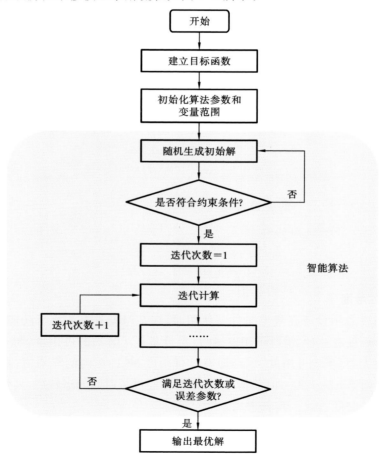

图 7-8　产品预防性维修模型求解流程

近年来对于预防性维修模型求解方法的研究主要集中于智能优化算法这一类近似求解方法上,现代智能优化算法包括禁忌搜索算法、模拟退火算法、蚁群算法、粒子群算法和进化算法等,智能优化算法的优势主要体现在:(1) 智能优化算法直接对多目标问题进行求解,无须转化为单目标,算法每运行一次,即获得一组 Pareto 最优解集,效率高,且对决策者要求降低,不需要过多专家判断;(2) 智能优化算法对 Pareto 最优前端的形状并不敏感,对于非凸的情况依然能够很好地进行优化;(3) 智能优化算法大多为全局搜索,可以得到最丰富的解的信息,不易出现丢失重要解现象。常用的多目标通用智能优化算法如图 7-9 所示,每种智能优化算法的原理可查阅相关基础书籍,本书不再赘述。

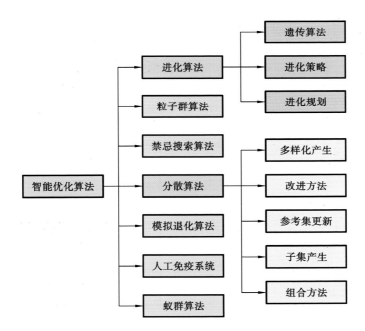

图 7-9 多目标通用智能优化算法

7.4.2 产品预防性维修实时优化策略

基于运维数据的产品预防性维修实时优化策略是通过将产品各组部件运行状态数据与其对应的运行状态正常范围值进行实时分析与对比,实现对产品组部件随机报警事件及工况异常状态的实时响应,进而满足产品运维过程中具有高实时性要求的维修服务需求。

该策略主要包括三个方面:基于状态监控的主动预防性维修组部件群及其相关数据集建立、基于组部件实时运行状态数据的预防性维修规则库建立、维修资源调度模型与维修任务完成时间预测模型建立。在上述运维过程数据获取阶段,可将每一个被实时监控的复杂产品组部件看作一个潜在的维修对象,并可将各组部件封装为一个初始的主动预防性维修组部件群,进而通过抽取产品组部件的实时运行状态数据值(如电动机的电流值、在制品的精度值等),并与其对应的运行状态正常范围值进行实时比较,判断相应的物理实体(如主轴、刀具等)是否需要维修。基于运维数据的产品预防性维修策略实时优化工作流程如图 7-10 所示。

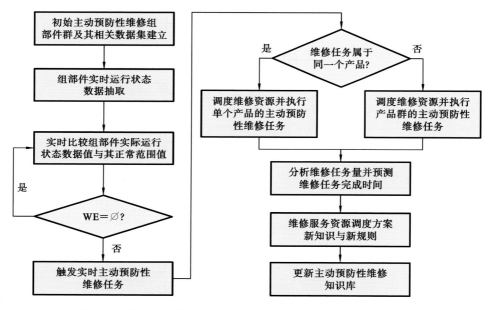

图 7-10 基于运维数据的产品预防性维修策略实时优化工作流程

该工作流程的具体实施步骤如下。

步骤 1:监控并建立初始主动预防性维修组部件群及其相关数据集。

假设共有 R 个复杂产品组成一个复杂产品群,每个复杂产品在运行过程中有 n 个组部件被实时监控,则该复杂产品群共有 $R \times n$ 个组部件被实时监控,这 $R \times n$ 个组部件构成了一个初始的主动预防性维修组部件群,同时,给定 $R \times n$ 个实时监控组部件运行状态值的一个数据集 RS:

$$RS = \{rs_{r,i,j} \mid 1 \leqslant r \leqslant R, 1 \leqslant i \leqslant n, 1 \leqslant j \leqslant m_i\} \tag{7-46}$$

其中：$rs_{r,i,j}$ 表示第 r 个产品的第 i 个组部件的第 j 个实时运行状态参数值（如主轴的扭矩值）；m_i 为组部件 i 需要实时监测的运行状态参数的总数（如对于机床主轴来说，需要检测其扭矩值、电流值、温度值、转速值等）。

给定各组部件处于正常运行状态时的工况参数范围值集合 NS：

$$NS = \{(ns_{r,i,j}^-, ns_{r,i,j}^+) \mid 1 \leqslant r \leqslant R, 1 \leqslant i \leqslant n, 1 \leqslant j \leqslant m_i\} \tag{7-47}$$

其中：$ns_{r,i,j}^-$ 和 $ns_{r,i,j}^+$ 分别表示第 r 个产品的第 i 个组部件的第 j 个运行状态参数正常值的下限和上限，若某个产品的某个组部件运行状态参数的上限或下限不存在，则该组部件运行状态参数的上限或下限值缺省为"/"；n 为单个产品实时监测的产品组部件的总数；m_i 为组部件 i 需要实时监控的运行状态参数的总数。

步骤 2：抽取组部件实时运行状态数据并确定主动预防性维修组部件。

针对 R 个产品的 $k(k \leqslant n)$ 个组部件，分别从集合 RS 和 NS 中抽取其实时运行状态值和运行状态参数正常范围值，并使得

$$P_r = \{rs_{r,i,j} \mid 1 \leqslant r \leqslant R, 1 \leqslant i \leqslant k, 1 \leqslant j \leqslant m_i\} \tag{7-48}$$

$$P_s = \{(ns_{r,i,j}^-, ns_{r,i,j}^+) \mid 1 \leqslant r \leqslant R, 1 \leqslant i \leqslant k, 1 \leqslant j \leqslant m_i\} \tag{7-49}$$

其中：P_r 为选取的 R 个产品的 k 个组部件在 t_p 时刻的实时运行状态参数值集合；P_s 为选取的 R 个产品的 k 个组部件在 t_p 时刻的运行状态参数正常范围值集合。

根据式(7-50)来实时比较各组部件实际的运行状态参数值与给定的运行状态参数正常范围值，以获取产品组部件报警事件集合，并确定各报警事件对应的主动预防性维修组部件。产品组部件报警事件集合可表示为

$$WE = \{WE_{r,i,j}^- \mid rs_{r,i,j} < ns_{r,i,j}^-\} \cup \{WE_{r,i,j}^+ \mid rs_{r,i,j} > ns_{r,i,j}^+\} \tag{7-50}$$

其中：$WE_{r,i,j}^-$ 表示第 r 个产品的第 i 个组部件的第 j 个实时运行状态参数值低于其运行状态参数正常范围值下限的报警事件，$WE_{r,i,j}^+$ 表示第 r 个产品的第 i 个组部件的第 j 个实时运行状态参数值高于其运行状态参数正常范围值上限的报警事件。本书约定，如果出现上述报警事件，可认为相应的组部件发生了异常状态或出现了退化现象，而且随着异常状态或退化现象的不断积累，该组部件最终将会产生故障，因而需要触发相应的主动预防性维修任务对报警事件进行实时处理。

步骤 3：调度维修资源并执行对单个产品的主动预防性维修任务。

假设在 t_p 时刻获得的报警事件集 WE 中共有 p_0 个实时报警事件，这些报警事件来源于同一个产品并含有 U 个维修组部件，即形成了单个产品的 U 个

主动预防性维修任务。若某个维修组部件含有 S 个报警事件,则对应于该维修组部件的主动预防性维修任务可分为 S 个维修子任务。主动预防性维修的核心目标是通过调度现有可选的维修服务资源(如维修装备、维修人员等),对产品的退化状态及异常信息进行及时处理,以防止因退化累计而造成的产品突发性故障。在此过程中,各类维修服务资源在执行不同维修任务时的时间成本,对于产品的实时主动预防性维修显得尤为关键。因此,此处以最小化所有维修任务的最大完成时间为目标,建立了如下针对单个产品主动预防性维修过程的维修资源调度数学模型。

目标函数:

$$\text{Min}\{\text{Max}[\text{ST}(\text{SMT}_{u,S_u})+\text{DT}(\text{SMT}_{u,S_u})]\} \tag{7-51}$$

约束:

$$\text{ST}(\text{SMT}_{u,s+1})-\text{ST}(\text{SMT}_{u,s})\geqslant\text{DT}(\text{SMT}_{u,s}) \tag{7-52}$$

$$\text{ST}(\text{SMT}_{u1,s1})>\text{ST}(\text{SMT}_{u2,s2})+\text{DT}(\text{SMT}_{u2,s2})-hX(\text{SMT}_{u1,s1},\text{SMT}_{u2,s2},\text{sm})$$
$$\tag{7-53}$$

$$\text{sd}_u-\text{ST}(\text{SMT}_{u,S_u})-\text{DT}(\text{SMT}_{u,S_u})\geqslant0 \tag{7-54}$$

式中:$1\leqslant u\leqslant U$,$1\leqslant s\leqslant S_u$,$1\leqslant \text{sm}\leqslant\text{MR}$;$S_u$ 表示单个产品的维修任务 u 的维修子任务的数量;MR 表示可用维修资源(如维修装备、维修人员等)的总数;$\text{SMT}_{u,s}$ 表示单个产品的维修任务 u 的维修子任务 s;$\text{ST}(\text{SMT}_{u,s})$ 表示 $\text{SMT}_{u,s}$ 执行的开始时间;$\text{DT}(\text{SMT}_{u,s})$ 表示 $\text{SMT}_{u,s}$ 执行所需要的时间;$X(\text{SMT}_{u1,s1},\text{SMT}_{u2,s2},\text{sm})$ 表示任务 $\text{SMT}_{u1,s1}$ 和 $\text{SMT}_{u2,s2}$ 都由维修资源 sm 执行,并且如果维修资源 sm 执行维修任务 $\text{SMT}_{u1,s1}$ 的开始时间早于执行维修任务 $\text{SMT}_{u2,s2}$ 的开始时间,其值为 1,否则其值为 0;h 是一个足够大的正数常量;$\text{SD}=\{\text{sd}_1,\cdots,\text{sd}_u,\cdots,\text{sd}_U\}$ 表示单个产品各维修任务的交付时间。式(7-51)表示最小化所有维修任务的最大完成时间;式(7-52)表示任何维修任务的前一个维修子任务完成后,此维修任务的后一个维修子任务才可以执行;式(7-53)表示同一时刻一个维修人员最多能处理一个维修子任务;式(7-54)表示任何维修任务必须要在交付时间之前完成。

步骤 4:调度维修资源并执行产品群的主动预防性维修任务。

假设在 t_p 时刻获得的报警事件集 WE 中共有 pp_0 个实时报警事件,这些报警事件来源于 V 个产品,即形成了产品群的 V 个主动预防性维修任务。若某个待维修的产品含有 SS 个报警组部件,则对应于该产品的主动预防性维修任务可分为 SS 个维修子任务。在此过程中,当某个产品的所有维修子任务完成后,该产品才可以继续投入使用。因此,针对产品群的主动预防性维修,从各产品报警事件发生开始到该产品所有维修子任务完成的时间区间内的产能损失,对产品使用者来说尤为关键。为此,以最小化产品群所有维修任务执行过程的产能损失之和为目标,建立了如下针对产品群的主动预防性维修过程的维修资源调度数学模型。

目标函数:

$$\text{Min}\left\{\sum p_v * \left[\text{ST}(\text{MMT}_{v,\text{SS}_v}) + \text{DT}(\text{MMT}_{v,\text{SS}_v})\right]\right\} \tag{7-55}$$

约束:

$$\text{ST}(\text{MMT}_{v,\text{ms}+1}) - \text{ST}(\text{MMT}_{v,\text{ms}}) \geqslant \text{DT}(\text{MMT}_{v,\text{ms}}) \tag{7-56}$$

$$\text{ST}(\text{MMT}_{v1,\text{ms1}}) > \text{ST}(\text{MMT}_{v2,\text{ms2}}) + \text{DT}(\text{MMT}_{v2,\text{ms2}})$$
$$- h'X(\text{MMT}_{v1,\text{ms1}}, \text{MMT}_{v2,\text{ms2}}, \text{mm}) \tag{7-57}$$

式中:$1 \leqslant v \leqslant V$,$1 \leqslant \text{ms} \leqslant \text{SS}_v$,$1 \leqslant \text{mm} \leqslant \text{MR}$;$p_v$ 为产品群的维修任务 v 所对应的产品在单位工作时间内的加工能力;SS_v 表示产品群的维修任务 v 的维修子任务的数量;MR 表示可用维修资源(如维修装备、维修人员等)的总数;$\text{MMT}_{v,\text{ms}}$ 表示产品群的维修任务 v 的维修子任务 ms;$\text{ST}(\text{MMT}_{v,\text{ms}})$ 表示 $\text{MT}_{v,\text{ms}}$ 执行的开始时间;$\text{DT}(\text{MMT}_{v,\text{ms}})$ 表示 $\text{MT}_{v,\text{ms}}$ 执行所需要的时间;$X(\text{MMT}_{v1,\text{ms1}}, \text{MMT}_{v2,\text{ms2}}, \text{mm})$ 表示任务 $\text{MMT}_{v1,\text{ms1}}$ 和 $\text{MT}_{v2,\text{ms2}}$ 都由维修资源 mm 执行,并且如果维修资源 mm 执行维修任务 $\text{MT}_{v1,\text{ms1}}$ 的开始时间早于执行维修任务 $\text{MMT}_{v2,\text{ms2}}$ 的开始时间,其值为 1,否则其值为 0;h' 是一个足够大的正常量。式(7-55)表示最小化产品群的所有维修任务产生的效益损失和;式(7-56)表示任何产品的前一个维修子任务完成后,此产品的后一个维修子任务才可以执行;式(7-57)表示同一时刻一个维修人员最多能处理一个维修子任务。

步骤 5:分析各维修资源任务量并预测维修任务完成时间。

通过对各维修资源任务量的统计分析,可实时地反映出各维修资源已分配的维修任务负荷。在此基础上,通过追踪各维修资源所执行维修任务的动态进度,可对维修任务的完成时间进行动态预测,为运维服务过程中维修资源的调度优化提供支撑。实现 t_p 时刻维修资源 i 上任务负荷统计分析,以及维修资源 i 上分配的任务完成时间预测的数学模型如下:

$$L_i(t_p) = \{l_j \mid j \in v_i(t_p)\} \tag{7-58}$$

$$T_{ij}(t_p) = f_{T_i}(\text{ST}_{ij}, \text{DT}_{ij}, d_i, L_i(t_p), C_i(t_p)) \tag{7-59}$$

$$T_i(t_p) = \max_{j \in \upsilon_i(t_p)} \{T_{ij}(t_p)\} = \max_{j \in \upsilon_i(t_p)} \{f_{T_i}(ST_{ij}, DT_{ij}, d_i, L_i(t_p), C_i(t_p))\}$$

$$(7-60)$$

式中：$L_i(t_p)$ 表示在 t_p 时刻维修资源 i 上分配的维修任务负荷的集合；$\upsilon_i(t_p)$ 表示在 t_p 时刻维修资源 i 上分配的维修任务的集合；l_j 表示第 j 个维修任务的工作量；$T_{ij}(t_p)$ 表示在 t_p 时刻预测到维修任务 j 在维修资源 i 上的完成时间；f_{T_i} 表示维修任务 j 完成时间的预测函数；$C_i(t_p)$ 表示在 t_p 时刻维修资源 i 上的运行特征与运行状态参数；$T_i(t_p)$ 表示在 t_p 时刻预测到当前分配给维修资源 i 上所有维修任务的完成时间。

步骤 6：检测维修状态并实时更新主动预防性维修知识库。

根据 t_p 时刻对各维修资源所分配维修任务完成时间 $T_i(t_p)$ 的预测，在 $T_i(t_p)$ 时间间隔后，对相应维修资源是否完成分配的维修任务进行检测。同时，假设用 $T_i(act)$ 表示各维修装备完成所分配任务的实际时间。若在 $T_i(t_p)$ 时间间隔后，分配在维修资源 i 上的任务未完成，即 $T_i(act) > T_i(t_p)$，则需要进一步分析在维修任务执行过程中是否有突发事件或扰动发生（如维修资源不可用、加入紧急维修任务等），因为这些突发事件在进行维修任务完成时间预测时是不可知的；若在 $T_i(t_p)$ 时间间隔后维修任务恰好完成，即 $T_i(act) = T_i(t_p)$，则说明所建立的维修任务完成时间预测模型能够真实地反映维修过程中各因素对维修时间的影响；若在 $T_i(t_p)$ 时间间隔后，维修任务提前完成，即 $T_i(act) < T_i(t_p)$，一方面可能需要对所构建的模型进行修正，以便得到更加准确的预测结果，另一方面说明在实际维修过程中可能发现了更好的服务资源调度方案。此时，需要将这些新发现的服务资源调度方案所对应的知识和规则进行记录，以便为运维过程中维修服务资源的优化配置提供更多的知识支持。

假设用 OKB 表示一个给定的原始主动预防性维修知识库，且 OKB $= \varnothing$。从上述步骤 2 至步骤 4 获得了实时主动预防性维修任务时间知识（表示为 RTK）、维修资源调度知识（表示为 SSK）、潜在维修对象知识（表示为 PMK）等。可利用这些获取的知识构建知识集 KS $=$ {RTK, SSK, PMK, …}，并对原始主动预防性维修知识库进行实时更新，即如果 KS $\notin$ OKB，则更新后的知识库 OKB $=$ OKB $\cup$ KS，否则 OKB $=$ OKB。通过对预防性维修知识库的实时更新，可提升维修任务执行的准确性、及时性和有效性。

第 8 章
DMS 一体化协同技术行业应用

美国工业互联网、德国工业 4.0、《中国制造 2025》均提及，制造业是全球经济稳定发展的重要驱动力，世界各国都意在通过国家层面的战略规划来抢占未来制造业的制高点。DMS 一体化协同是以数字化、信息化、网络化、智能化为基础的生产模式，它超越了传统的设计、制造、服务概念，其内容涵盖了市场需求分析、产品创新设计、生产工艺改进、生产过程监测、产品质量监控、运维服务优化等在内的产品生命周期的全过程协同。因此，设计、制造、服务一体化协同强调从整个产品生命周期的角度考虑各环节的业务活动，并要求在设计阶段尽早考虑产品生命周期内所有的影响因素，例如材料、工艺、制造、质量、维修、服务等。

8.1 机床制造行业 DMS 一体化协同技术应用

8.1.1 机床制造行业 DMS 一体化协同技术应用需求分析

机床向来被誉为"工业母机"，也是整个装备制造业的核心生产基础。随着互联网和信息技术的发展和应用，整体制造行业已经迎来了一次大的变革。机床制造行业由于其产品种类繁多、客户需求复杂多样，面临着很大的市场竞争压力。机床制造行业正逐步向着数字化、物联化、网络化、服务化和智能化等方向发展。在此环境下，如何通过 DMS 一体化协同技术实现产品生命周期全过程、全流程业务的全局协调，进而快速响应市场需求、合理配置制造资源、有效提升服务质量等问题越来越受到机床制造企业的关注。

DMS 一体化协同技术的核心是通过产品全生命周期各阶段数据的互联互通、知识的共享集成以及业务的协同联动，推动原有的封闭式串联生产模式向开放式并联模式转变，以加快数据和信息的流通传递，提升制造资源的调配效率，进而迅速响应市场与客户需求，增大产品的市场竞争力。

我国机床装备产业大而不强，与发达国家相比存在着较大差距。在"制造强国"战略中提到,我国要努力实现中国制造向中国创造、中国速度向中国质量、中国产品向中国品牌三大转变。因此,无论是从制造业发展趋势角度看,还是从传统制造业转型升级角度看,我国的机床制造企业、应用企业和服务企业对新型制造模式的需求都较为迫切。此外,机床制造行业是与需求牵引相关性极强的产业,机床产品个性化强,制造过程离散程度高[195],导致机床的种类繁多且机床之间的品质和质量差距较大。因此,将 DMS 一体化协同技术应用于机床制造行业的业务流程与具体场景中,对提升机床制造行业的设计能力、产品质量和服务水平具有重大意义。

当前,机床制造行业 DMS 一体化协同技术的应用需求如图 8-1 所示,主要体现在以下几个方面。

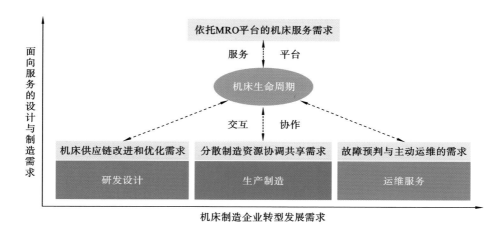

图 8-1　机床制造行业 DMS 一体化协同技术的应用需求

1. 机床制造企业转型发展需求

机床产品结构复杂、产品种类繁多,在其制造过程中主机厂与供应商之间业务交互频繁。在行业竞争愈发激烈的今天,为保持可持续竞争优势,机床制造企业必须寻求一种新的发展模式。而制造服务化是企业摆脱同质化竞争,实现转型升级,提高企业竞争力的重要手段。因此,随着当下制造资源的智能化和生产管控的数字化,迫切需要机床制造企业借助物联网、大数据、云计算等信息技术来实现设计、制造、服务的异地协同,保证不同地域分散资源与业务的协调与共享,创造多元化的增值服务[196],满足个性化、多样化的用户需求,从而使传统的产品制造商向整体智能生产线设计商和用户需求服务商转型,以形成一种 DMS 一体化协同的模式。

2. 分散制造资源协调共享需求

当前机床制造行业中,制造资源的闲置与缺乏之间的矛盾日益凸显。通过调查国内机床制造行业的订单数量和生产任务可以发现,大多数大型国有企业或集团型企业拥有着大量的高端、精密机床,而其订单数量却相对较少。因此,这些企业的机床利用率较低,设备闲置现象较为普遍。对于众多中小型机床制造企业来说,其资金、资源、人力等都难以与大型企业相比,造成其生产能力较低,难以及时完成定制化、个性化的订单任务。通过应用 DMS 一体化协同技术,能够推动机床制造行业实现模式创新。面对不同的订单需求,通过大型企业和中小型企业制造资源的协调共享,可缩短订单的研制周期,提升社会资源的利用率,降低生产成本。

3. 面向服务的设计与制造需求

机床装备制造业具有个性化定制强、技术含量高、产业关联大、服务面广泛等特点。当前大多数机床制造企业所使用的面向订单任务的生产制造模式由于其产品与服务单一、同质化严重、灵活性不强等缺陷,已逐渐被企业摒弃,取而代之的是面向服务的机床设计与制造模式。这种以客户为中心、以服务化为牵引的模式是机床制造企业保持竞争优势的动力源泉,也是提高机床制造企业定制化水平,满足差异化用户需求,助力企业朝着物联化和智能化发展的有效途径。为此,机床制造企业迫切需要通过应用 DMS 一体化协同技术,改变原有的设计与制造模式,提升其自身运维服务数据与信息的反馈应用能力,实现服务对设计、制造的反馈改进。

4. 机床供应链改进和优化需求

机床制造的产业链较长,在机床产品的整个生命周期中,在某一阶段发生的随机性扰动和非计划异常都会对其他生命周期阶段的业务决策产生一定的影响。例如,用户需求的改变,可能会影响后续生产工艺的制定、供应商的选择;随机性订单的加入,可能会导致原有制造系统的生产滞后或生产与物流脱节等。因此,在机床产品的设计、制造、服务等过程中,主机厂、供应商、服务商等之间需要通过信息的动态交互、知识的共享反馈和业务的异地协同,不断改进和完善产业链结构,促进供应链的全局优化。而 DMS 一体化协同技术可为供应链前端用户需求的准确预测、中端制造资源的动态调配、末端产品服务的持续优化等提供有效的技术支撑和实现手段。

5. 故障预判与主动运维的需求

机床作为制造机器的机器,其重要性毋庸置疑。制造业中无论哪个领域都无法脱离机床,大到国防武器、航空器、航天器、航母舰船、轨道交通装备等的关键零部件,小到手表齿轮、各种精密仪器等。在机床的使用过程中,其关键零部件甚至整机会随着时间的推移退化或者发生故障,这会降低制造企业的生产效率,造成产品质量缺陷,进而给制造企业带来极大的经济损失。因此,如何在故障发生之前就对其进行预判与排除,实现从事后维修向主动预防性维修的转变,是机床制造企业和机床用户、企业共同面临的难题。而应用 DMS 一体化协同技术,能够促进机床设计、制造阶段的数据、信息、知识对运维服务的指导,进而为故障预判与主动运维提供解决方案。

6. 依托 MRO 平台的机床服务需求

我国机床行业制造企业众多、产品结构相差较大、企业地域分散、企业间技术封锁不透明等现状,造成了全面、实时的机床运行状态监控相对困难,以及维修服务周期长、效率低、成本高等问题。同时,现有面向单一类型和异地分散产品的分布式运维服务模式,难以实现维修维护过程中知识与经验的积累,也难以帮助企业建立健全维修服务知识库。为此,企业迫切需要依托以物联网、大数据分析等为核心的 DMS 一体化协同技术来形成运维知识的反馈应用机制,构建机床全生命周期 MRO 健康管理与服务平台,在平台内实现运维知识的不断积累与更新,为机床运行参数的调整和优化、机床运维服务质量的持续改进提供操作指导和决策支持。

8.1.2 机床制造行业 DMS 一体化协同技术典型应用场景

主轴箱是数控机床的关键部件之一,它直接与传动机构、刀具、滑枕等相连,同时也直接承载着切削力。主轴箱的质量对数控机床的加工精度、加工效率、使用寿命等有重要影响。本小节以数控机床主轴箱为例,阐述 DMS 一体化协同技术在其设计、制造、运维过程中的典型应用场景。

1. DMS 一体化协同技术在主轴箱设计过程中的应用

主轴箱设计流程主要包括:绘制原始依据图、主轴箱设计与动力计算、传动系统设计与计算、参数计算、主轴箱坐标计算等[197]。基于 DMS 一体化协同技术的主轴箱设计架构如图 8-2 所示。

(1) 绘制原始依据图 通过"三图一卡"绘制原始依据图,以确定主轴箱各传动件的结构、装配关系,为后续设计做准备。"三图一卡"指被加工零件工序图、加工示意图、机床总联系尺寸图和生产率计算卡,以此为依据构建机床主轴箱设计的原始依据图,从而获得主轴箱设计的原始要求和已知条件,包括主轴

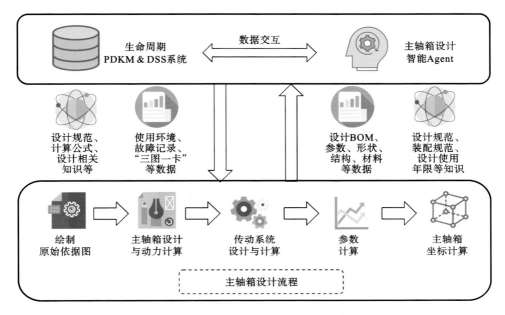

图 8-2　基于 DMS 一体化协同技术的主轴箱设计架构

箱外形尺寸、工件轮廓尺寸、工件材料、加工表面要求、各孔位置尺寸、工件与主轴箱相对位置尺寸、各主轴转速和转向及其他主要参数等。

（2）主轴箱设计与动力计算　包括主轴结构形式的选择及主轴直径与齿轮模数的初步确定。通过 PDA、RFID 阅读器、数据采集卡等智能 Agent 在运维服务阶段采集并获取机床加工类型信息，结合从已构建的知识库中查询得到的主轴轴向切削力，可确定主轴结构形式。主轴直径及齿轮模数由知识库存储的现有常用工艺资料及相关计算公式初步确定。

（3）传动系统设计与计算　通过一定的传动链把主轴箱驱动轴的动力、转速按要求分配到各主轴，包括主轴分布类型和传动系统设计方法的选择。通过主轴箱设计智能 Agent 得到产品加工数据，由生命周期 PDKM & DSS 系统分析对主轴运动精度、速度、振动强度等需求，从而确定主轴分布类型。传动系统设计方法则由知识库中的设计要求、设计方法及计算公式等知识及制造过程中交互的工艺工装、装配难易程度等数据确定。

（4）参数计算　通过计算齿轮及轴强度、刚度等关键参数对传动系统进行校核。现有的主轴箱动静态特性分析的一般流程是建立有限元模型、模型施加载荷、有限元分析求解、数据处理分析、动静态特性评价等[198]。通过 DMS 一体化协同技术，产品的制造数据、运维数据等将反馈到设计过程中，从而为传动系统及主轴箱结构的评价和校核提供多维度、多视角、全过程的数据支持。同时，从这些制造和运维反馈数据中抽取的与设计相关的知识，可有效促进下一代数控机床主轴箱设计的改进与优化。

（5）主轴箱坐标计算　包括主轴箱坐标系原点的确定、主轴坐标计算和传动轴坐标计算等，是机床加工精度达标和齿轮正确啮合的保证。主轴坐标通过知识库中的"三图一卡"及基于前者绘制的原始依据图进行计算和验算，主轴箱坐标系原点和传动轴坐标按照知识库中的规则或计算方法确定。设计阶段的图纸、设计 BOM、设计指标等数据通过 PLM 智能 Agent 及生命周期 PDKM & DSS 系统与主轴箱生产制造和运维服务阶段共享，保证了各个环节业务的协同进行。

2. DMS 一体化协同技术在主轴箱箱体制造过程中的应用

主轴箱加工工艺繁多且复杂，其箱体制造过程可分为以下几个阶段：毛坯确定、粗加工、半精加工、精加工[199]。其中，毛坯确定包含箱体毛坯种类的选择、毛坯形状及尺寸的确定。基于 DMS 一体化协同技术的主轴箱箱体制造架构如图 8-3 所示。

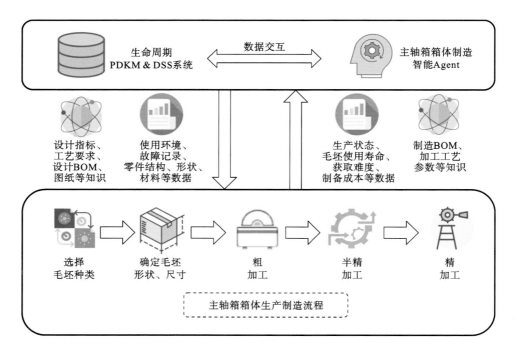

图 8-3　基于 DMS 一体化协同技术的主轴箱箱体制造架构

（1）选择毛坯种类　毛坯种类会直接影响箱体成品的质量，常用的毛坯件有铸件、锻件、焊件、冲压件等。基于 DMS 一体化协同技术，产品生命周期各阶段的信息和知识能够实现互联共享，进而可通过设计阶段的零件材料、结构、形状等历史信息，以及生命周期 PDKM & DSS 系统反馈的运维阶段的使用环境信息选择毛坯种类。

（2）确定毛坯形状、尺寸　毛坯形状及尺寸对毛坯材料的使用寿命、加工制造成本等至关重要。通过主轴箱设计阶段共享的主轴箱形状、尺寸信息以及后续加工阶段主轴箱制造 Agent 反馈的加工余量、加工工艺等信息综合确定毛坯的形状、尺寸。毛坯尺寸越符合加工要求，毛坯材料的使用寿命就相对越长，但制造成本会相应增大。以加工阶段主轴箱的历史制造成本数据和通过 DMS 一体化协同技术共享的设计阶段的设计指标、运维服务阶段的实际使用寿命等数据为支撑，优化毛坯尺寸的选择，在确保零件的使用性能的基础上，可确保生产制造的经济性。

（3）粗加工、半精加工、精加工　铣、镗、倒角、钻孔、攻丝等加工工艺贯穿于主轴箱加工制造的各个阶段。粗加工阶段主要切除各表面上的大部分加工余量，使毛坯形状和尺寸接近于成品，高质量的粗加工可以为后续精加工操作奠定良好的基础。粗加工阶段能够及时地发现所加工毛坯料的不足之处，并且予以及时处理，避免对后续加工工时造成影响。半精加工阶段完成次要表面的加工，并为主要表面的精加工做准备。精加工阶段主要是切除少量的加工余量，主要目的是保持零件的形状、位置、尺寸精度及表面粗糙度都应达到图纸要求。在传统的加工过程中，各阶段具体的操作及流程计划以人工作业为主，对工人的经验依赖严重。通过 DMS 一体化协同技术，对实际制造过程中产生的海量数据进行分析，并结合熟练工人的操作经验，将其筛选提炼为知识，通过生产制造智能 Agent 上传到生命周期 PDKM & DSS 系统，为后续加工阶段提供知识支撑，可实现制造过程的不断优化。

基于 DMS 一体化协同技术的主轴箱箱体的制造过程以不断积累的历史制造知识以及设计、运维阶段的历史设计指标、图纸、使用材料、装配规范、工艺要求、产品运行状态、产品履历、故障记录等为参考，可以在很大程度上提高数控机床的生产效率。同时，可将生产制造阶段产生的工艺、成本等数据与设计阶段交互，促进主轴箱产品设计的改进与优化，使得原有的封闭串联生产模式转为开放并联模式，促进制造流程的更新优化和制造能力的快速升级。

3. DMS 一体化协同技术在主轴箱运维服务过程中的应用

主轴箱是数控机床的核心部件，一旦出现异常，将严重影响制造企业的生产效率,甚至会造成巨大的经济损失。本节从全生命周期管理的角度出发,阐述 DMS 一体化协同技术在数控机床主轴箱运维服务过程中的应用。基于 DMS 一体化协同技术的主轴箱运维服务架构如图 8-4 所示。

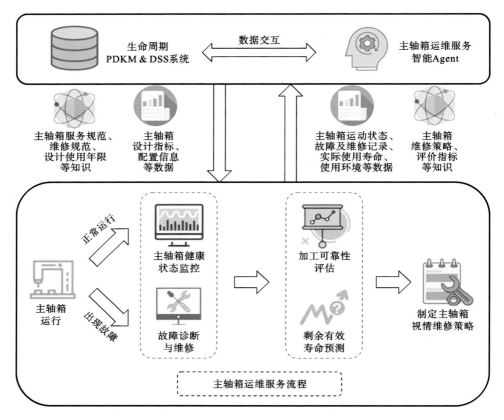

图 8-4 基于 DMS 一体化协同技术的主轴箱运维服务架构

(1) 主轴箱运行 数控机床的主轴箱等关键零部件在设计、制造完成后会给出相应的设计使用年限,但投入使用的关键零部件实际使用年限往往与其设计使用年限有一定出入,这主要是现场操作人员对设备使用、维护能力的差异所导致的。通过生命周期 PDKM & DSS 系统,数控机床操作人员和维修维护人员可以及时获取并查看设备在设计、制造阶段共享的设备使用及服务规范等信息,结合知识库中历史的和不断更新的运行维护知识,可为设备的规范使用提供指导。

(2) 主轴箱健康状态监控 机床在使用过程中,通过主轴箱运维服务智能

Agent对主轴箱状态进行检测,获得其运行过程中的振动、电流、噪声、温度、速度等信息,结合所生产产品的质量、加工精度信息,并通过生命周期 PDKM & DSS 系统对所采集的信息进行处理和分析。以处理后的实时信息为依据进行产品加工可靠性评估、主轴箱关键零部件剩余有效寿命预测等,从而尽早发现异常信息并制定应对策略,避免突发故障带来的经济损失和整机损伤。此外,运维过程中产生的海量数据经处理、分析形成的动态知识库,可作为主轴箱运行、维修策略制定的依据。

(3) 故障诊断与维修 当主轴箱出现故障后,需要对其状态监测信息进行深入分析,以精准定位故障。然而,随着主轴箱运维能力的不断提升,其故障发生的频率呈下降趋势,故障信息的获取速度也随之降低。因此,在对故障信息进行分析时,需结合主轴箱历史履历中的全部故障数据,并基于历史维修记录和维修知识,精准制定维修策略,实现异常状态快速反应,最小化因故障而造成的损失。同时,通过生命周期 PDKM & DSS 系统共享故障诊断、维修记录等数据,并将其反馈到设计、制造阶段,有助于促进主轴箱设计的改进和制造工艺的优化,保证各个环节之间的高效协同和联动。

(4) 加工可靠性评估、剩余有效寿命预测 以加工可靠性和剩余有效寿命作为制定维修策略的两项依据,其中加工可靠性通过对主轴箱运维服务智能 Agent 采集的产品质量、加工精度与设计、制造阶段共享的设计指标、质量检测等信息进行实时对比得到;剩余有效寿命预测结果由运维过程中采集的失效数据和退化状态数据实现[200]。两项指标是主轴箱运行状态实时评估的可靠数据支撑,可为主轴箱维修策略的制定提供参考依据。

(5) 制定主轴箱视情维修策略 基于生命周期 PDKM & DSS 系统交互共享主轴箱维修规范、服务规范、配置信息等,可实现主轴箱维修策略的初步制定。同时,基于 PLM 智能 Agent 获取的主轴箱健康状态实时监控信息,结合加工可靠性、剩余有效寿命等评价指标以及故障诊断、维修策略等历史信息,可以不断优化产品的维修策略,最终实现对主轴箱的视情维修,从而避免事后维修的高昂成本和定期维修的过度维修等问题。

8.1.3 机床制造行业 DMS 一体化协同技术应用方案

为促进 DMS 一体化协同技术在机床制造行业的落地应用,本小节以实现上述典型应用场景为主线,以第 2 章所提出的 DMS 一体化协同体系架构为基础,提出了一种面向机床制造行业 DMS 一体化协同技术应用方案,如图 8-5 所示。考虑到不同制造企业、不同类型、不同结构机床的设计、制造、服务过程会

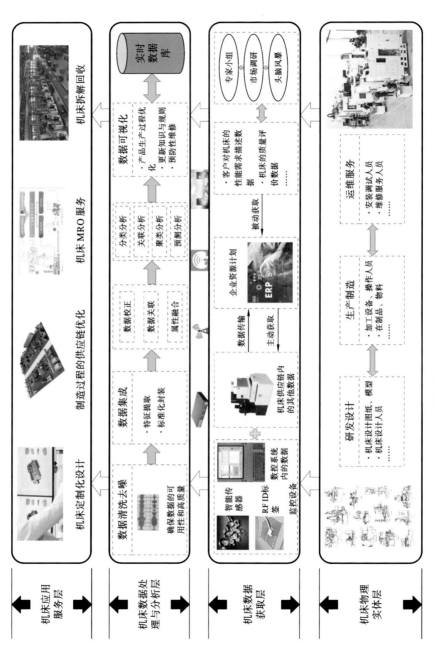

图 8-5 机床制造行业DMS一体化协同技术应用方案

存在一定的差异,本应用方案仅涉及和探讨针对机床制造行业的一些通用功能模块。该方案主要分为四个层级,分别为机床物理实体层、机床数据获取层、机床数据处理与分析层和机床应用服务层。

1. 机床物理实体层

本层主要包含机床研发设计阶段的机床设计图纸、模型,设计人员等,生产制造阶段的机床装备、工模量具、加工设备、操作人员以及在制品和物料,运维服务阶段的机床零部件、安装调试人员、维修服务人员和监控系统等物理实体。基于 DMS 一体化协同技术,不仅可以实现机床全生命周期各阶段多源异构数据的交互共享,而且保证了各阶段的信息传递与反馈,进而提升各阶段业务的高效协同与联动。机床全生命周期各阶段的信息交互机制如图 8-6 所示。

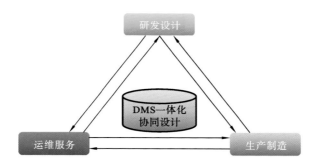

图 8-6　机床全生命周期各阶段的信息交互机制

DMS 一体化协同技术的目标就是实现产品全生命周期各阶段的信息交互,改善机床各阶段的业务流程,保证各阶段业务的无缝对接,为企业管理提供决策支持,最终提升机床产品的竞争力。机床各阶段间传递和反馈的主要数据与信息如表 8-1 所示。

表 8-1　机床各阶段间传递和反馈的主要数据与信息

信息流	正向传递的数据	反向反馈的信息
设计—制造	机床特殊功能需求,机床整体设计文件,制造工艺要求,机床加工种类,特殊参数设置,机床设计 BOM	机床订单信息,实践制造 BOM,制造异常信息,实际制造工艺,机床生产计划,机床销售数据
制造—运维	制造 BOM,特殊制造要求,机床配置信息,机床生产状态,机床特殊材料,实际生产订单信息	机床运行状态参数,机床故障类型、位置,维修策略,机床应用场景,机床零部件更换信息

续表

信息流	正向传递的数据	反向反馈的信息
设计—运维	机床维修、服务标准,机床使用要求与设计指标,机床使用年限,机床的服务记录评价信息	用户反馈、投诉、支持信息,机床故障记录(故障原因、机床类型、故障频率等)以及维修信息(次数、成本、方法等)

2. 机床数据获取层

本层旨在获取机床生命周期各阶段内的多源异构数据。DMS 一体化协同技术能够解决传统数据获取方式所带来的时效性差、准确性低、效率不高等问题。将 RFID 标签、智能传感器等智能装置安装在部分可移动的机床制造资源上,使得部分物理实体在各个阶段的状态数据能够被实时获取。同时,通过在一些固定的物理实体上安装 RFID 阅读器、天线等,保证资源的物物互联与数据的主动感知。采用分布式控制系统、可编程逻辑控制器、机床自带的数控系统等,并依靠上位机完成机床运行过程数据的自动获取。由于用户使用评价、用户服务需求等使用过程信息分散且难以自动、实时获取,因此需要通过市场调研、专家小组、头脑风暴等方式被动收集。

3. 机床数据处理与分析层

机床数据获取层采集的数据来源于不同的场景,质量难以保证,存在较多的重复、无效、缺失、错误的数据。此外,在不同阶段数据采集的方式或系统存在差异,所以获得的数据格式也不统一。因此,对原始数据进行处理是不可或缺的环节。

为了提高数据的质量,可以根据所采集数据的特点采用缺失值清洗、错误值清洗或相似重复记录清洗等方法来执行清洗操作。而制造业常用的 ETL(extract-transform-load)数据清理技术能够很好地完成数据清洗工作,它对获取到的多源异构数据进行清洗、转换并加载到数据仓库从而完成数据的预处理。清洗后的数据包含设计维、制造维和服务维数据,同时也有结构化、半结构化和非结构化之分。因此,可以采用线性主成分分析、独立成分分析、核主成分分析等方法,对机床整个生命周期过程中各阶段数据的特征及关联关系进行提取以完成数据降维、集成等操作,进而对不同特征的数据实施标准化封装,完成数据校正和属性融合。

数据分析是 DMS 一体化协同技术应用的重点。在数据获取与处理的基础上,通过分类、关联、聚类、预测等数据分析技术,帮助机床制造企业挖掘隐藏在海量数据中的信息与知识,并对机床整个产品生命周期的信息与知识进行可视化表示,从而为设计、制造、运维阶段的业务协同提供理论支持、反馈信息、决策知识等。最后,将经过处理后的数据及通过分析发现的知识分别存储在分布式数据库系统和产品知识管理系统中,为制造企业甚至机床制造行业数据的传递交互以及知识的共享应用提供可靠、可复用的数据与知识。

4. 机床应用服务层

本层的主要任务是将机床数据处理与分析层获得的信息与知识提供给机床的设计、制造、运维等生命周期阶段。例如,基于 DMS 一体化协同技术,机床设计阶段的信息与知识能够为制造阶段的生产计划制定、生产系统配置以及运维阶段的维修策略优化、备件备品预测等提供信息;机床制造阶段的信息可以为设计阶段的机床改进升级需求变化分析、供应商选择以及运维阶段的机床操作指导、维修保养方案等提供支持;机床运维阶段的信息能够反馈支持设计阶段的产品创新与改进以及制造阶段的机床质量提升、生产工艺优化等。结合DMS 一体化协同技术在机床制造行业的应用需求和应用场景,本层主要包含机床定制化设计、制造过程的供应链优化、机床 MRO 服务、机床拆解回收等。这些应用服务内容以机床全生命周期各阶段的数据为基础,能够实现机床制造行业的知识共享反馈以及整个生命周期制造服务的开放协作。

8.1.4　机床制造行业 DMS 一体化协同技术应用实例

结合当前重型机床设备的转型需求以及机床设备生命周期管理模式的现状与发展趋势,针对重型机床所具有的应用价值大、使用寿命长、信息管理难等特点,武汉重型机床集团有限公司采用了基于 MRO 的 DMS 一体化协同模型[201],该模型能通过实现重型机床的设计、制造、维护和服务一体化,来辅助公司实现机床的创新设计,提高车间的生产效率,提升机床的可靠性和智能化程度,延长重型机床的工作时间和使用寿命。

武汉重型机床集团有限公司所采用的 DMS 一体化协同模型主要包括三个模块:重型机床设备 DMS 闭环集成系统模块、重型机床设备的智能闭环操作模块和重型机床设备智能闭环维护模块。关键技术包括:数据访问和传感技术;产品全生命周期数据管理技术;DMS 数据融合、处理和远程传输技术;DMS 一体化和知识云服务技术;基于数据反馈的产品设计和工程设计技术;ECU(embedded central unit)智能诊断和自适应技术;基于维修闭环的远程故障诊断和健康状态分析技术。

1. 重型机床设备 DMS 闭环集成系统模块

基于知识云的重型机床设备 DMS 闭环集成系统,是通过研究数据闭环支持算法,使 DMS 系统能够自动分析数据,提高数据反馈和前馈效率,为研发、设计、运维和其他服务提供数据支持。该系统采用了面向服务的知识云体系结构开发核心组件和引擎,通过面向产品全生命周期的统一业务对象建模技术,支持模型驱动和可配置性,支持基于组件和基于物料清单的生产线,从而实现了产品全生命周期中各种业务和数据的协同管理。该系统以基于流程和项目管理的业务管控作为实现跨区域协作的主线,形成了集设计、制造、服务各阶段数据反馈于一体的闭环管理系统。通过基于 DMS 一体化协同的反馈数据,实现了产品设计的高效化、个性化和节能化,并为复杂关键零部件提供工程设计服务,从产品设计和工程设计两个方面优化重型机床设计,提高了重型复合机床设计的可靠性,延长了其使用寿命。

2. 重型机床设备的智能闭环操作模块

针对重型机床设备缺乏自适应性的现状,在重型机床设备的智能闭环运行情况下,通过多源异构数据的实时传感技术实现产品的动态监控,进而通过数据融合处理技术,消除数据冗余和无效部分。武汉重型机床集团有限公司采用 DMS 一体化协同模型,通过研究基于设备 ECU 智能诊断技术,建立了异常状态与故障模式之间的映射关系,实现了机床的快速维护。同时,该技术能够面对突发异常情况采取智能、安全的启停措施,确保设备和人员的安全。重型机床设备的智能闭环操作模块通过开发 ECU 环境下的自适应技术,自动调整设备的相关参数,减小重型机床的热变形误差和切削力误差,保证了加工精度和加工质量,并降低了环境对加工过程的影响,提高了重型机床的加工稳定性。

3. 重型机床设备智能闭环维护模块

重型机床设备智能闭环维护模块开发了基于机床维护的知识云管理技术,通过构建海量数据间关联复杂的 DMS 信息模型,建立基于历史数据的 DMS 知识表达和采集方法,以收集和获取与故障诊断相关的知识和经验。武汉重型机床集团有限公司通过 BOM 驱动的 DMS 计划和流程管理技术,在运行管理方面,基于专家系统、数据挖掘、故障树等技术,建立了维护知识与故障模型之间的映射关系;在运维服务方面,通过基于知识的复杂设备健康状态分析与故障诊断技术,结合机床的历史运行状况、实时运行状态和操作环境等因素,提取设备状态特征,建立状态评估模型,以分析、确定和评估设备的当前状态,预测设备状态变化和发展趋势。

上述内容介绍了武汉重型机床集团有限公司 DMS 一体化协同模型的应用场景、主要模块及关键技术等，接下来将围绕 MRO 系统功能框架、DMS 业务对象与业务管理流程、DMS 一体化协同系统平台架构三个方面对该公司的 DMS 一体化协同模型以及该模型的基本架构做进一步的分析阐述。

1）MRO 系统功能框架

设备维修是一个跨部门的协作流程，由于维修过程中会涉及多个学科的知识，且机床的维护、维修、运行服务需求不确定，因此需要通过 MRO 系统把各个部门的功能进行集成。同时，由于机床的维修业务复杂，系统开发会涉及不同的领域，因此需要将整个系统划分为多个子系统来开发，然后对子系统进行整合。构建系统的整体框架不仅可以为开发者提供系统性思维来分析模块，而且可以直观地展示各个子系统的作用以及它们之间的业务关系，为子系统的开发和不同业务的整合提供帮助。基于上述考虑，围绕机床设备的维护、维修等业务，武汉重型机床集团有限公司设计了一种 MRO 系统功能框架，如图 8-7 所示。

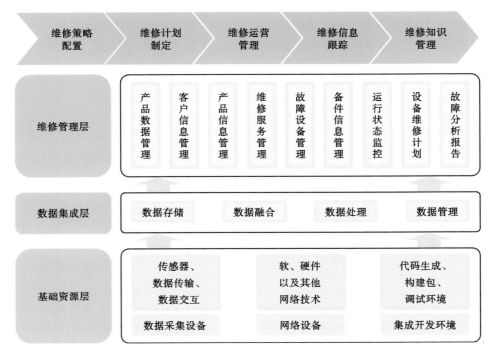

图 8-7　MRO 系统功能框架

在图 8-7 中,MRO 系统功能框架主要包含三个部分,分别是基础资源层、数据集成层、维修管理层。其中:基础资源层是 MRO 系统的底层,由数据采集设备、网络设备和集成开发环境组成;数据集成层为 MRO 系统提供数据支持和知识支持;维修管理层根据具体面向的产品进行功能设计和配置,以实现不同的应用服务目标。

(1)**基础资源层** 通过机床自身控制系统和周围环境中分布的传感器监测并采集运行状态数据和环境数据,进而使用数据传输设备实现数据的传输和交互。网络设备包括数据库、服务器、软硬件设施设备以及其他网络技术,其功能是实现数据的高效和可靠传输。集成开发环境主要包括代码生成、构建包和调试环境等。

(2)**数据集成层** 通过数据处理平台实现数据存储、数据融合、数据处理和数据管理。在此基础上,可利用知识获取、知识识别、知识演化等技术,提取机床设计、制造、维护等生命周期各阶段的知识,并与专家系统结合,形成可高效复用、持续更新且覆盖机床设备全生命周期的知识体系,为维修维护业务提供决策支持。

(3)**维修管理层** 基于大数据分析和知识提取技术,维修管理层对知识数据进行功能化,为客户提供产品数据管理、客户信息管理、产品信息管理、维修服务管理、故障设备管理、备件信息管理、运行状态监控、设备维修计划、故障分析报告等多种服务功能。

MRO 系统的整体运行流程阐述如下[202]。

(1)**维修策略配置**:根据被监控设备的故障状态,从维修方案库中依据维修策略检索合适的方案,并调用生成维修需求,相关技术包括维修策略管理技术、维修需求管理技术。

(2)**维修计划制定**:根据维修需求制定维修计划,与客户协商确认维修时间、安排维修人员调度、维修备件调度等,相关技术包括维修计划管理技术、维修人员调度技术。

(3)**维修运营管理**:根据确定好的维修计划,派遣相应员工携带所需备件与维修工具到现场对设备进行维修,相关技术为维修过程管理技术。

(4)**维修信息跟踪**:将实际的维修情况进行文字总结,对事件进行梳理后将情况报告给管理者,并按照不同的情形将维修信息分类记录在系统中。

(5)**维修知识管理**:对实际维修遇到的情况进行记录、归纳,方便后续维修的调整与改进,通常包括维修员工、设备故障状况、维修方式、维修结果等信息,相关技术为维修知识库管理技术。

2）DMS 业务对象与业务管理流程

用于机床的 DMS 一体化协同系统平台是在 MRO 系统功能框架基础上设计的，其业务对象主要包括三个类别：制造端、服务端和客户端。制造端由设备开发和生产公司、供应商和外部制造企业组成，主要负责生产备件、辅助维护数据与知识等。服务端是设备运营和提供维护服务的公司或部门（运营和维护部门、售后保护部门等），负责日常设备维护服务，同时在保修期或类似期间提供有偿维护服务。客户端主要是操作使用机床设备的利益主体。DMS 一体化协同系统平台下三种不同类型业务对象之间的业务逻辑如图 8-8 所示。

制造端经过产品研发和生产检测，为服务端提供安装调试和技术指南，并根据服务端和客户端的维修反馈对生产计划与生产要素调度进行调整，改进优化生产环节。

客户端购买设备后，服务端会进行设备的安装调试和技术培训，并确保设备在客户管理下能够正常运行。服务端根据客户的设备使用情况和现有的维护资源制定维保计划，并将相关信息提交给客户确认。同时，为有远程监控需求的客户提供远程设备监控服务。

设备在制造端的预防性保护限制下由客户端操作使用，服务端通过 DMS 系统的远程监视和故障诊断功能，监控开关量、状态量、操作行为和设备运行的操作环境。监测数据由 ECU 故障诊断系统进行处理，进而进行故障分析和模式识别，确保设备操作与运行的整体性能。

当设备需要检修或检测到故障即将发生时，服务端需要提供维修服务。DMS 系统将启动维修服务管理功能，制定维修保障计划，执行维修服务调度相关的操作，并通知开发方和维修相关人员调度维修资源实施维修任务，将维修计划上传给业务执行系统。

3）DMS 一体化协同系统平台架构

面对武汉重型机床集团有限公司现有机床设备的复杂、重型、长寿命等特点，DMS 一体化协同模型可以将机床在不同阶段所涉及的区域和利益相关者串联起来，克服和降低企业在提供跨时空设备运行支持和维修维护服务过程中的困难和挑战难度。

DMS 一体化协同系统平台架构总体分为三层，分别是信息层、数据层、控制层，如图 8-9 所示。其中信息层是对业务数据的收集与整合，数据层是对业务数据的处理与分析，控制层是对核心业务的决策与管理。

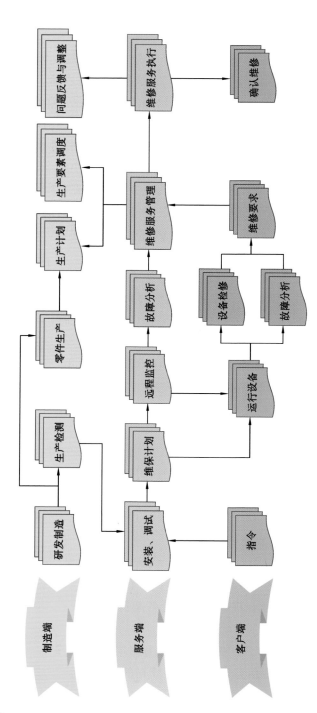

图 8-8 DMS一体化协同系统平台业务逻辑

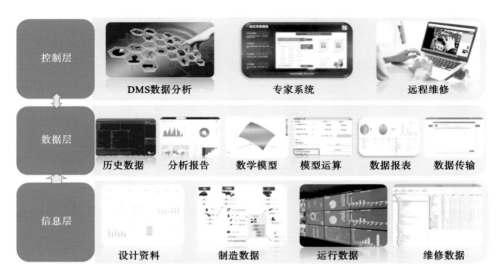

图 8-9　DMS 一体化协同系统平台架构

信息层的主要功能是基于可编程逻辑控制器、传感器和嵌入式软件等物联网技术，通过采集和融合运行参数、维修数据等业务数据对机床进行健康状况评估、机床故障预测等。同时，也为机床的迭代更新、预测性维护、维修业务决策等提供数据支持。

数据层的主要功能是在信息层的基础上，存储历史数据、生成分析报告、构建数据模型、驱动模型运行，辅助用户对机床的制造、设计和维修业务实施信息化、智能化管理。

控制层主要是通过 DMS 数据分析、专家系统和远程维修等手段来评估和预测机床的运行状态、优化机床设备设计、调度制造资源、优化维修计划与维修过程等。

由于大多数重型设备结构复杂、工况各异、工作环境恶劣等，因此采集和分析与其运行状态相关的数据较为困难，也难以直接分析设备性能的降级分布。而基于 DMS 一体化协同模型可以通过对设备的历史数据进行统计分析，探究使用过程中系统组件的性能、寿命变化以及相应的故障风险。并根据制造端和服务端的数据分析机床的寿命分布，依据总结的经验和结论做出科学的决策，进而实施预防性维护。该模型将引领重型机床行业与"互联网＋制造"模式和智能制造技术融合的发展趋势，并有助于加强重型机床设备的改造和智能服务的升级。不仅如此,DMS一体化协同模型将通过与绿色制造、共享制造以及交互服务相结合,进一步推进机床行业设计、制造、服务一体化协同技术的发展,这将显著提高机床价值和智能化水平,扩大客户资源,从而在智能制造技术以及创新领域发挥主导作用。该模型在项目中实施后,大大降低了故障诊断和维修售后的服务成本,并通过收集机床大数据形成了丰富的产品设计、制造和故障诊断知识库,为机床设备的创新设计、智能服务提供了支持。

8.1.5 机床制造行业DMS一体化协同技术应用趋势分析与展望

近年来,受益于国产汽车、航空航天、船舶制造、电力设备、工程机械等行业的快速发展,国内对机床尤其是数控机床产生了巨大需求,截至2020年底,我国机床保有量达到800万台左右,机床产业总值位列全球第一。巨大的市场需求和使用规模,为机床制造行业的高质量与创新发展带来了诸多难题和挑战,也为推进机床制造行业的DMS一体化协同提供了契机。

长期以来,机床制造行业的发展主要以实现机床产品在使用服役期间的高效率、高精度、高自动化等为目标,而忽略了如何通过设计、制造、使用、维护等生命周期各阶段间数据与知识的交互共享,提升机床产品全生命周期的管控能力,优化整个产业链和供应链结构,进而促进行业可持续发展的问题。伴随着协同制造、智能制造等先进制造模式的兴起,生命周期大数据与知识混合驱动的设计-制造-服务一体化协同技术将成为机床制造行业的一个主要发展趋势。通过收集和分析机床运行过程中的性能数据,识别其设计的薄弱环节和关键设计参数,并反馈到产品设计阶段,为新产品的研发以及产品的更新换代提供支持;在研发设计阶段开展机床的维修规划研究,通过将大量实时运行状态、历史故障记录、产品设计指标等数据以及产品设计知识介入运行与维修服务阶段,实现机床产品的优态运行和维修服务的主动响应等。

同时,随着物联网、人工智能、云计算、数字孪生等技术的迅猛发展,以设计自修正与自优化、制造自组织与自适应、服务自学习与自决策等为特征的DMS一体化协同技术必然是机床制造行业的发展趋势。例如,基于物联网、云计算、边缘计算等技术体系,实现机床产品全生命周期各阶段利益主体、异构制造资源、机床产品本身等物理对象在动态交互环境下的大规模协同联动;基于云架构开发机床控制系统,通过云端智能设计服务、云端智能制造服务、云端智能控制与运算服务、云端智能维护服务等技术,实现设计-制造-服务业务的开放式创新和一体化协同[203];通过在机床整个生命周期管理中应用数字孪生技术,促进其设计-制造-服务业务的高保真数字化仿真,实现全生命周期数据和知识的高效管控与共享重用,构建跨阶段、跨企业、多层次协同的生命周期管理机制。

8.2 轨道交通行业 DMS 一体化协同技术应用

轨道交通行业作为"制造强国"十大重点领域之一,是国之重器,也是我国装备制造的一张亮丽名片。作为一种典型的复杂工业产品,轨道交通产品在整个生命周期过程中涉及了铁路总公司、铁路局、运用所、检修基地、主机厂、部件供应商等多个业务主体,具有生命周期长、制造过程高度离散、多层次维修交叉、运维服务安全性要求高等特点。轨道交通产品在运行过程中,容易受到环境、气候、人为等多方因素影响,进而会造成其生命周期管理成本激增和运行安全难以保证的问题。同时,生命周期各阶段信息孤岛的存在,造成与轨道交通产品相关的大量新造、检测、运用、检修等数据难以得到有效利用。因此,目前轨道交通行业已逐渐由大规模"设计建造"模式向长期"设计建造与运营维护并重"模式转变,进而通过集成与共享轨道交通产品多阶段、多主体数据,积极探索"数据修车、量值修车"的检修模式和全生命周期业务的一体化协同技术,以促进轨道交通行业的高速与高质量发展。

8.2.1 轨道交通行业 DMS 一体化协同技术应用需求分析

截至 2020 年底,全国铁路营业总里程已达到 14.63 万千米,其中高速铁路总里程为 3.79 万千米。据交通运输部 2020 年发布的城市轨道交通运营数据显示,全国(不含港澳台)已有 44 个城市开通运营城市轨道交通线路 233 条,运营总里程已达到 7545.5 km。目前,我国已经建成了世界上最现代化的铁路网、最发达的高铁网和规模最大的城市轨道交通系统。随着"四纵四横"高铁网的提前建成,"八纵八横"高铁网正在逐步加密形成。

轨道交通行业具有典型的"三高"特征,即对于资金、技术和时间的要求都比较高。轨道交通产品一般具有结构复杂、价值高、技术含量高、生命周期长等特点,这些特点为轨道交通产品全生命周期内的数据和信息综合利用带来了巨大的挑战。如今,大数据、云计算、人工智能等新兴信息技术被广泛应用于工业界的各个领域,为实现产品生命周期内的数据高效流通与协同管理带来了可能。因此,如何运用这些新兴信息技术,打破轨道交通行业产业链上铁路总公司、铁路局、运用所、检修基地、主机厂、部件供应商等各个业务主体之间的信息隔阂,实现各类设计、制造、运行维护数据和信息的交互、共享、集成和协同管理,是轨道交通行业实现高质量发展的重要保证。以高速动车组列车产品为例,在其生命周期的不同阶段,对于 DMS 一体化协同技术的应用需求主要体现在以下几个方面。

1. 轨道交通产品的研发制造阶段

CR400 系列"复兴号"中国标准动车组的下线和正式投入商业运营,标志着我国引进和吸收国外先进高速动车组列车设计图纸和制造经验后,全面系统掌握了高速动车组列车设计、制造、运维过程中的核心技术。在此之后,我国相继自行设计研制了 CR400AF、CR400BF、CR300 等多种系列,适用于不同速度等级、具有自主知识产权的高速动车组产品,并已投入商业运营,实现了我国高速铁路建设从"引进来"到自主创新的转变。未来,为满足国内庞大的市场需求,我国还将继续自行研制新一代智能化高速动车组列车。

动车组列车作为一种典型的复杂工业产品,由牵引控制、网络控制、牵引电动机、车体、动车组总成、制动系统、牵引变压器、牵引变流器、转向架共 9 大关键系统,20 多万个零部件组成。动车组的研制过程需要集成多学科、多领域知识,由多部门、多企业协同完成。以动车组的设计过程为例,一般需要经历产品用户需求分析与识别,用户需求传递与分配,工程特性冲突分析与解决,设计方案产生、评价、择优等多个环节,涉及铁路总公司、设计院所、主机厂、零部件供应商等业务主体下辖的多个部门。在动车组列车的实际设计过程中,需要参考大量已有的设计知识、零部件结构方案、列车的制造与运行情况等,以实现产品生命周期各阶段数据、信息和知识的流通共享。例如,铁路总公司在确定新一代动车组产品的各种参数要求时,需要参考上一代已投入运营的动车组的实际运营情况,以综合整理出新一代产品的各种需求细节;总体设计单位需要准确地获取上一代动车组的实际运行数据,分析整理成为新一代动车组设计阶段众多设计参数的重要参考;零部件设计单位同样需要上一代零件加工过程中的生产数据以及实际使用过程中的运行状况等信息。由此可见,动车组列车的研制阶段伴随着生命周期各阶段数据的交流贯通以及信息的交互共享和集成应用,需要实现动车组列车设计、制造、服务的一体化协同,为整个研制过程的高效执行和管控提供环境。

2. 轨道交通产品的运维服务阶段

截至 2020 年底,全国铁路网动车组列车已上线运营 2980 组,其中大批量车辆已进入了维修保养阶段,整体检修成本较高。以 CRH380 型高速动车组为例,其进行一次高级维修的费用高达 2500 万元,而且其整个生命周期中维修与配件的花费是新车价格的三至四倍。同时,由于高速动车组列车具有乘员人数多、运行速度高、连续运行时间长等特点,其运行安全和维护问题一直是运营部门高度关注的重点,任何随机故障都有可能导致动车组发生重大安全事故。例如,2011 年 7 月发生的"7·23"甬温线特别重大铁路交通事故,共造成 40 人死亡、172 人受伤,中断行车近 33 小时,事故造成的直接经济损失高达 19371.65 万元,引发了严重的社会不良影响[204]。因此,对于已经大量投入商业运营的动车组列车,准确及时地掌握零部件的运行情况、综合评估动车组列车的运行状态、制定科学合理的维修计划,是确保动车组列车安全健康运行、降低动车组列车维修成本的关键。

据统计,我国高铁线网上平均每天有超过 4000 列动车组列车运行,每列动车组各大系统的运行状态由部署在列车上的上千个监测传感器实时监测,每辆列车每天会产生约 10 GB 的数据[205]。随着数据的积累,异地分散的各业务主体信息管理系统积累了大量的动车组新造、运用检修、监测等数据,其量级已经达到了 PB 级别。这些数据中所蕴含的大量可挖掘、有价值的信息是高速动车组在运维检修过程中的重要参考。然而据调研,目前针对高速动车组的运维检修以五级检修的计划预防性维修为主,对上述数据的分析应用不足,"数据过剩"和"知识匮乏"阻碍了"数据修车、量值修车"检修模式的发展,也造成了高速动车组精细化运维管理的困难。因此,在高速动车组的运维服务阶段,迫切需要通过设计、制造、服务的一体化协同实现基于全生命周期数据的个性化维修和预防性维修。

8.2.2　轨道交通行业 DMS 一体化协同技术典型应用场景

轨道交通行业 DMS 一体化协同技术典型应用场景包括基于 BOM 的生命周期数据集成、基于知识谱系的转向架定制化设计、面向故障维修的运维知识管理、基于需求特性分类预测的备件库存管理等。

1. 基于 BOM 的生命周期数据集成

在轨道交通行业中,检修作业应严格按照检修的相关技术规范进行,通常分为不同级别的检修作业。同时,对于不同级别的检修作业,其内容和范围也有所不同,如动车组包括 1～5 级维修,1～2 级维修为日常的维护保养,3 级维修为针对转向架的修理,4 级维修则是在 3 级维修的基础上进一步扩大检修范围和检修的深度,5 级维修则是对动车组整车的修理维护。对于同级别的检修,不同作业的内容和范围也会有所差异。每个动车组个体在运维阶段需要交叉进行多种层次的维修,这个过程中虽然积累了大量数据,但由于这些数据没有被有效地集成应用,实际检修服务中存在着缺乏可靠、可用检修数据支撑的问题。

动车组 MRO 质量管理体系涉及动车组全生命周期过程,其不仅含有与检修业务本身和产品质量相关的大量维修信息,还含有基于设计、工艺、制造等阶段的大量检修相关信息,这些海量的信息都由 BOM 基础数据进行支撑。BOM在生命周期的不同阶段是一个逐步形成与演进的过程。在此过程中,视角和数据表现形式在变化,而生产出满足需求的真实产品的目标是不变的。基于动车组产品的全生命周期,以实物 BOM 为核心,将动车组设计、工艺、采购、检验、制造、试验等一系列生产活动中对动车组产品产生影响的工程制造数据整合并有机地关联在一起,可为后续的质量追溯、运维服务等过程提供有效的、具有清晰关联关系的基础数据。

图 8-10 展示了基于 BOM 的生命周期数据集成基本架构。从高铁机车维修 BOM 参数信息体系结构来看,BOM 参数信息具有多样性、结构复杂性、动态变化性、关联性等特征。为此,提出工程 BOM→工艺 BOM→制造 BOM→服务

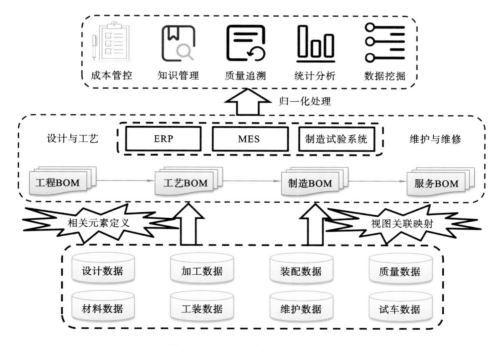

图 8-10　基于 BOM 的生命周期数据集成基本架构

BOM 的动车组 BOM 视图构建流程,其中除工艺 BOM 可以通过 CAD 和 CAPP 系统自动获得之外,其他各 BOM 视图基本采用手工方式建立。因此,不能保证各个 BOM 视图之间数据的正确性、完整性和一致性,这严重地影响了产品设计、生产和管理等过程的集成工作效率,从而会延长产品研发周期、提高产品生产成本等。针对这种情况,首先,可将部件元素分为虚设部件、中间部件、外协部件、外购部件等;其次,建立不同种类部件初始 BOM 视图(工程 BOM、工艺 BOM)和导出 BOM 视图(制造 BOM、服务 BOM)之间的映射关系,以实现不同 BOM 视图之间的转换。

图 8-11 展示了初始 BOM 向导出 BOM 转换的一个实例。通过不同 BOM 视图之间的转化和关联,可对 BOM 及相关数据变更的一致性进行有效管理,进而满足产品数字化定义、分型设计、系统集成等方面对 BOM 的应用要求。通过建立动车组工程 BOM、工艺 BOM、制造 BOM、服务 BOM 之间的详细映射关系,以产品的 BOM 结构层次为骨架对配置信息、维修资料等 MRO 信息进行系统组织和表示,可以对具有时变性的产品 MRO 过程数据进行动态处理、变更与控制,以便实现产品运维服务信息的一致性更改和反向溯源,为后续建立运维服务案例库与实施个性化运维服务提供数据支持。在此基础上,对于采用不同方式表述的动车组产品制造质量数据,如数字模型、图形、表单、文字和数字等,使用可扩展标记性语言(XML)进行归一化描述,实现相关知识与数据的共存、制造数据从分散系统到集中统一系统的转变等。基于上述架构实现工程制造知识分类、查询和管理等功能,可形成基于大量动车组制造工程历史数据进行统计分析、数据挖掘的能力。通过面向动车组全生命周期的质量管理业务进行 BOM 建模,可实现质量可追溯、质量成本可管控、质量数据的实时监控、质量相关数据的实时分析等具体功能。

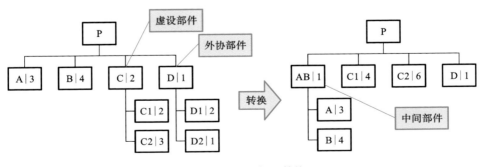

图 8-11　BOM 视图转换

2. 基于知识谱系的转向架定制化设计

转向架是高速动车组最核心的部件之一,负责车辆的正常运行、导向、承载、减振、牵引、制动等任务,其设计的合理性直接影响了高速动车组的安全和质量。动车组转向架具有的典型特征是:客户需求差异大、技术指标要求高、产品组成复杂、系统数量庞大、研发过程数据知识集成度高等。因此,转向架研制需要集成多学科、多领域的知识和系统,需要由多部门、多企业协同完成。转向架设计的一般流程如图 8-12 所示,设计单位获取客户需求,并对其进行分析,获取转向架使用的条件、功能,从而得到转向架的结构形式,对主要技术参数运行性能进行确定,在不同部门对转向架的关键部件进行选型和设计,综合所有的设计方案进行装配设计,最后进行系统动力学分析验证。

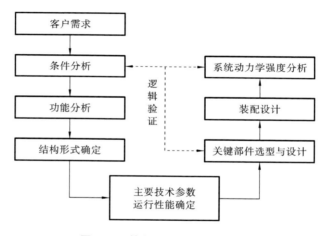

图 8-12 转向架设计的一般流程

转向架设计中最重要的是方案设计和技术设计。方案设计主要是根据任务书的具体要求,提出总的设计方案,确定技术参数、基本结构、轮廓尺寸等;技术设计主要是进行动力学分析和强度校核,对关键零部件进行试验仿真,并检验其性能。虽然不同型号的转向架的结构和质量要求各不相同,但也存在诸多共性特征,而且经过多年的设计研究,轨道交通产品企业也积累了大量的转向架及其零部件设计知识和设计方案,这为转向架的设计提供了丰富的知识支撑[206]。为满足不断提升的转向架设计与制造标准,需要对已有的设计资源和设计知识进行管理和维护,并尽可能获取更多转向架的运行与维护数据,为设计知识的更新迭代提供支持,进而提高设计效率、优化设计方案。

转向架的设计过程具有谱系特征,相同系列的谱系产品成员之间具有很强的关联性。为提升转向架的设计效率,需要提取谱系产品的遗传信息和扰动信息,即分析产品的共性技术特征和适应性技术特征[207]。基于上述信息和特征,在特定设计需求(如运行环境、运行速度等)下,可选择已有的谱系节点进行继承和变更设计,以加速转向架的研制过程。同时,基于 DMS 一体化协同技术,结合转向架全生命周期的集成数据,并根据制造和运维反馈数据对设计过程进行改进与优化,对设计方案的安全性与稳定性等指标进行评价,并对设计知识库中的共性和适应性技术特征进行更新迭代,为下一代产品的创新和优化设计提供数据和知识参考。

基于知识谱系的转向架定制化设计主要分为三个方面:高速动车组转向架设计谱系构建、产品模块特征知识库建立、产品设计方案生成与评价。

1)高速动车组转向架设计谱系构建

产品的共性特征主要用于研究产品模型构建及高速动车组转向架普适性的特征,承载了产品主要的遗传特性,主要从功能、原理和结构等维度去提取,以满足产品的基本要求,如运行稳定性、运行安全性等核心问题;产品的适应性特征主要用于研究基于需求差异引起的转向架产品模型变量变化的相关特征,其目的是确定产品设计方案在不同的条件下需要改变的适应性特征集合,例如从运行环境和轨道线路两个方面进行分析。因此,产品的谱系构建主要着力点在于分析产品的共性特征和适应性特征。通过借鉴谱系生物遗传学的思想,从高速动车组转向架的需求谱系、演化谱系和特征谱系三个维度建立其谱系模型,为后续知识库的建立提供基础。

2)产品模块特征知识库建立

在建立高速动车组转向架产品谱系的基础上,需进一步确定高速动车组转向架不同模块的产品模型特征。首先,基于不同规则(如属性、模块、拓展等)进行建模,实现模型的集成和结构化,并辅以示例库进行历史数据和运维数据的分析,对不同结构的特征和实例进行描述;其次,根据集成的产品知识,对设计对象的属性、信息、方法等语义进行分析,在设计空间完成不同区域模块的关系描述和映射,构建产品设计模型的矢量阵列描述;最后,分析各参数不同领域的影响权重,根据核心参数、重要参数和影响参数的层次形成参数阵列,结合矢量化、阵列化描述构造高速动车组转向架产品模型的矢量化表达。产品模块特征知识库的构建不仅可以实现高速动车组转向架设计模型的参数化有序有向表达,还可为后续的产品定制化提供数据和知识基础。

3）产品设计方案生成与评价

基于已经建立好的知识谱系，运用第 5 章中的运维数据与知识协同驱动的产品创新设计方法，对整个运维过程中的需求数据进行挖掘和分析，以知识为驱动建立产品模型，最终实现产品设计的创新。首先，利用需求层次模型对客户需求进行分析和获取，进而通过分析各维度利益相关者在不同运维环节的交互关系，得到产品的适应性技术特征，并确定各技术特征的优先级。其次，对产品进行质量特性分析，找到最基础的设计单元，根据已经建立好的知识库获取设计需求和产品模型设计参数之间的映射关系以及模块之间的匹配规则，实现转向架设计参数的定量分析以及设计知识的提取，确保设计方案的合理性和有效性；最后，基于 DMS 一体化协同技术所获取的产品制造、运行等信息与知识，从稳定性、安全性等方面对设计方案进行评价，并将设计方案各模块转化为设计实例，扩充到知识库中，为后续产品的更新换代提供支持。

3. 面向故障维修的运维知识管理

由于动车组运行环境复杂，在日常运营过程中难免会发生故障，因此如何保障动车组的安全高效运行是铁路总公司、铁路局、主机厂等利益主体重点关注的问题。而历史故障数据对动车组的检修服务以及制造过程的改进具有极大的参考作用。为此，基于 DMS 一体化协同技术，可设计一种动车组故障知识管理系统，该系统的主要功能是对现有车地通信、地面应用管理系统等接收到的大量数据及部分手工录入数据进行分类、整合处理，实现上下游数据、知识的共享与集成。综合利用当前车辆的运行状态信息、故障履历信息、产品的出厂技术信息和共性维修知识等，建立动车组故障知识库，实现动车组故障知识共享与集成应用，在各利益主体间进行知识交流，实现动车组关键零部件设计、制造、服务等业务的协同。所设计的运维知识管理系统参考框架如图 8-13 所示。

运维知识管理系统首先需要对车地通信系统所采集到的数据及部分人工录入数据进行分析、归类处理，并利用数据挖掘等方式得到规则集及事实集，进而对规则进行分析、存储和推导以建立知识库。当服务器接收到用户请求时，系统调用知识检索模块，从知识库中抽取相应的知识，通过一定的故障诊断、故障预测等过程，将诊断结果、故障发生的可能原因、应急措施等反馈给用户。

该系统主要面向检修段、动车组部件制造厂的工作人员等。检修段人员根据动车组产生的故障数据进行原因分析，通过系统提供的健康管理模块与故障字典及时了解动车组的故障与状态信息，通过知识检索获取故障发生的可能原因并逐步排除，进而可使用系统的故障预测模块合理安排维修计划。动车组部

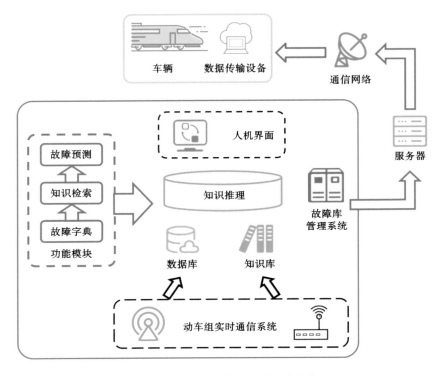

图 8-13   运维知识管理系统参考框架

件制造厂可通过该系统发现关键零部件在使用过程中的退化情况,通过系统的故障数据统计分析、数据挖掘等功能了解关键零部件材料、线路状况、速度、里程、使用时间等对产品使用寿命的影响,并以此为依据来改进零部件生产工艺,为零部件材料的选择提供依据。

4. 基于需求特性分类预测的备件库存管理

高速动车组车型的快速迭代和运营里程的增长,促使高速动车组备件库存与日俱增,从而导致了采购和库存成本的增加,闲置物资的比重也逐渐变大。但与此同时,因备件供应不及时而导致的维修延误平均时间也在不断增长。一方面备件库存的成本和闲置率居高不下,另一方面车辆维修过程存在备件缺货断货的风险。因此,动车组备件库存的合理管理成了高铁日常运营中的关键环节之一。

当动车组关键部件存在潜在的故障风险时就需要立刻进行更换,否则不仅会影响动车组的正常运行,还会威胁旅客的生命财产安全。因此,必须有足够的备件库存来应对因缺货而造成的残车风险。同时,动车组备件具有价格高、适用范围小的特点,所以价格波动对库存的影响十分显著。在供应链方面,高速动车组备件有订货渠道复杂、采购周期长的特点,如果管理不当,极易因缺件而降低动车组的利用率,还会因长期积压而占用大量流动资金,增加库存成本。据调研,目前动车组备件管理存在的主要问题有:备件供应市场过于垄断,导致备件价格高、供应效率低、创新能力下降等;备件库存分类方法与实际应用不符,当前备件管理的系统分类,依旧沿用传统的方式,需要探索更加符合实际应用场景的分类方法;部件采购周期长,库存数量根据经验制定,存在过期和过时的问题;备件发放时存在数据延迟、追溯性差等问题,难以进行高效的管理;备件管理系统信息之间相互独立,不能共享数据,导致生产与采购处于相互独立的状态[208]。

针对上述问题,基于 DMS 一体化协同技术,在动车组产品全生命周期数据的支持下,从需求预测的角度对备件进行分类,从而依据不同类别备件的历史数据对其需求进行动态预测,并给出相应的库存决策。这不仅可以解决实际库存管理中存在的备件种类繁多的问题,还可以充分利用历史数据进行基于需求预测的备件库存管理,进而可为制造商、供应商、服务商的业务决策提供更为科学的依据。

科学的备件类型划分是备件库存管理的基础,也是对备件进行系统高效管理和实施库存控制策略的基础。目前,针对动车组库存管理的分类方法有 ABC 分类法、Kraljic 矩阵分类法、四象限分类法和聚类分析分类法,其分类标准及缺点如表 8-2 所示。

表 8-2　库存管理分类方法介绍

分　类　法	分　类　标　准	缺　　点
ABC 分类法	以备件单价、产品数量为标准,对备件进行分类	依据指标单一,分类界限模糊
Kraljic 矩阵分类法	以备件的重要性、供应分析为标准进行分类,将物料分为战略型、杠杆型、瓶颈型、一般型四类	指标设立较为主观,难以量化,分类界限模糊
四象限分类法	基于 ABC 分类法,增加需求量作为分类指标	评价指标不够充分
聚类分析分类法	依据特定的标准,对数据进行不同的分类	初始聚类中心的影响因素过大,分类指标权重一致

在对需求进行分类之后即可对备件的类别进行需求预测,可利用同类备件需求的历史数据来预测备件订购提前期内的需求分布,如表 8-3 所示。对于连续需求,其分类方法有指数平滑法(exponential smoothing,ES)和指数加权移动平均法(exponential weighted moving average,EWMA);当存在间断性需求(也就是离散需求)时,可以根据需求的特性进行分析;当需求服从正态分布、需求间隔稳定时,可以利用 Croston 法进行预测,该方法预测精度相对较高;当备件订购提前期内的需求序列自相关但并不满足正态分布时,可采用 Willemain 方法进行预测;对于需求与装置检修相关的备件,可以采用整合预测方法(integrated forecasting method,IFM)[209]进行预测。基于本书提出的 DMS 一体化协同技术,在数据集成、知识扩充的过程中,可以提取到大量与备件需求相关的信息,如备件的维修方式、设备 BOM、预防性维修记录等,这些信息都为备件的需求预测提供了基础。

表 8-3　备件类别与对应的预测方法

备件类别	连续需求	离散需求(与装置检修相关)	离散需求(与装置检修无关)
预测方法	ES、EWMA	IFM	Croston、Willemain

8.2.3　轨道交通行业 DMS 一体化协同技术应用方案

为满足轨道交通行业对 DMS 一体化协同技术的应用需求,结合上述轨道交通行业 DMS 一体化协同技术的典型应用场景,本小节设计了一种 DMS 一体化协同技术在轨道交通行业的应用方案,其方案架构如图 8-14 所示,主要分为轨道交通产品全生命周期实体层、轨道交通产品大数据处理层、轨道交通产品知识集成管理层、大数据存储与管理层和应用服务层共五个层级。

1. 轨道交通产品全生命周期实体层

本层包括了轨道交通产品全生命周期资源、设备和利益相关者,其中具有代表性的有研发设计阶段的设计图纸/模型及产品设计人员;生产制造阶段的车间设备、设备操作人员;运维服务阶段的维修服务人员、备品备件供应商等。可实现轨道交通产品生命周期数据的感知与交互,为生命周期业务流程之间的无缝对接与协同管理提供数据基础。通过采用 DMS 一体化协同技术,打破轨道交通行业铁路总公司、主机厂、零部件供应商、运用所、检修基地等各个业务主体间的层级隔阂,实现数据和信息的互联互通。

轨道交通行业各业务主体之间由于客观的组织架构原因,形成了图 8-15(a)所示的业务主体关系,即铁路总公司下辖各铁路局负责动车组的运行工作,

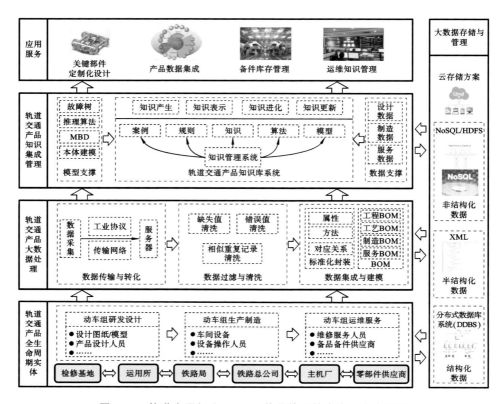

图 8-14　轨道交通行业 DMS 一体化协同技术应用方案架构

各铁路局下辖有车辆运用所和车辆检修基地,负责车辆的日常检修和保养;而铁路总公司负责从主机厂采购动车组,主机厂从对应的部件供应商采购动车组零部件。在这种组织架构下,数据和信息只能沿着对应关系相互交流。例如,当检修基地由于零部件维修问题需要与部件供应商联系时,需要以铁路局、铁路总公司、主机厂等多个业务主体为媒介,其沟通效率会大打折扣。而在 DMS 一体化协同技术的支持下,可打破轨道交通产品全生命周期各物理实体间的信息隔阂,实现各业务主体、各利益相关者数据和信息互联互通,如图 8-15(b)所示。

2. 轨道交通产品大数据处理层

本层在轨道交通产品全生命周期实体层的基础上,实现来源于不同阶段、不同数据采集装置、不同软件系统、不同业务主体数据的传输转化、过滤清洗和建模集成。轨道交通产品全生命周期中所产生和收集的数据具有不同的格式和类型,这些数据不能被企业和用户直接使用。因此,在对这些多源、异构的生

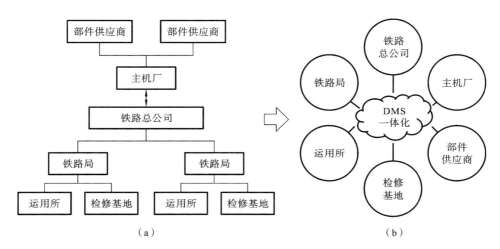

图 8-15　轨道交通业务主体的互联互通

命周期数据进行存储与分析前,首先需要对其进行数据处理工作。如图 8-16 所示,按照数据处理的流向和顺序,轨道交通产品全生命周期大数据处理层架构可根据其具体功能不同细分为三个模块:数据传输与转化、数据过滤与清洗、数据集成与建模。

（1）数据传输与转化　为实现轨道交通产品 DMS 一体化协同,首先需要获取其在设计、制造、运维各阶段的数据。然后基于 Profibus、CAN、IEEE802、Profinet 等通用协议标准和 WEB、Bluetooth、ZigBee 等传输方式,运用协议转换、协议解析等技术构建数据传输网络,实现数据的高效传输和格式转化。最后将数据存储于分布式数据库中,以便为后续的数据深入挖掘与分析提供可靠、完整的数据来源。

（2）数据过滤与清洗　从轨道交通产品制造、运行、维护等现场所获取的各类生命周期数据,通常存在大量的缺失值、错误值和异常值、不一致数据、相似重复记录等数据问题,需要对这些数据进一步清洗。本模块基于数据清洗的一般过程,缺失值处理可采用忽略元组法、数据填充法实现;错误值处理可采用基于规则/统计的错误检测算法实现;相似重复记录处理可采用近邻排序算法实现。

（3）数据集成与建模　为提高轨道交通产品全生命周期数据的可靠性与可用性,需要依据各阶段数据的属性、属性类型、数据属性间的对应关系等构建标准化数据模型,以实现轨道交通产品设计、制造、服务等阶段数据的标准化封装。同时,可通过各类 BOM 作为载体,建立以 BOM 为核心的信息传递与交互

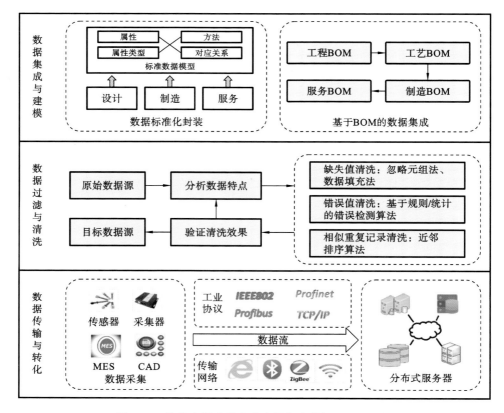

图 8-16　轨道交通产品全生命周期大数据处理层架构

机制,进而根据各类 BOM 在生命周期的不同阶段的逐步形成与演进过程,实现基于 BOM 的数据集成。

3. 轨道交通产品知识集成管理层

　　本层以轨道交通产品大数据处理层所得到数据为基础,利用故障树、推理算法、MBD、本体建模等技术,实现其全生命周期的知识集成管理。轨道交通产品知识集成管理层架构如图 8-17 所示。轨道交通产品知识集成管理以其设计、制造、服务数据为基础,基于故障树、MBD、本体建模和推理算法等技术,利用数据挖掘等方式得到案例、规则、知识、算法、模型等知识元,进而建立知识库。可综合采用知识图谱、知识管理、知识推理、知识检索等技术,实现知识的产生、表示、进化和更新,为上层应用服务提供知识基础。

4. 大数据存储与管理层

　　为确保轨道交通产品大数据能够被高效分析和重复使用,为架构中有数据

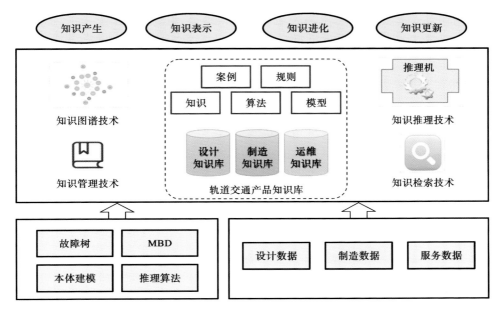

图 8-17　轨道交通产品知识集成管理层架构

需求的各层提供可靠、完整的数据支撑，进而实现横跨多个业务主体的数据共享与应用，本层对海量、多源、分散的轨道交通产品生命周期数据进行分布存储并统一管理。由于全生命周期数据的结构和形式存在差异，需针对不同结构和形式的数据采用不同的数据存储方案：采用分布式数据库系统管理和存储产品订单、运行状态等结构化数据；采用 XML 描述使用手册、工艺工装等半结构化数据，并将这些数据统一为标准化的数据格式存储于分布式数据库系统（DDBS）中；采用分布式文件系统和非关系型数据库等管理和存储设计图纸、服务方案文本、质量检测图片等非结构化数据。

5. 应用服务层

本层基于大数据分析技术，以集成应用的方式将得到的数据、信息、知识和关联关系等提供给生命周期各阶段的利益主体，实现横跨铁路总公司、主机厂、零部件供应商、运用所、检修基地等利益主体研发设计、生产制造、运维服务等多阶段数据的共享增值、知识的反馈应用和业务的协同联动。根据前文所提 DMS 一体化协同技术在轨道交通行业的具体应用场景，应用服务层主要包括以下几个方面：关键部件定制化设计，即通过对已有的设计资源和设计知识进行管理和维护，为下一代轨道交通产品关键部件的设计过程提供服务；产品数据集成,即将轨道交通产品设计、工艺、采购、检验、制造、试验等一系列生产活动中对产品产生影响的数据进行整合并有机地关联在一起,为后续运维服务提供有效的、具有强关联性的基础数据;备件库存管理,即以轨道交通产品全生命周期数据为基础,打破零部件供应商与产品使用主体之间的信息隔阂,实现备品、备件的信息共享和统一调度,以及供应链的闭环管理;运维知识管理,即通过对轨道交通产品实时运行数据的分类、整合处理,综合利用当前运行状态信息、故障履历信息、出厂技术信息等,建立轨道交通产品故障知识库,实现故障知识在各利益主体间的共享和交互。

8.2.4 轨道交通行业 DMS 一体化协同技术应用实例

本节以高速动车组转向架为例,阐述 DMS 一体化协同技术在轨道交通行业的应用实例,主要包括基于知识谱系的转向架定制化设计和基于故障树的动车组转向架运维知识库构建两个方面。

1. 基于知识谱系的转向架定制化设计

高速动车组转向架设计是典型的跨学科、多部门协作的过程。在此过程中,各部门信息沟通难度大,不同系统的数据难以有效交互,导致不同利益主体的协同存在着时间和空间上的限制;产品在运营、维修过程中的数据难以被设计阶段反馈利用,导致产品的更新迭代缺少信息和数据支持;难以对用户需求进行全面、科学的分析,用户需求也难以向产品功能特性准确映射,导致设计方案与实际需求存在偏差;设计阶段难以将用户需求和产品质量特性进行有效关联,因此难以得到契合实际需求的设计方案。针对上述问题,本小节采用基于数据与知识协同驱动的设计技术,在转向架设计初期就充分考虑用户需求、产品质量特性等因素,充分利用现有的数据与知识对设计需求、设计指标、设计参数等进行统一或标准化,从而避免了设计过程中出现的偏差或者冲突问题。此外,基于快速定制化设计技术,利用知识谱系进行设计方案的快速配置,进而基于变更设计充分考虑各种因素,缩短高速动车组转向架的研发周期,降低研发成本,并满足用户多样化、个性化的需求。

基于数据与知识协同驱动的转向架设计整体框架如图 8-18 所示,主要包括:信息模块、配置模块、知识库和应用模块四个部分。

(1)信息模块主要由设计需求、运维数据、模型数据和方案数据组成。图 8-19 介绍了高速动车组转向架设计共性技术指标的构建方式,共性指标的分析与建立可为满足转向架的基本运行需求提供支持;图 8-20 所示为高速动车组转

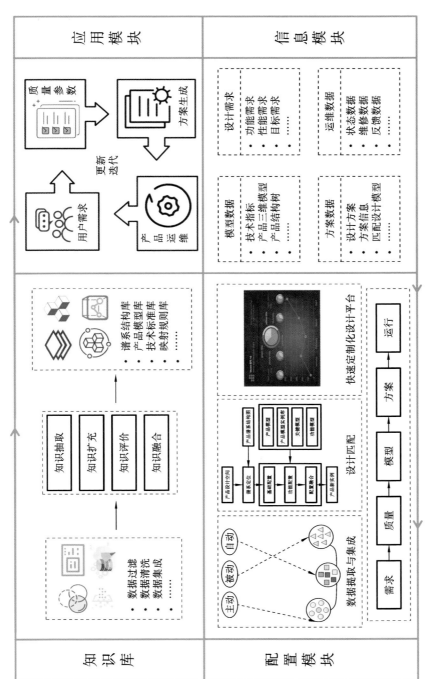

图 8-18 基于数据与知识协同驱动的转向架设计整体框架

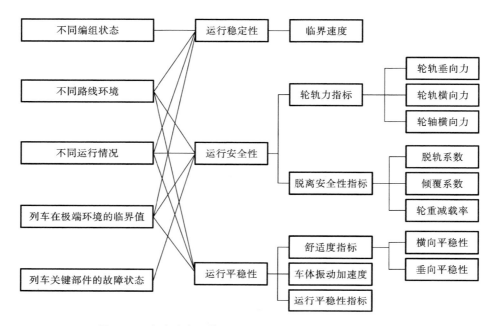

图 8-19　高速动车组转向架设计共性技术指标的构建方式

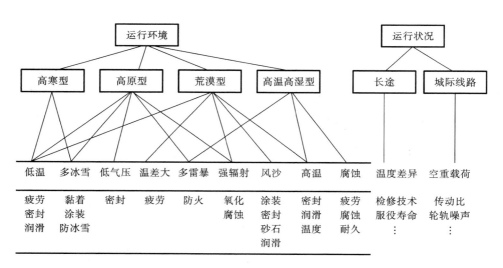

图 8-20　高速动车组转向架设计适应性技术指标

向架设计适应性技术指标,其分析和建立的目的是满足用户的个性化需求,针对不同的运行环境和运行条件会产生特定的适应性指标组合,可为后续设计提供基础;图 8-21 所示为信息模块模型数据的高速动车组转向架结构树,其可作

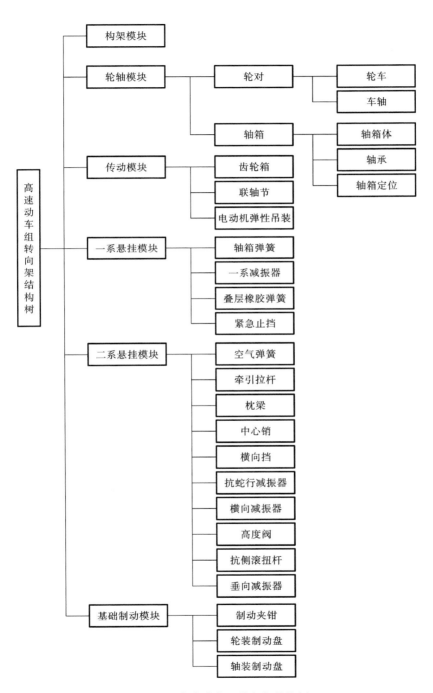

图 8-21　高速动车组转向架结构树

为转向架谱系分解的基础和依据；图 8-22 展示了转向架运维服务相关数据，可作为转向架需求挖掘、更新迭代的数据基础。信息模块主要负责数据的获取和集成，根据历史经验和已有的知识将转向架三维模型、转向架技术指标、产品结构等信息以模型和规则的形式储存于知识库中；同时，分类汇总客户需求，获取历史运维数据、产品设计实例等信息为后续的配置模块提供支持。

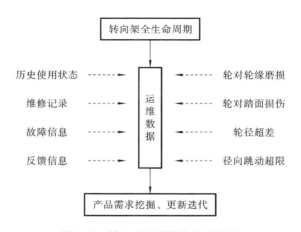

图 8-22　转向架运维服务相关数据

（2）配置模块主要包括设计方案相关数据的集成、分析、匹配以及方案的生成。首先，在信息模块所获取数据的基础上，对已有的知识进行谱系建模和知识集成，并对客户需求进行重要度分析和排序，基于运维数据对设计方案需求进行分析，为设计方案的形成提供所需的技术指标。其次，对产品进行设计语义分析和设计对象属性分析，将其映射到转向架结构树中相应的模型上，形成设计空间，进而将设计空间中的产品配置需求与知识库中的实例进行匹配，从而快速获得方案模型。对于知识库中没有的实例进行设计，并将其扩充到知识库中。对于最新设计的转向架构件，利用转向架运维反馈数据对方案进行评价，从而在知识库中产生新的设计实例与设计方案。图 8-23 所示为基于结构树和产品构件型号的产品特征谱系建模；结合产品特征谱系建模、设计语义信息和设计对象属性，构建的设计空间如图 8-24 所示；图 8-25 展示了产品的匹配设计模型的构建过程。

（3）知识库主要起到为转向架设计方案的生成提供信息支持和辅助决策的作用。用于构建知识库的数据主要来自可视化系统、生产与运维过程中的传感器、RFID 数据、经验数据、在线知识库所存储的三维模型等。首先，通过产品数

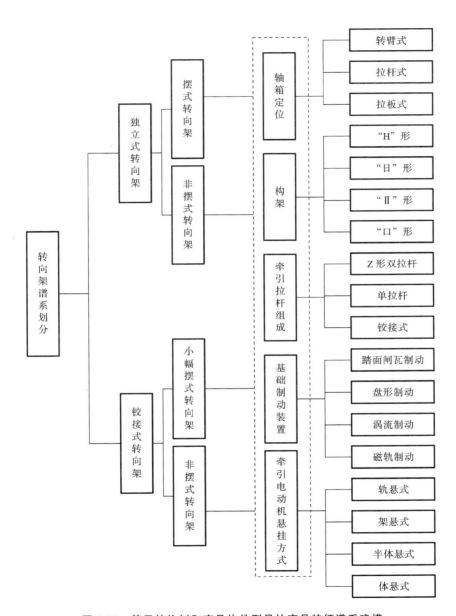

图 8-23　基于结构树和产品构件型号的产品特征谱系建模

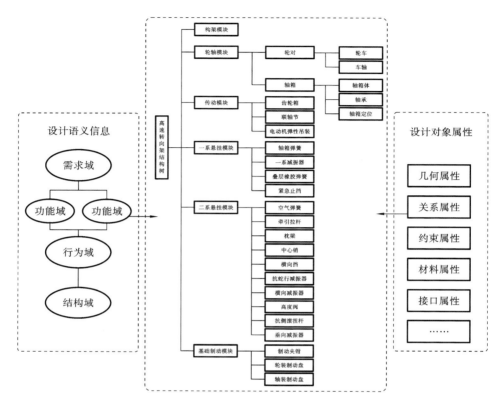

图 8-24　构建的设计空间

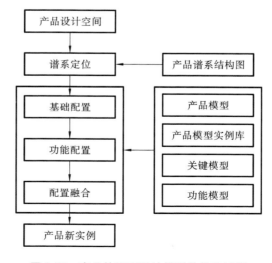

图 8-25　产品的匹配设计模型的构建过程

据库对相关的模型、实例等信息进行集成；然后，通过知识抽取将其转化为知识，在获取到新知识时，通过逻辑上的冲突监测和发现真值，将正确的知识扩充到知识库中；最后，应用知识库为设计提供分类引导、知识图谱可视化等，进而为转向架的创新和改进提供知识支撑。知识库基本模型如图 8-26 所示。

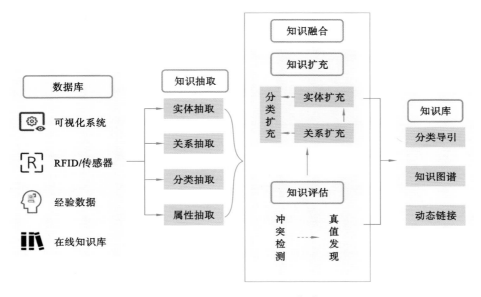

图 8-26　知识库基本模型[210]

（4）应用模块在信息模块、配置模块和知识库的支持下，可以实现客户需求识别与排序、产品质量参数的生成、方案生成以及产品运维等功能。基于数据与知识驱动的高速动车组转向架设计方法可以实现个性化、定制化设计方案的快速生成，能够充分集成并应用产品全生命周期数据与知识，使得设计方案更加符合实际的客户需求，在降低设计成本的同时，可提高设计方案的可靠性和可行性。

2. 基于故障树的动车组转向架运维知识库构建

转向架是由两个或多个轮对（或轮组）组成，用专门的构架（或侧架）组装的一个直接支撑车体的装置。高速动车组转向架由 7 个部分组成：轮对、轴箱及定位装置、一系悬挂（即弹簧悬挂装置）、构架、二系悬挂（即车体与转向架的连接装置）、驱动装置、基础制动装置。高速动车组转向架是高铁车辆的动力牵引部件，它的运行可靠性会直接影响到动车组行驶的平稳性和行车的安全性。现代城市轨道交通和高铁的迅速发展都离不开机车转向架技术的发展进步,转向架技术更是被誉为现代轨道交通赖以生存和进步的关键技术之一。

图 8-27 所示为 CRH3 动车组转向架基本结构,表 8-4 展示了 CRH3 动车组转向架的详细结构组成。基于转向架设计的相关信息,结合各部分系统的工作原理和运行环境等,表 8-5 介绍了动车组转向架故障体系。

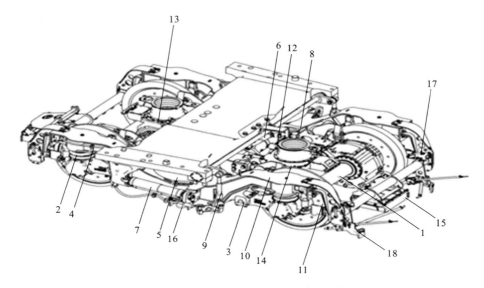

图 8-27　CRH3 动车组转向架基本结构

表 8-4　CRH3 动车组转向架的详细结构组成

项目	名称	数量	项目	名称	数量
1	整体动车轮对	2	10	动力转向架构架	1
2	一系悬挂装置	1	11	轮盘制动组成	1
3	轴箱定位装置	1	12	牵引拉杆组成	1
4	横向终点止动装置	1	13	牵引电动机组成	1
5	二系悬挂装置	1	14	牵引电动机通风装置	1
6	横向悬挂装置	1	15	天线组成	1
7	抗蛇行减振器	1	16	感应接收器装置	1
8	空气弹簧连杆	1	17	轮缘润滑组成	1
9	抗侧滚扭杆组成	1	18	撒沙和排障器	1

表 8-5　动车组转向架故障体系

重要系统故障	子系统中间故障	基层故障
转向架系统	轮对故障	车轮踏面故障
		轮缘磨损
		车轴故障
		制动盘故障
	轴箱及定位装置故障	轴箱体损伤
		轴箱轴承失效
		轴端盖故障
		轴向定位装置故障
	构架故障	开焊、开裂
		变形
	驱动装置故障	齿轮减速箱故障
		联轴节故障
		牵引电动机故障
	基础制动装置故障	闸片故障
		平衡杆故障
		波纹管破损
		制动盘面裂纹
		制动缸故障
	一系悬挂装置故障	轴箱弹簧作用不良
		橡胶垫脱落
		垂向减振器故障
	二系悬挂装置故障	空气弹簧故障
		高度调整阀故障
		差压阀故障
		抗侧滚扭杆故障
		横向减振器故障

　　通过对 CRH3 动车组转向架的系统结构及故障模式的分析，首先，梳理出了转向架的故障事件，如表 8-6 所示；其次，基于故障事件之间的关系，建立了动

车组转向架的故障树模型,如图 8-28 所示。

表 8-6 转向架故障事件

编　号	事件名称	编　号	事件名称
T	转向架故障	X11	齿轮减速箱故障
M1	轮对故障	X12	联轴节故障
M2	轴箱及定位装置故障	X13	牵引电动机故障
M3	构架故障	X14	磨耗到限
M4	驱动装置故障	X15	闸片间隙超限
M5	基础制动装置故障	X16	开口销脱落
M6	一系悬挂装置故障	X17	闸片托铸造缺陷
M7	二系悬挂装置故障	X18	闸片位置异常
M8	轴箱故障	X19	平衡杆断裂
M9	制动夹钳装置故障	X20	平衡滑块脱出
M10	闸片故障	X21	波纹管破损
M11	平衡杆故障	X22	制动盘故障
X1	车轮踏面故障	X23	制动缸故障
X2	轮缘磨损	X24	轴箱弹簧作用不良
X3	车轴故障	X25	橡胶垫脱落
X4	制动盘故障	X26	垂向减振器故障
X5	轴箱体损伤	X27	空气弹簧故障
X6	轴箱轴承失效	X28	高度调整阀故障
X7	轴端盖故障	X29	差压阀故障
X8	轴向定位装置故障	X30	抗侧滚扭杆故障
X9	构架开焊、开裂	X31	横向减振器故障
X10	构架变形		

通常情况下,使用 FTA 方法获取的非结构化数据以表单和图像的形式储存,这种形式的数据对故障机理和规则缺乏统一的描述方式,难以直接被计算机使用,易造成故障诊断通用性差的结果。本体作为一种概念知识结构化的表示形式,由类、属性和个体构成,可清楚准确地定义类及其关系的层次结构,是

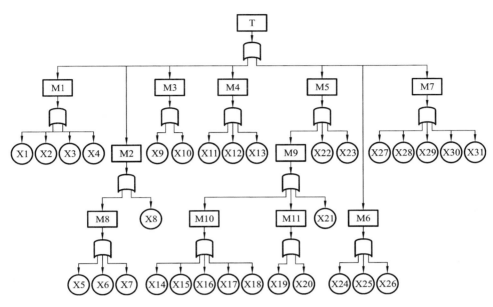

图 8-28　转向架故障树模型

一种语义丰富的知识表述载体。因此,可采用本体模型对知识进行梳理。在此使用"七步法"对动车组转向架故障树本体模型进行构建。

（1）确定本体的领域和范畴。如明确本体的用途、本体能解决的问题以及它的使用者和维护者等。在此案例中构建动车组转向架故障诊断领域本体,动车组故障诊断是一个涉及多个主体的复杂过程,如故障现象、故障原因、维修策略、主机厂、维修车间等。它的使用者是知识系统开发人员,维护者是该领域的知识专家。

（2）调查复用本体的可能性。为了避免重复劳动,如果系统需要与其他特定的本体知识库或词汇交互,可以复用现有的本体知识库。假设存在动车组零部件制造商的本体,就可以直接复用此本体,减小工作量,提高工作效率。在这一阶段,对建立好的动车组转向架故障诊断领域本体进行整合。

（3）指定本体的重要术语清单。对通过 FTA 方法获取的相关知识进行整理,列出所有术语,并对这些术语进行解释。

（4）定义类和类的层次体系。类是本体知识库的核心,用来描述领域的概念。动车组转向架故障诊断领域本体包含关键设备、故障诊断。该本体中类的描述和层次划分如表 8-7 所示。

表 8-7　本体中类的描述和层次划分

类	解　释	子　类	解　释
Key equipment	关键设备	Wheels	动车轮对
		Shaft box	轴箱
		Basic Frame	基础构架
		Drive Device	驱动装置
		Brake Device	制动装置
		Suspension Device	悬挂装置
		⋮	⋮
Fault diagnosis	故障诊断	Phenomenon	故障现象
		Failure Reason	故障原因
		Repair And Maintenance	修理维护

（5）定义类的属性。如表 8-8 和图 8-29 所示，根据故障诊断工作实际内容，将领域（domain）和范围（range）通过类属性相关联。

表 8-8　类属性的定义

类　属　性	解　释	领域（domain）	范围（range）
hasPhenomenon	有故障现象	关键设备	故障现象
solveVia	使用该方法修理	故障现象	修理维护
repairing	将……修理	关键设备	修理维护
reasonToRepair	维修原因	故障原因	修理维护
havingAffairs	有状况	关键设备	故障原因
asResultOf	是……的结果	故障现象	故障原因

图 8-29 中涉及故障现象、故障原因、关键设备、修理维护四个概念，并体现出定义好的类和类之间的关系。

（6）确定数据属性及关系。确定设备的重要度和故障模式的风险等级。

（7）在以上基础之上构建该领域的实例。

表 8-9、表 8-10、表 8-11 分别列举了部分故障现象、故障原因和检修方法。基于上述流程，使用 Protégé 软件构建动车组转向架故障树模型，如图 8-30 所示。

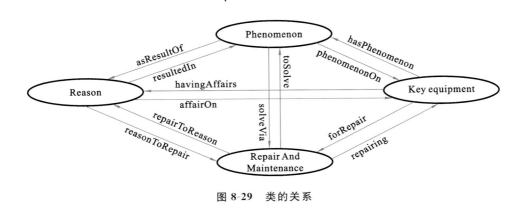

图 8-29　类的关系

表 8-9　部分故障现象列表

英　　文	中　　文
Peeling，wear，thermal cracks	剥离、磨损、热裂纹
The bolts are loose and leaking oil	承载鞍螺栓松动和漏油
Surface plastic deformation，rust，color change	表面塑性变形、锈蚀、变色
The motor seepage oil with high temperature	高温下电动机渗油
The vertical shock absorber leaks oil	垂向减振器漏油
⋮	⋮

表 8-10　部分故障原因列表

英　　文	中　　文
Wear and break failure	磨损和断裂失效
Wrong processing process	加工工艺不当
Unreasonable mechanical movement	机械运动不合理
Poor fabrication	装配不良
Large stress	受应力过大
⋮	⋮

　　根据动车组转向架故障树本体知识库,可构建一个动车组转向架运维系统,该系统由在线监测、故障知识检索、故障知识更新、故障统计分析、故障预测预警、运维决策推荐等多个模块构成,下面依次进行介绍。

表 8-11　部分检修方法列表

英　　文	中　　文
Wheel measurement	轮对测量
Traction assembly check	牵引组件检查
Steering frame check	转向架构架检查
Air spring check	空气弹簧检修
Coupling lubrication	联轴器润滑
Bearing overhaul	轴承大修
Shock absorber disassembly	减振器拆下大修
⋮	⋮

（1）在线监测。

用户可将动车组编号和车次作为查询条件，确定条件之后，可以查询选定的动车组的编号、速度、里程、当前位置、动车组转向架的实时运行状态、子系统故障等级等信息。地面人员能够简单清晰地了解到转向架的状态信息及故障信息，合理安排下一步工作。

（2）故障知识检索。

用户使用故障名称、故障部位等信息进行模糊匹配、定位故障位置、确定故障类型，进而对故障类型、故障名称等信息进行增加、修改、删除等操作。

（3）故障知识更新。

故障知识更新包括增加知识、修改知识、删除知识等。知识的添加可以通过录入界面手工录入实现，也可以基于故障数据与一定的规则（故障类型、故障名称等）通过数据挖掘实现。知识更新主要包括对规则库里已有的规则进行更新。知识删除主要针对规则库里的规则进行删除，在删除之前需要经过专家的审核。

（4）故障统计分析。

故障统计分析包括故障统计和故障分析两部分。故障统计功能可以查询该转向架的故障构成情况、子系统故障、基层故障发生次数、月增幅等参数。故障分析功能可以对故障与速度、时间、里程等实时信息之间的关系进行分析，为动车组的运维和管理提供决策依据，从而提高动车组的管理水平。

（5）故障预测预警。

该模块由故障预测和故障预警两部分构成，在故障预测模块中，通过动车

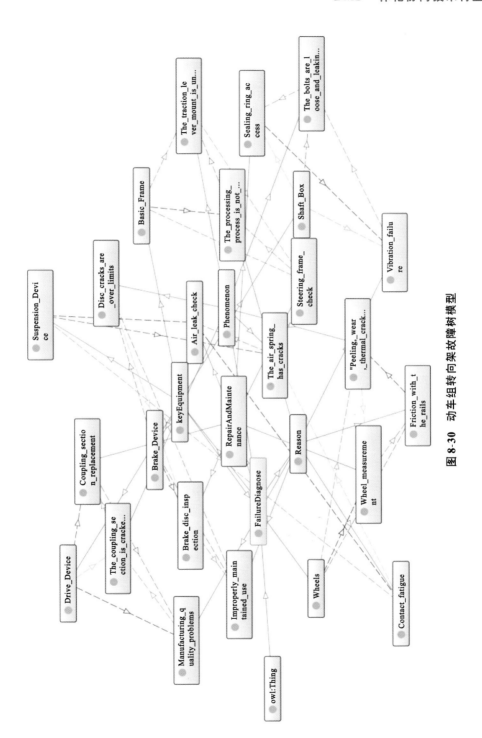

图 8-30 动车组转向架故障树模型

组型号标号、故障大类等故障履历,对接下来发生的故障次数进行预测。在故障预警模块中,通过选择车次、统计周期、基准时间和对比时间等条件,可以查看转向架故障发生的具体次数、具体增减数量和百分比,根据实际情况设定阈值,一段时间的增幅大于设定阈值则进行预警。

(6)运维决策推荐。

现有的模式中,动车组的故障诊断与维修的经验知识不能共享,而动车组在运行途中出现故障,相关专家、技术人员若不随车,将会出现被动维修的局面。该模块基于故障知识库和解决方案知识库,通过传感器感知的转向架实时运行状态信息,使用推荐算法扫描故障数据库,并对可能发生的故障进行分析。基于分析结果,使用解决方案知识库对转向架提供运维决策服务,待故障解决后,将相应的结果转化成知识添加到知识库。该模块依托知识库,对维修资源和技术有很强的辅助决策能力,能有效缩短时间,提高维修效率。

8.2.5 轨道交通行业 DMS 一体化协同技术应用趋势分析与展望

作为交通运输与经济发展的大动脉,我国的轨道交通行业建设和运营时间较短。而且与国外显著不同的是,我国轨道交通产品服役环境跨越了软土、冻胀土、湿陷性黄土、高原、沙漠等特殊地质条件区域,动车组途经的地区地质、水文、气候条件复杂,造成不同运营线上动车组关键部件的劣化程度不同,给轨道交通发展造成了诸多难题和挑战,这也促进了轨道交通行业向 DMS 一体化协同方向转变和发展的趋势。

目前,我国轨道交通行业已经在数据集成、故障预测、备件库存方面开展研究与创新应用。可以肯定的是,为实现轨道交通产品全生命周期经济性与安全性最佳的目标,造修一体化将成为轨道交通行业的一个主要发展趋势[211]。车辆造修一体化是基于装备全生命周期管理理念,依据现代维修理论和技术,按照新造-维修一体化统筹规划,权衡和决策机车车辆的设计、制造、运用、维护、检修和报废工作,在研发阶段即开展机车车辆维修规划研究,实现整车、系统及零部件的故障维修、延寿使用、翻新重造的工作设计和规划;在运维阶段持续强化运用维修对设计制造的闭环反馈,不断改进机车车辆装备的设计、制造质量,提升造修一体化水平。

同时,伴随着人工智能、物联网、云计算、北斗导航等新兴技术的快速发展,环境主动感知、自学习、自决策的智能轨道交通产品必然是轨道交通行业的未来趋势。例如,在北斗导航技术的基础上,完善轨道交通产品的动力电池系统和大坡道启动性能;通过智能传感网络与各业务主体信息系统的协同互联,实现移动装备、固定基础设施及内外部环境间信息的全面感知和融合处理；通过融合云计算和边缘计算技术，构建中国铁路大数据中心和运营辅助决策中心；通过智能故障诊断算法的应用，实现轨道交通产品工作状态和运行故障的主动诊断；通过应用智能调度算法，实现运力资源的精准配置和高效调度等，提高运营效率和应急决策能力，构建全生命周期一体化协同的智能化轨道交通管控系统。

8.3 航空发动机行业 DMS 一体化协同技术应用

航空发动机是国之重器，是科技强国、工业强国、创新型国家的标志性工程，也被誉为"工业皇冠上的明珠"。航空发动机工作工况复杂，通常需要在高温、高压、高转速等极端条件下运行；同时，其研制技术难度大，需要气动热力、材料、结构、燃烧和控制等数十门学科的综合应用。目前，世界上仅有少数国家具备独立研制航空发动机的能力，其研制的相关技术和资源也一直被欧美严格管控。在此背景下，要求我国必须建立自主研发和自主创新的工业体系。同时，基于新一代数字化技术，加速推进研制范式转型升级，尽快实现关键技术的创新突破，对于增强我国经济和国防实力、提升综合国力具有重大战略意义。

8.3.1 航空发动机行业 DMS 一体化协同技术应用需求分析

航空发动机作为近地飞行器的"心脏"，是设计-制造-服务高度集成的复杂产品。在研发管理上，航空发动机研制的全生命周期活动是分布式的，在其整个价值链和供应链上，涉及的供应商数量多、地域分布广，设计、制造、运维等业务由不同的主体承担，各主体间难以实现高效协同。随着航空发动机质量和可靠性要求的不断提高，其部件、子系统、系统的周期和成本不断增大，系统复杂度也随之增大，传统航空发动机的研制模式已经难以满足缩短研制周期、减少资金消耗、降低失败风险等的需求。

随着航空发动机复杂程度、性能指标要求、服役工况要求等的不断提升，其研制难度显著增大，研制进度更加紧迫，对其价值链和供应链上各利益主体的异地协同能力也提出了更高的要求。通过 DMS 一体化协同技术促进产品研发设计、生产制造、运维服务等全生命周期阶段数据、信息和知识的共享，将不再局限于满足单个阶段的特定业务需要，而是以多阶段信息和知识集成应用的方式，实现整个行业制造模式的转变，以提升航空发动机产品的研制效率。

当前，航空发动机制造正面临着通过全生命周期制造中系统建模过程和设计-制造-服务一体化协同和高度集成,实现正向设计过程显性化、设计需求研制全程化、设计方案全局最优化、制造过程协同一致化、制造流程整体统一化、运行过程性能指标化、运行维护全局最优化等新挑战。为此,从我国航空发动机行业国家整体竞争力战略提升、行业自主发展的工业体系构建、航空发动机企业转型升级和发展等层面分析,DMS 一体化协同技术的应用需求如下所述。

1. 国家整体竞争力战略提升需求

航空发动机技术、产品和行业面对国外长期以来的封锁与垄断,经历了从无到有、从小到大的艰难发展历程,取得了显著成绩。在第四次工业革命和新一轮产业变革的大背景下,我国积极提出并实施了"制造强国"战略及"航空发动机和燃气轮机"重大科技专项(即"两机"专项)。为促进上述战略在航空发动机行业的有效实施和落地应用,迫切需要以 DMS 一体化协同为抓手,构建覆盖航空发动机行业,并贯通产品研发设计、生产制造以及运维服务的全生命周期航空发动机研制体系,突破传统航空发动机所采用的"设计-试验验证-修改设计-再试验"的反复迭代串行研制模式,提升我国航空发动机的整体竞争力。

2. 行业自主发展的工业体系构建需求

航空发动机研发体系包括产品研发的关键流程、标准规范、核心设计软件、工程数据等。其中,材料工艺标准规范、核心设计软件等都是我国航空发动机产品研发的关键瓶颈。国内外的行业实践证明,一流的产品研发体系是企业能够持续研发一流产品的基础。因此,迫切需要以 DMS 一体化协同为导向,建立一套职责清晰明确、程序流程完善和资源支撑到位的研发体系,将过程保证融入产品设计、制造、销售、服务等全生命周期中。一方面以流程、标准、工具等为载体,约束设计、制造、验证、客户服务等业务过程;另一方面,借助研发体系实现数据的持续积累和设计的持续优化,保证能够持续提供可靠产品的能力。

3. 航空发动机企业转型升级和发展需求

航空发动机产品的研制必须要充分利用新一代数字化技术,基于高性能计算支持创建大型、复杂高保真仿真模型,进而融合先进的航空发动机设计技术和信息技术的最新成果,在计算机虚拟环境中,实现对航空发动机整机、部件或系统等的高精度、高保真、多学科耦合数值模拟。因此,迫切需要通过 DMS 一体化协同技术的应用,构建以自主工业软件为载体的多方协同研发、应用生态,通过数字化技术的创新应用实现航空发动机企业的转型升级和高质量发展,提高研制效率和质量,减少物理试验反复次数,降低研制风险和成本,加快研制进程,探索出一套具有中国特色的航空发动机数字化研发体系建设思路,提升自主研发能力。

8.3.2 航空发动机行业 DMS 一体化协同技术典型应用场景

航空发动机行业 DMS 一体化协同技术典型应用场景包括 DMS 一体化协同技术在航空发动机 NRFLP 正向设计中的应用、DMS 一体化协同技术在航空发动机集成流程中的应用、DMS 一体化协同技术在航空发动机接口管理流程中的应用等。

1. DMS 一体化协同技术在航空发动机 NRFLP 正向设计中的应用

我国航空发动机从维护修理、测绘仿制起步,经过 70 多年发展,尤其是近十年来,在国家的高度重视和大力支持下,我国航空发动机研制能力取得了卓有成效的提升。然而,我国航空发动机研制尚未完全摆脱"跟踪式"的模式,即直接从物理结构入手,基于仿制思维设计,并依靠试验暴露设计技术问题,这使得项目研制周期长、耗资大、风险高的问题仍然存在。同时,没有从市场客户需求或对作战体系任务场景的分析出发,真正识别需求,导致产品无法充分满足客户需求。如果产生非预期行为或安全事故,无法快速有效地定位并系统性地解决问题。当前,我国航空发动机的研制仍然面临如下问题和挑战。

(1) 航空发动机正向研发模式需进一步完善。航空发动机已经逐步向正向研发模式转型,正向研发模式是"需求驱动型",需要根据利益相关方的要求,进行功能探索和细化,并将功能分配至各系统,这种研发模式更注重系统需求捕获、架构设计、多部件协调优化和系统综合,需要应用系统工程的方法对系统研发过程进行指导。与此同时,需要结合 DMS 一体化协同技术对研发流程进行完善。

(2) 文档驱动的研发过程可能引发诸多问题。产品研制过程包括立项论证、概念设计、工程研制、试验取证等各个阶段。在产品研发过程中,通常用大量文件对阶段性成果进行描述和评审,即用文档驱动过程。这种方式存在着文档规模大、版本多、评审比较困难、问题不易发现、查找和共享不便等问题,而且文档中的需求描述存在不确定性,可能造成理解歧义,导致需求和设计脱节。

(3) 航空发动机正向设计能力需进一步增强。在航空发动机的实际研发过程中,并不能持续稳定地做到从运行场景出发捕获需求,逐步进行正向分解,仍然存在以设计约束、以制造约束、以运行环境约束,甚至是以已有方案来倒推需求的情况。DMS 一体化协同技术将航空发动机设计阶段、制造阶段和运行过程融合,设计阶段也考虑了制造和运行环节,以进一步增强航空发动机正向设计能力。

（4）数字化、模型化研制手段需进一步推广。传统的"制造—试验—再制造—再试验"的研制形式，不仅成本高，而且周期长，已经不再适合目前的系统研发模式。通过模型化的方式，对系统需求、功能、性能等进行表达、仿真和传递，结合 DMS 一体化技术，可以在制造前全面和细致地掌握系统特性并进行仿真试验，有利于对知识进行沉淀，从而减少研制迭代次数，降低成本和缩短周期。

基于 RFLP 的系统工程框架，将其与 DMS 一体化协同技术融合，可使得在结构、行为、需求和参数等系统设计的重要方面呈现出结构化、可视化，并且可以执行验证，能够有效描述发动机研发系统日益增长的复杂性，促进发动机研发各系统研发人员之间跨学科跨专业沟通。RFLP 不仅可以作为发动机研发过程中的气动、传热、燃烧、结构、强度、控制等专业之间的"桥梁"，还能整合方案论证、工程研制、试验试飞等不同阶段，促进发动机研发的生命周期交互。RFLP 系统工程框架集成了系统需求（requirement）、功能（function）、逻辑架构（logical）和物理产品（physical）等，使其形成一个统一的互联集合体，可以对系统工程核心要素进行完整表述。其中需求、功能、逻辑、物理的总体流程与各阶段的关系如图 8-31 所示。

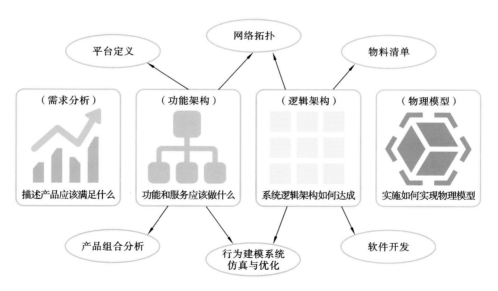

图 8-31　基于 RFLP 的系统工程框架

（1）R——需求。

以产品全生命周期场景为牵引,从系统黑盒视角描述航空发动机在不同场景下应该满足的要求。在需求管理模块中将航空发动机不同场景下的要求进行结构化管理,解决航空发动机研制过程中的需求定义、分配、追踪、管理等需求工程遇到的问题。通过应用 DMS 一体化协同技术,可将产品正向设计、生产制造、运维服务阶段的关键需求融入需求管理模块,实现更加准确的产品需求结构化定义、分配、追踪以及管理等应用。

（2）F——功能。

基于总体设计流程的定义,进行系统功能框架的定义,完成指标分解过程。通过 DMS 一体化协同技术,构建航空发动机功能与需求之间的追溯关系和关联关系,在航空发动机正向研发过程中使用具体的系统功能或指标来回答该系统的具体需求问题,确定正向研发过程中产品系统功能和具体需求的关联度与优先级,从而对关联度和优先级高的需求进行深入分析、分解、分配、评估等。

（3）L——逻辑。

基于系统逻辑架构,主要进行航空发动机研制过程系统组成及其接口关系之间的描述。通过系统仿真模型的映射,建立航空发动机 DMS 一体化逻辑视图,在此基础上,借助 DMS 一体化逻辑视图给出的定性和定量计算结果,设计人员可以对顶层设计需求的合理性进行评价和反馈。与此同时,该逻辑架构层也是逻辑架构设计人员和工程技术人员进行沟通与交互的重要窗口。

（4）P——物理。

基于典型的三维设计物理模型,考虑物理模型实现的方法以及途径。在融合产品需求分析、研发设计、生产制造、运行维护的基础上,建立面向 DMS 一体化协同的物理模型,主要考虑产品的物理约束条件,例如产品的几何尺寸、重量、质量状态等。同时,不断地经过产品 DMS 一体化物理模型及其约束条件的开发推进过程,逐步生成一个更接近最终产品形态的物理模型。

通过 DMS 一体化技术和 RFLP 技术的深度融合,在航空发动机产品生命周期过程中可以清晰地应用系统工程方法论来定义产品架构、开发模式,以及数据管理形式等,进而实现基于模型的系统工程（MBSE）中关键的功能,即基于模型的统一架构设计和可追溯能力。

此外,以 DMS 一体化协同技术和 RFLP 系统工程框架为核心的发动机研发指导思路作为研发组织中枢,可采用不同的、相互关联的、可追溯的一体化视图从不同的角度描述发动机系统的构成特性,如图 8-32 所示。例如,在产品正

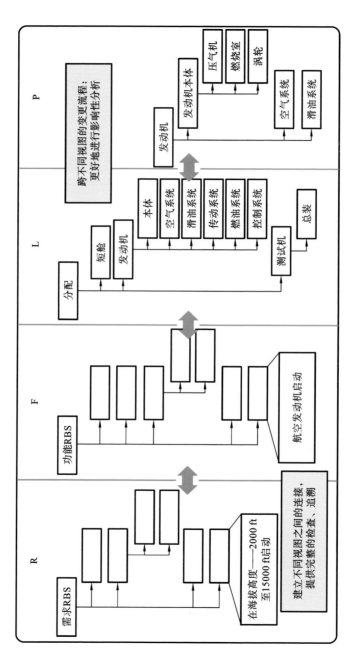

图 8-32　DMS一体化技术与RFLP框架融合的商用航空发动机研制流程

向研制过程中,需求工程师能够基于需求设计视图展开工作并可以将设计要求传递给下游专业的设计工程师;设计工程师能够基于设计视图获得上游专业的需求输入进行设计,并将设计结果传递给下游专业工艺设计师;工艺设计师可以基于工艺视图来设计优化装配方式,以提高产品的可制造性。同时,这个研制过程也可以逆向进行。

2. DMS 一体化协同技术在航空发动机集成流程中的应用

1）目的与描述

集成流程横跨产品实现、正式验证、产品确认等阶段,是把多个简单子系统组合成一个复杂系统的过程,实现了设计集成过程自下而上以形成产品的目的。在需求分析、功能分析和设计综合的递归过程中,复杂度逐级分解,直到每个单元分解到可实施、可管理的程度,而集成则是将单元组合,将复杂度逐层聚合的过程[212][213]。集成在每一个层级都会实施,例如,软硬件集成设备,多个设备集成单个系统,多系统集成发动机专业,多专业集成发动机,直到最终发动机与外部相关环境(如飞机、环境等)集成,形成发动机系统。在集成流程实施过程中,借助 DMS 一体化协同技术的导引,集成流程更为简洁、紧密和优化。集成流程 IPO 图如图 8-33 所示。

2）输入

(1) 物理接口。

物理接口是集成的基础,在待集成的元素之间物理接口一致才能顺利集成。

(2) 系统元素。

本层级系统的待集成组件来自下一层组织实施后的交付。一般而言,待集成的系统组件会大于集成后的本层级产品数量。

(3) 产品概念文档。

产品概念文档应包括研制、制造、运行、维护、报废视角描述的系统行为。

3）主要活动

(1) 准备集成。

集成的准备工作主要包括以下内容。

① 确定集成计划,确定形成系统的最优集成方式和顺序,这个策略应结合下层级产品实现实际情况,包括供应商的交付情况和集成环境的完备程度,以加快进度、减小费用和降低集成的难度和风险。除了考虑下层产品的集成规划,集成计划还应考虑集成的使能项,包括环境工具和设施的规划,具体内容如下。

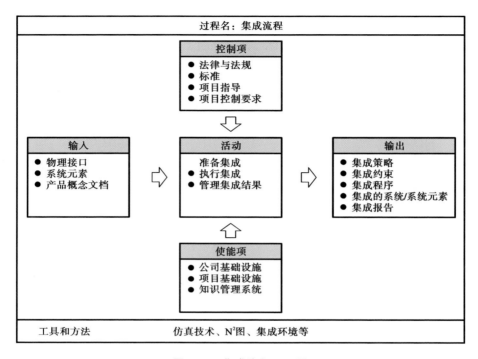

图 8-33　集成流程 IPO 图

（a）集成计划应包括：集成策略和顺序（下层产品哪个先集成，哪个后集成）、集成输入数据（包括产品接口方式）、集成环境考虑（采用的模型、原型和仿真，集成工具等）、集成的问题报告流程方法、集成报告等工作。

（b）确定集成计划中的集成策略应进行权衡分析，定义多个集成策略方案，并选择最优的集成策略，确保用尽量少的资源完成尽量多的工作。

② 集成程序应在集成计划的基础上，结合实际集成环境操作，细化制定具体的集成步骤、实施方法和下层产品的可接受标准。

③ 先确定集成计划，再确定落实资源、时间和下层产品研制组织的约定，纳入"集成主进度计划"。

④ 对其他输入的整理，包括的内容如下：

（a）接口定义文件，通过接口定义和管理工作，确保集成的下层产品接口的兼容，是集成工作的基础；

（b）集成后层级产品的规范，包括产品分解结构、产品需求、设计规范，以明确集成的工作范围、目的和目标；

（c）集成计划一旦确立，应持续地维护集成计划和进度，应在项目计划和监控过程中定期和不定期地进行评审，来确保不同团队的交付进度的不同、研制进度的变化、技术状态的改变对集成计划的影响尽量最小。

（2）执行集成。

① 在集成使能环境中，根据集成计划、策略和集成程序要求，按照接口定义文件和系统规范，进行产品组装和集成。其中包括如下内容：

（a）产品在集成使能环境中的组装和集成，包括安装与集成使能环境的集成调试等；

（b）根据接口管理过程中的接口定义文件，集成下层产品的接口，包括结构接口的组装、机械接口的安装和试运行、信号接口的连线和收发测试、人机接口调试等。

② 执行一定的功能测试，确保集成后产品的功能正确，能够进入正式验证和确认状态。

③ 如果发现下层产品的问题，及时报告反馈问题并进行设计迭代，确保每个问题被跟踪直至关闭。

（3）管理集成结果。

① 集成后产品的交付，包括交付给验证和确认，或非正式地交付给上层级组织。

② 集成问题报告的解决情况。

③ 集成后的文档，包括问题报告、集成工作报告。

4）输出

（1）集成策略。

集成策略描述与集成工作相关的角色、工作安排、方法、工具、基础设施等。

（2）集成约束。

集成约束是集成对系统设计产生的约束，包括成本、时间表、技术的约束。

（3）集成程序。

集成程序是指将低层级系统元素汇集成高层级系统元素的步骤、技术和工具。

（4）集成的系统/系统元素。

此为通过集成得到的系统/系统元素。

（5）集成报告。

集成报告描述集成的过程、集成遇到的问题以及解决方法等。

5）方法与工具

（1）仿真技术。

仿真技术大量运用在集成过程中。在集成过程中，由于下层真实试验件无法一步到位，为了驱动一个非完整构型状态的产品能够连通并测试，就需要利用一个仿真的产品使能系统。仿真技术就是利用半实物仿真等技术，在集成过程中逐步把仿真系统替换成真实系统。

（2）N^2 图。

N^2 图可以广泛用于集成计划和策略的定义工作。

① 通过 N^2 图，可以量化分析组件间的接口关系，从而确定系统组件的分组配对关系，确保具有高内聚性的组件可以先成组，再进行集成，优化集成过程。

② 通过 N^2 图，可以辅助进行错误定位分析，当集成新组件后发现问题，可以参考 N^2 图，进行接口的排查。

（3）集成实验环境。

集成实验环境一般由各类下层工具组成。

① 激励环境工具，包括仿真本层产品的外界环境或本层产品未到位组件系统的接口数据。

② 测试调试环境工具，包括接口数据和结果检查。

③ 自动化环境，包括自动化脚步生成和测试结果判断等。

根据层级的不同，集成实验环境也有所不同，如软件集成工具、硬件集成平台、系统集成平台、航电系统集成台、铁鸟台、试飞空域等。

3. DMS 一体化协同技术在航空发动机接口管理流程中的应用

1）目的与描述

（1）目的。

接口管理是为了识别、定义和持续维护系统之间和系统内部的接口需求和接口设计，结合 DMS 一体化协同技术，梳理产品研发、生产制造、运维服务阶段的接口边界，实施 DMS 一体化接口管理，从而确保系统组件集成后能够满足预定的系统目标。

（2）描述。

接口的定义、管理和控制对产品的成功至关重要。接口管理过程适用于产品内部的物理和功能接口。通过产品研发过程的接口管理，来确保系统以及系统之间能够协调工作。

接口管理流程的 IPO 如图 8-34 所示。通过由设计团队编制接口控制文档,来明确定义产品系统/子系统之间的接口,并在接口数据库(interface database,IDB)中对接口进行跟踪管理。接口控制文档根据产生的活动、用途的不同,可以分为功能性接口控制文档(functional interface control document,FICD)和物理性接口控制文档(physical interface control document,PICD)。其中:FICD 在功能分析过程中产生,用于描述功能之间的接口关系,是为了满足上层功能性需求而形成的功能架构中不同子功能之间的接口要求;PICD 在设计综合过程中产生,用于描述实现方案中不同物理实体之间的接口关系,是设计方案中接口需求分配到物理实体上之后,在物理实体之间通过物理接口实现连接的详细定义。

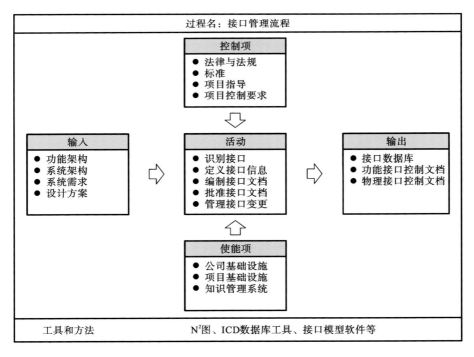

图 8-34　接口管理流程 IPO 图

2）输入

（1）功能架构。

功能架构包括各个层级的功能定义、功能之间的逻辑关系(包括功能分解形成的纵向层级关系和同一层级若干功能之间的横向逻辑关系),以及进行功能分析时定义的运行场景。

（2）系统架构。

通过对发动机产品进行架构设计，定义产品的系统和子系统，系统架构应包括各系统和子系统的功能/物理边界。

（3）系统需求。

系统需求是指通过需求分析得到系统和子系统的设计需求。

（4）设计方案。

通过设计综合流程得到系统和子系统的设计方案，包括系统和子系统的物理架构、组成部分、各个部件的功能、各个组成的相互关系，以及使用的限制条件等。

3）主要活动

（1）识别接口。

可采用自上而下和自下而上的方法来识别接口。

① 自上而下的方法包括在发动机三维模型或剖面图中识别物理接口，以及在功能交互图中识别功能接口。

② 自下而上的方法是由产品的系统、子系统或组件级设计人员识别接口。

对于功能接口，通常以下几种情况需要识别功能接口：

（a）两个系统功能之间存在交互信息；

（b）两个子系统功能之间存在交互信息；

（c）子系统对系统提出需求。

（2）定义接口信息。

接口数据库（IDB）用于集中管理发动机产品的所有接口，存储所识别的接口及接口信息，在产品研制期间对其进行动态维护。

IDB 通常包含以下接口信息。

① 接口类型：双边接口信息/单边接口信息。

② 接口主责方：接口文档的责任主体，负责接口文档的编制、发布及变更。

③ 接口协作方：协助接口主责方完成接口文档的编制、发布及变更。

④ 接口文档名称：用于存储该接口的接口文档名称。

⑤ 接口文档编号。

⑥ 接口文档版本。

⑦ 接口文档发布日期。

⑧ 接口状态：

● A 代表接口信息已识别并经接口信息相关方同意接口信息的存储方式；

● B 代表已发布接口文档；

● C 代表构型稳定后接口完全冻结。

将所识别的接口存储在接口数据库中,同时在接口数据库中定义每条接口的接口信息。

① 识别接口类型。

功能接口通常分为双边接口和单边接口两种接口类型。双边接口为两个系统在公共的系统边界上交互的信息,影响两个系统设计,双方必须达成一致。对于单边接口,常见的使用场景为系统功能的实现需要另外一个系统提供设计解决方案。

② 确定接口主责方和接口协作方。

接口主责方负责接口文档的编制、发布和变更,接口协作方则协助接口主责方完成接口文档的编制、发布和变更。通常单边接口的主责方为数据的提供方,协作方为最终使用信息的产品系统或子系统;双边接口的主责方和协作方则由相关系统协商确定。

③ 确定接口的存储位置。

对于每个接口,需确定接口的存储位置,即接口文档。其中,功能接口主要有以下三种存储方式:

● 将接口需求直接定义在设计定义文档中;

● 编制接口控制文档(interface control document,ICD)来存储双边接口;

● 编制单边 ICD 文档,即接口定义文档(interface definition document,IDD)来存储单边接口。

④ 跟踪接口状态。

接口状态可分为以下三种:

● 若接口信息已识别,并且其存储方式已经相关系统同意,则将接口状态标记为“A”;

● 若存储接口信息的接口文档(ICD/IDD/设计定义文档)已发布,则标记为“B”;

● 产品构型稳定后,若接口已完全冻结,则标记为“C”。

(3)编制接口文档。

根据 IDB 中记录的接口的存储位置,进行接口文档的编制。接口文档由接口主责方负责编制,协作方协助主责方提供相关信息,以及对接口文档的内容进行确认。对于单边接口,IDD 的信息需与使用方进行迭代和确认,确保信息是充分的。对于双边功能接口,ICD 由接口主责方负责编制,并与接口信息相关方达成一致,功能接口需求的撰写同样需遵循需求的撰写规范要求,建议采用需求管理的方式进行管理。

定义在设计定义文档中的功能接口信息,应与接口信息相关方进行迭代和确认来确保功能接口需求的正确性。对于物理接口,需要编制物理性接口控制文件(PICD),来描述两个系统元素的物理实体上的接口关系,用于定义和控制一个系统元素影响另一个系统元素的特性特征、尺寸及公差,物理接口一般包括影响功能中另一个匹配设备接口的物理参数,包括连接结构的数量和类型、电气参数、机械特性、安装位置关系以及环境限制等,具体形式有电气接口控制文件(EICD)和机械接口控制文件(MICD)等。

(4)批准接口文档。

由接口主责方在产品数据管理平台上发起 ICD/IDD 文档的审签流程,并应经接口的利益相关方以及接口信息的归口管理方会签同意后,接口文档在产品数据管理平台上正式发布并建立基线。如果对接口信息有冲突或分歧,则由接口信息的归口管理方收集并提交总师系统协商解决。同时,接口信息的归口管理方应跟踪接口控制文档的审批状态。

(5)管理接口变更。

当设计需求或设计方案发生变更时,需要对相应的接口进行更改,并且将这些更改修订到接口文档中。发布后的接口文档(ICD/IDD)如需对接口信息进行变更,应提出变更申请,经接口信息相关方同意才能变更。对于已纳入构型基线的接口文档,应按构型管理要求执行。同时更新接口数据库。

4)输出

输出包括以下内容。

(1)接口数据库:应包含所识别的接口及接口的信息,如接口类型、接口主责方与协作方、接口文档名称、接口文档编号、接口文档版本及接口状态等信息。

(2)功能/物理接口控制文档:FICD 和 PICD 接口控制文档,包括基线及更改过程中产生的各版本。

5)方法与工具

(1)N^2 图。

N^2 图可以确保功能分析中定义的所有功能均能在这些功能接口中反映出来,且可以识别设计过程中所有物理实体之间的关系。

(2)ICD 数据库工具。

接口数据库具有数据共享、数据独立、数据集中控制、数据一致和可维护、故障恢复等特性,比较适合作为 ICD 管理的一种方法。用数据库进行 ICD 管理,可以方便地实现 ICD 数据的查找、连接、更新、基线管理、审签等工作,确保 ICD 数据的独立性、一致性和唯一性。

（3）接口模型软件。

目前,已经有一些商业软件公司编制了一些用于接口管理的软件,这些软件不仅能够模拟功能接口和物理接口,还能够将这两类接口通过物理系统进行连接对应,使得接口管理更加可视化,逻辑关系也更加清晰,接口数据集的模型化是以后的发展方向。

6）应用实践

在项目接口管理过程中,应成立专门的接口管理小组来负责接口管理的工作,例如,由负责集成管理的系统工程师联合各设计专业的工程师共同开展接口识别与定义工作,并制定接口控制文档的编制计划。

对于发动机产品,接口控制文档通常分为发动机与飞机之间的接口控制文档以及发动机内部的接口控制文档。其中,发动机与飞机之间的接口控制文档通常在发动机与飞机的联合设计期间共同定义,需经发动机方、飞机方以及相关第三方供应商共同签署发布。

在接口设计与验证过程中,系统工程师应确保系统或子系统的每个接口应被设计实现。当需要更改接口时,应该由构型管理小组评估这些更改对其他接口元素的可能影响,并将其传递给受影响的设计团队。

8.3.3　航空发动机行业 DMS 一体化协同技术应用方案

生命周期模型是把项目需要实现的所有事项划分为若干明显的阶段,并使用关键决策点加以区分。航空发动机行业 DMS 一体化协同技术的应用,可从产品维和项目维生命周期视角进行分析。产品维 DMS 一体化协同技术的应用,主要以产品导入为主线横跨产品全生命周期,实现生命周期各个阶段业务的协调管控;项目维 DMS 一体化协同技术的应用则以项目时间线贯穿项目管理生命周期,并通过在关键时间节点设置控制门,实现项目周期进度把控、关键项目节点管理和项目总体情况管理。

本小节以 Rolls-Royce 公司（简称 RR 公司）产品全生命周期管理流程为例,简要介绍航空发动机行业 DMS 一体化协同技术的应用方案。

Rolls-Royce 公司的产品生命周期管理模型如图 8-35 所示。其中,大阶段 0～6 共计 7 个阶段分别为:创新与机会选择、初步方案设计、最终方案设计、产品实现、生产和服务支持、持续服务支持、到寿处理。关键决策点共计 6 项分别

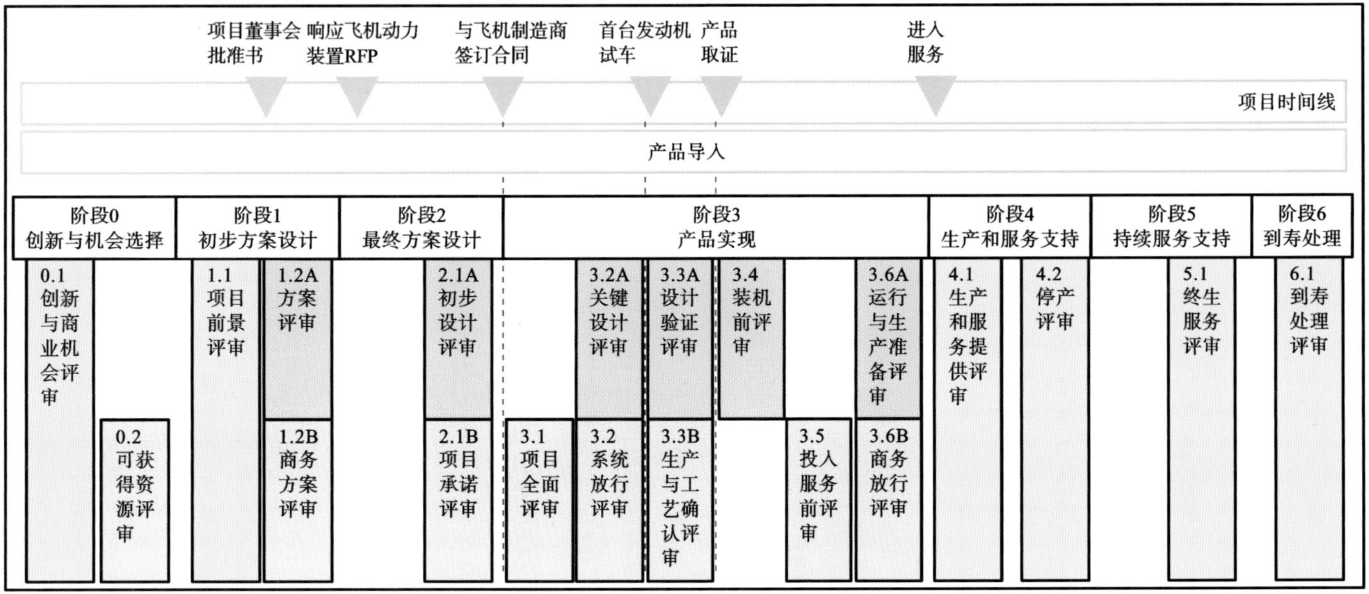

阶段0 创新与机会选择		阶段1 初步方案设计		阶段2 最终方案设计		阶段3 产品实现							阶段4 生产和服务支持		阶段5 持续服务支持	阶段6 到寿处理
0.1 创新与商业机会评审		1.1 项目前景评审				3.1 项目全面评审	3.2A 关键设计评审	3.3A 设计验证评审	3.4 装机前评审		3.6A 运行与生产准备评审		4.1 生产和服务提供评审	4.2 停产评审	5.1 终生服务评审	6.1 到寿处理评审
	0.2 可获得资源评审		1.2A 方案评审	2.1A 初步设计评审			3.2 系统放行评审	3.3B 生产与工艺确认评审		3.5 投入服务前评审		3.6B 商务放行评审				
			1.2B 商务方案评审	2.1B 项目承诺评审												

项目董事会选择　响应飞机动力　与飞机制造商　首台发动机　进入
批准书　　装置RFP　　签订合同　　试车　取证　服务

产品导入

项目时间线

图 8-35　RR公司的产品生命周期管理模型[214]

为：项目董事会批准书、响应飞机动力装置 RFP、与飞机制造商签订合同、首台发动机试车、产品取证和进入服务。RR 公司的商用航空发动机（如Trent900）、军用发动机（如 JSF135），以及船用燃机（如 MT30），均采用同样的生命周期管理模型。决策点规定了技术评审（淡紫）、项目评审（淡绿）、技术＋商务评审（土黄）、评审时间以及通过决策点的判别标准，有 A 类问题不通过、B 类问题有条件通过和观察/建议项目（纠正后通过）。评审组织为与项目没有关系的独立评审组。

RR 公司的产品生命周期管理模型无论从产品维视角还是项目维视角，在其航空发动机生命周期进程中均蕴含了与 DMS 一体化协同技术的交互融合。阶段 0、1、2 与航空发动机设计过程对应，阶段 3 与航空发动机制造过程对应，阶段 4、5、6 与航空发动机服务过程对应。阶段 0（创新与机会选择）、阶段 1（初步方案设计）和阶段 2（最终方案设计）主要包括航空发动机设计阶段创新与商业机会、可获得资源、项目前景、商务方案、初步设计、项目承诺等各类产品设计方案的评审；阶段 3（产品实现）主要包括航空发动机制造阶段全面项目、关键设计、系统放行、设计验证、生产与工艺确认、装机前、投入服务前、运行与生产准备、商务放行等各类产品制造方案的评审；阶段 4（生产和服务支持）、阶段 5（持续服务支持）和阶段 6（到寿处理）主要包括航空发动机服务阶段生产和服务提供、停产、终生服务、到寿处理等各类服务支持的评审。例如，基于 DMS 一体化协同技术，在设计过程阶段 2 的"初步设计评审"中，既可以考虑制造过程阶段 3 的"关键设计评审"和"设计验证评审"的信息与知识，又可以综合阶段 4 的"生产和服务提供评审"和阶段 6 的"到寿处理评审"信息与知识的反馈应用。

8.3.4　航空发动机行业 DMS 一体化协同技术应用实例

面向航空发动机研发业务、实施措施与型号研制不断迭代、优化以及完善的研发体系建设需求，本小节以中国航发商用航空发动机有限责任公司为背景，阐述 DMS 一体化协同技术在商用航空发动机行业的应用实例，主要涉及构建面向全生命周期场景的数字孪生体系、开展支撑数字孪生体的自主工业软件研发和开发面向商用航空发动机的四类数字样机三个方面的应用实例。

1. 构建面向全生命周期场景的数字孪生体系

面向场景、融合 DMS 一体化协同技术的航空发动机数字孪生体系建设是新形势下传统研制模式面临挑战后，结合新一代数字化技术，提出的解决方案。公司从航空发动机全生命周期的场景出发，建立了模型驱动的需求（R）—功能

(F)—逻辑(L)—物理(P)的正向研发框架;通过模型的分层验证构建了高保真、高精度的数字化模型,提升了模型置信度,实现了对物理产品的真正可预测和可分析,为数字孪生奠定了基础;基于第一原理和工程数据积累,公司自主开发了航空发动机设计分析软件,实现了对底层机理的清晰掌握,为工程经验知识的沉淀提供了载体,形成了数字孪生体系。整个体系的业务框架是围绕产品研发全生命周期的流程、规范、工具、数据、知识五个维度建立的。

在模型驱动的正向研发流程框架方面,公司从运营阶段、内外部环境、发动机状态/模式三个维度识别出超过 2000 个典型的场景,针对每个场景识别发动机的产品需求,确保需求的完整性。基于 DMS 一体化协同技术和基于模型的系统工程(MBSE)方法,在产品论证阶段就可以将基于语义的需求转化为可执行的模型,进行功能逻辑的正确性验证,确保复杂产品研制的早期需求论证的科学性。一方面,经过已确认的产品需求集,进行功能分析和逻辑架构的设计建模。另一方面,进行详细的物理部件的设计,使得整个发动机设计过程呈现出结构化、可视化的特点,并且可以执行验证,从而能够有效描述发动机研发日益增长的系统复杂性,促进发动机各系统研发人员之间的跨学科、跨专业沟通,有效减少设计迭代次数,提高设计质量和节约研发成本。

以燃烧室部件为例,公司建立了基于数字孪生的分层仿真验证体系,如图 8-36 所示。基于上述数字孪生分层仿真验证体系,开展了底层机理模型的数字孪生试验验证工作,例如湍流模型、湍流燃烧模型、雾化模型、辐射模型、冷却结构简化模型、污染排放模型等。在此基础上,进一步仿真确定物理现象与数学模型、计算机程序之间产生的误差,从而开展误差标定和模型校核,以逐步进行零件级、组件级、部件级/系统级的数字孪生仿真验证。此外,为了有效支撑高精度、高保真的大规模数字孪生仿真能力,以分层仿真验证体系为基础架构,开发了高性能计算分析平台,该平台可以实现 20000 核数和 300 万亿次/秒的计算能力。同时,依托 DMS 一体化协同技术,以异地协调合作的方式充分利用地方资源,实现了从传统 x86 架构到国产异构众核架构的系统平台一致性迁移,实现了燃烧室的燃烧大涡高保真计算分析和 10 亿级网格全环真实构型数字孪生模拟仿真。

2. 开展支撑数字孪生体的自主工业软件研发

自主工业软件是支撑数字孪生体系的重要组成部分。中国航发商用航空发动机有限责任公司在自主工业软件开发过程中,结合 DMS 一体化协同技术,融合了工业软件开发服务业务设计、制造、运行与维护的软件开发全生命周期。

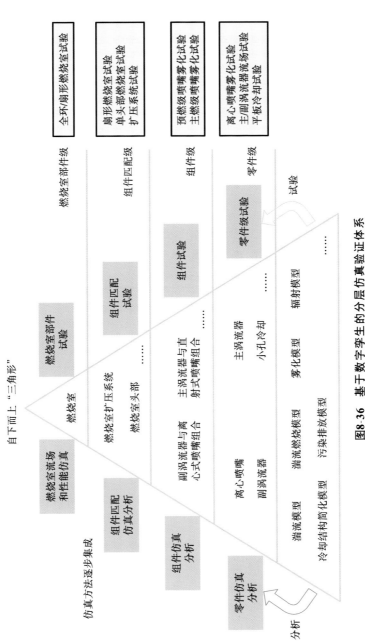

图8-36 基于数字孪生的分层仿真验证体系

针对气动、控制、强度等 13 个航空发动机设计研发核心专业业务领域自主软件研发总体进展如图 8-37 所示。

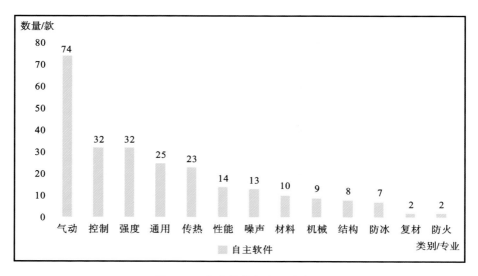

图 8-37 自主软件各专业分布图

众多自主软件中比较有代表性的软件为两款商用航空发动机核心大型 CFD（计算流体动力学）软件。用于航空发动机设计研发的 CFD 软件开发是一项复杂的系统工程，相关开发人员不仅需要在计算流体力学、湍流、两相流、燃烧反应动力学和燃烧模型等物理化学研究领域具有扎实的理论基础，还需要在计算机软件、硬件和可视化等技术领域有丰富的研发经验。推出一款成熟的 CFD 软件（如 CFX、FLUENT 等）通常需要 10 年左右。在软件定义设计、软件定义制造的数字化背景下，中国航发商用航空发动机有限责任公司为解决"卡脖子"问题，从计算流体力学基础理论出发，根据描述发动机内流动的控制方程在不同部件区域表现出来的不同数学性质，设计研发了两款大型 CFD 三维计算分析软件：其一，叶轮机械三维气动设计分析软件，用于解决风扇、压气机和涡轮等部件设计中呈现出的双曲型性质的可压缩流动问题；其二，航空发动机燃烧数值模拟软件（简称燃烧软件），用于解决燃烧室中呈现出的椭圆形性质的低马赫数、变密度燃烧流动问题。

1）叶轮机械三维气动设计分析软件开发

叶轮机械三维气动设计分析软件（简称气动软件）的开发着眼于求解风扇、压气机、涡轮及外部短舱处的控制方程呈现出的双曲型性质的流动问题。针对航空发动机的应用背景,气动软件中考虑了真实气体、转静交界面处理、封严和气膜冷却等模型。面向大规模计算设计了高效并行计算方案以及针对多种前后处理软件加入了多种数据文件的输入/输出功能。目前,气动软件包括集成环境、前处理、核心求解和后处理功能模块,具备多种湍流模型、转静交界面处理、近壁面处理、转捩计算、气膜冷却计算、变比热计算等功能,软件代码规模达到百万行,可进行叶轮机械单排、多级三维无黏、黏性定常和非定常气动计算,通过高效并行技术可处理超大网格规模计算。气动软件基本上可以满足压气机部和涡轮部型号设计中气动设计计算的所有功能需求,在性能上的表现不弱于商业软件的,在工程应用中有着良好的表现,技术成熟度已达到 5 级。叶轮机械三维气动设计分析软件部分界面如图 8-38、图 8-39、图 8-40 所示。

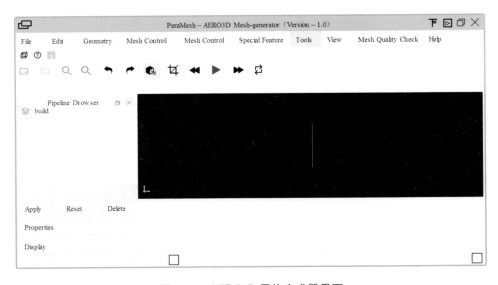

图 8-38　AERO3D 网格生成器界面

2）航空发动机燃烧数值模拟软件开发

民用航空发动机燃烧室内流动为复杂的湍流流动,同时兼有燃油液滴破碎、蒸发、燃烧等多种传热传质的物理现象。针对燃烧室内几何形状复杂的特点,航空发动机燃烧数值模拟软件(简称燃烧软件)采用非结构网格离散方案,进而采用有限体积法对流体力学偏微分控制方程组进行离散;针对燃烧室内流动具有低马赫数、变密度的特点,采用基于压力的流体力学方程组求解方案;为了模拟湍流流动现象,分别开发了针对不同燃烧室应用场景的 RANS 和 LES

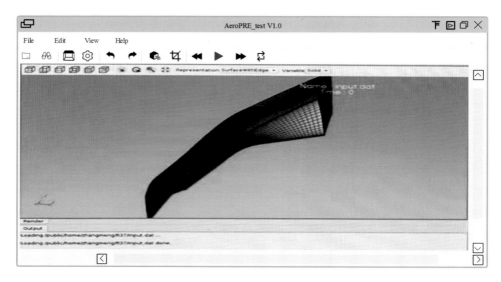

图 8-39 AERO3D 软件前处理界面

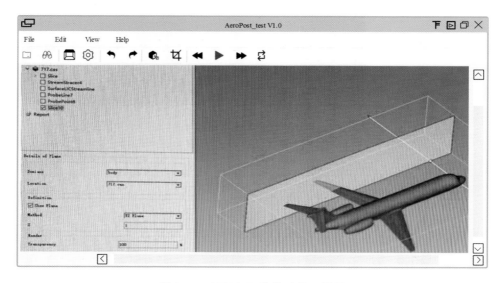

图 8-40 AERO3D 软件后处理界面

模型;针对低污染燃烧室部分预混燃烧现象,提供两种适合于部分预混燃烧的模型供选择,分别为适用于简单化学反应机理的 EDM 燃烧模型以及复杂化学反应机理的 FGM 燃烧模型;对于燃烧室内两相流的特征,对气相(连续流场)采用欧拉方法描述,对燃油相(离散流场)采用拉格朗日方法描述。此外,燃烧室变密度不可压缩流动问题数值模拟方程组规模较大,且具有较高的复杂性,求解过程十分耗时,因此燃烧软件采用了稳定双共轭梯度算法以及代数多重网格法来求解方程组,以提高计算效率。燃烧软件目前已经完成了前处理模块、核心求解器模块、湍流模块、喷雾模块、燃烧模块、传热模块、污染物模块、后处理模块以及集成开发环境的开发,并基于大量基础算例和工程算例展开了详细验证计算,具备开展燃烧室复杂结构内流动、喷雾、蒸发和燃烧过程的大规模并行计算能力,技术成熟度已达到 5 级。航空发动机燃烧数值模拟软件部分界面如图 8-41、图 8-42 所示。

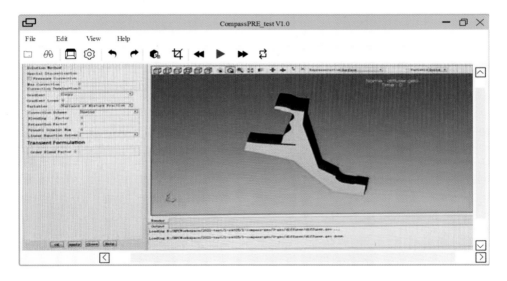

图 8-41　COMPASS 前处理界面

3. 开发面向商用航空发动机的四类数字样机

商用航空发动机数字样机包含:概念样机、工程样机、工艺样机和运维样机。这四类样机(数字发动机)是发动机全生命周期中形成的并且可以随时优化更新的各阶段数字模型形态,也是实现商用航空发动机全生命周期中重要研制工作仿真的前提条件。以产品生命周期为线索,以 DMS 一体化协同技术为导引,逐步深入构建四类数字样机,概念样机为工程样机提供设想,工程样机为工艺样机提供几何外形与性能指标,工艺样机为运维样机提供工艺参数,运维样机保障产品正常运行,同时,运维样机也为概念样机、工程样机、工艺样机提

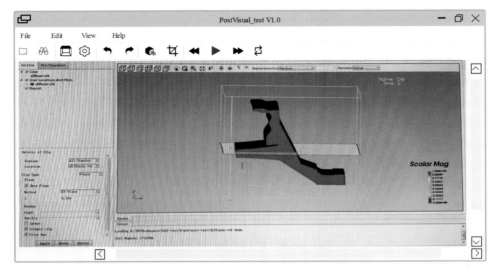

图 8-42 COMPASS 后处理界面

供支撑。

概念样机是开展工程样机构建的输入,其以需求为牵引,以 DMS 一体化协同技术为导引,利用统一建模语言构建基于模型的发动机数字样机。概念样机包含飞发一体化仿真、发动机需求模型、发动机功能逻辑模型等。为了构建较为接近实际运行场景的飞发一体化综合仿真系统,使该仿真系统具备全包线评估发动机性能、噪声、排放和安全性的能力,通过 DMS 一体化协同技术,中国航发商用航空发动机有限责任公司(以下简称公司)构建了一套飞发一体化仿真模型,可以实现飞发性能匹配性、排放和噪声指标评估、发动机功能型故障注入等功能场景,从而为动力装置研制及其系统研制的飞机级确认活动提供技术平台和依据。现已完成飞机模型、飞行任务建模、环境建模等模型开发工作;完成发动机性能模型、噪声模型、排放模型、FADEC 模型和飞机模型(型号 B787)的集成与联合调试;完成发动机三维视景的初步开发。此外,为了分析发动机功能需求、功能接口并进行仿真验证,同时实现发动机整机功能的需求分配和验证,公司构建了一套发动机功能逻辑模型,目前已完成发动机整机运行场景分析及启动、正推力运行等用例功能模型的建模,形成了 17 张功能活动图、32 张时序图(场景图)、14 张状态图和 134 个操作和属性。通过用例功能模型的建模,有效捕捉到快速风车启动逻辑、复飞状态的逻辑等方面的设计缺陷;通过功能逻辑建模,实现了发动机发生喘振的判断标准、喘振的处理措施等整机需求的补充和完善;综上所述,结合 DMS 一体化协同技术,为发动机在概念阶段等早期设计的需求和功能逻辑验证提供了有力支撑,避免了研制阶段后期的频繁设计迭代,大大提升了项目的成功率。

工程样机分为几何样机和性能样机。

对于航空发动机几何样机,为反映各功能子系统空间位置、零部件构型、尺寸、几何约束关系及产品装配与配合关系等信息,同时使其兼具产品 E-BOM 的建立和工程变更管理等功能,公司构建了一套包含完整的产品结构和几何信息定义几何样机。目前,公司通过 MBD 模型已完成多个备份几何样机的构建,并根据几何样机进行装配性分析、维修性分析、运动仿真、三维尺寸链计算等。根据产品需求,通过自顶向下的结构协同设计流程,建立接口控制模型,通过控制模型来约束模型接口边界要求,到完成详细设计阶段的 MBD 三维工程设计,最终形成发动机整机几何样机,实现了设计生产制造检测等 DMS 一体化协同过程的高度集成。同时,公司通过几何样机构建工具(模型数据快速提取、发动机传动齿轮设计、线缆电磁仿真快速前处理工具等)、设计资源库(用户自定义特征库、产品模板库、典型零件快速建模工具)构建几何样机构建环境,提升几何样机构建的效率。

对于航空发动机性能样机,为反映产品输入/输出工作特性、安全系数、寿命和可靠性等指标,评估子系统指标和子系统间的性能耦合,公司构建了一套跨学科、跨专业的多物理场综合仿真性能样机。目前,公司已基于自主开发的软件完成整机性能模型、发动机控制逻辑模型及气动稳定性仿真等模型的构建,按照各专业学科实现各功能单元,设计并规范各功能接口,开展性能样机协同仿真,建立一体化建模环境。性能样机基于航空发动机控制逻辑仿真,完成了对控制逻辑模型和试验操作台的建模,实现了与发动机实时模型的联合仿真和发动机启动、稳态、加减速等试验方案和在线可调参数的提前仿真,提升了总体性能专业控制逻辑设计与仿真验证能力。截至 2021 年,性能样机已广泛应用于型号研制中的方案评估、试验数据分析及总体控制逻辑仿真验证。

工艺样机在工程样机的基础上增加了零部件的制造工艺和装配等模型,并包含工艺几何结构、安装定位、工装制造、机加工零件等工艺参数信息。为协同产品设计域与产品制造域,确保产品设计意图有效地转化为产品实物,确保产品数据在整个产品生命周期内的保留和传递,减少工艺准备过程中人为因素造成的生产故障,公司充分利用上游三维设计模型开展仿真能力建设,形成面向生产制造的集三维模型、制造工艺、关键特征等于一体的工艺样机。目前,公司已完成标准工艺资源库和知识库的建设,实现装配工艺的结构化和工艺数据的发布,初步建立工艺样机所涉及的制造装配工艺标准和指导书资源库;后续将继续建立基于模型的虚拟仿真验证环境,完善零件加工和装配模型,实现三维设计到制造的全生命周期的更改闭环和数据双向可追溯性流动,实现基于模型的工艺、制造一体化,扩大工艺样机的应用。

运维样机的作用是在发动机运行维修阶段,通过建立客户服务产品开发技术能力,形成维修要求、维修程序、地面保障设备、数字技术出版物、性能监控模型/故障监控模型、航材预测模型等数字信息。为形成基于模型的运行支持系统和客户服务能力,公司基于客户服务场景,以仿真为基础,以数据为核心,以信息化为驱动,打造面向未来的数字化运维样机。目前,公司已开展了客户服务、维修工程分析、技术出版物、培训、运行监控以及航材等多个模块的定义和策划工作,基于运维样机的功能需求,初步识别维修工程分析数据、运行可靠性数据、运行监控数据、航材数据等使用维护相关数据项 1012 项。运维样机已初步应用于发动机/起动机维修程序验证、维修工程分析、维修间隔确定等工作中。

8.3.5 航空发动机行业 DMS 一体化协同技术趋势分析与展望

航空发动机属于复杂产品,其研制是一项系统工程,一方面,传统研制过程存在研发效率低、设计周期长、制造质量难以保证、组织协调机制复杂、人员沟通不畅等问题,导致研发持续时间长、信息丢失和信息孤岛现象严重。另一方面,航空发动机研制生命周期过程涉及各种流程与规范、方法与工具、信息化平台、工程与技术数据等,如何实现各阶段数据、信息和知识的有机协同、集成融合是当前航空发动机行业面临的紧迫任务。围绕产品研制生命周期主线,通过DMS 一体化协同技术促进不同阶段之间数据的交互共享和业务的动态联动,为加速航空发动机行业制造模式的革新与转变提供了支持和契机。

长期以来,为持续提升我国航空发动机的研制水平,适应航空型号工程数字化和管理信息化的发展趋势,航空发动机制造企业在不断探索能够支撑发动机需求确认、设计研发、生产制造以及运行维护一体化高度集成与协同的技术体系。例如,通过航空发动机整机、系统、子系统的系统工程信息化应用迭代与设计递进,实现航空发动机需求确认阶段不断融入创新设计、生产制造、运行维护等阶段的关键需求信息,以完善概念设计;在创新设计阶段融入需求确认、生产制造、运行维护等阶段的重要信息,实现产品的迭代升级;在生产制造阶段融入需求确认、创新设计、运行维护等阶段的关键数据,以转变制造模式;在运行维护阶段融合需求确认、创新设计和生产制造等阶段的重要知识,提升运维服务的精准性和及时性。

同时,随着物联网、云计算、深度学习、数字孪生、人工智能等新兴技术的迅猛发展,面向未来的航空发动机研制过程必然向全生命周期协同管控能力提升、全生命周期信息与知识交互共享、全生命周期全局正向设计优化、全生命周期管控绿色化和智能化等方向迈进。例如,基于物联网、云-边-端计算、大数据、虚拟现实、复杂网络等技术体系,在航空发动机设计之初即运维之时,通过自适应设计-制造-服务一体化协同以及融合知识和环境因素的自组织进化生长,实现航空发动机产品全生命周期跨阶段、跨地域、跨层次的一体化协同与绿色智能,构建一种边设计-边制造-边服务的大制造模式。

参考文献

［1］ DEAN J. Pricing policies for new products［J］. Harvard Business Review，1976，54(6)：141-153.

［2］ LEVIRT T. Exploit the product life cycle［M］. Cambridge，MA：Harvard University，1965.

［3］ 周康渠，徐宗俊，郭钢. 制造业新的管理理念——产品全生命周期管理［J］. 中国机械工程，2002，13(15)：1343-1346.

［4］ COOK D J，AUGUSTO J C，JAKKULA V R. Ambient intelligence：technologies，applications，and opportunities［J］. Pervasive and Mobile Computing，2009，5(4)：277-298.

［5］ MCFARLANE D，SHEFFI Y. The impact of automatic identification on supply chain operations［J］. The International Journal of Logistics Management，2003，14(1)：1-17.

［6］ JASELSKIS E J，El-MISALAMI T. Implementing radio frequency identification in the construction process［J］. Journal of Construction Engineering and Management，2003，129(6)：680-688.

［7］ HIGHTOWER J，BORRIELLO G. Location systems for ubiquitous computing［J］. Computer，2001，34(8)：57-66.

［8］ 袁勇，王飞跃. 区块链技术发展现状与展望［J］. 自动化学报，2016，42(4)：481-494.

［9］ 李海刚，吴启迪. 多 Agent 系统研究综述［J］. 同济大学学报(自然科学版)，2003(6)：728-732.

［10］ 陶飞，张萌，程江峰，等. 数字孪生车间——一种未来车间运行新模式［J］. 计算机集成制造系统，2017，23(1)：1-9.

［11］ KOVÁCS G，KOPACSI S，HAIDEGGER G，et al. Ambient intelligence in product life-cycle management［J］. Engineering Applications of Artificial Intelligence，2006，19(8)：953-965.

[12] JUN H B，SHIN J H，KIRITSIS D，et al. System architecture for closed-loop PLM[J]. International Journal of Computer Integrated Manufacturing，2007，20(7)：684-698.

[13] LEE B E，SUH S H. An architecture for ubiquitous product life cycle support system and its extension to machine tools with product data model[J]. The International Journal of Advanced Manufacturing Technology，2009，42(5-6)：606.

[14] LIU X，WANG W，GUO H，et al. Industrial blockchain based framework for product lifecycle management in industry 4.0[J]. Robotics and Computer-Integrated Manufacturing，2020，63：101897.

[15] 苗田，张旭，熊辉，等. 数字孪生技术在产品生命周期中的应用与展望[J]. 计算机集成制造系统，2019，25(6)：1546-1558.

[16] 任杉，张映锋，黄彬彬. 生命周期大数据驱动的复杂产品智能制造服务新模式研究[J]. 机械工程学报，2018，55(22)：194-203.

[17] REN S，ZHANG Y F，LIU Y，et al. A comprehensive review of big data analytics throughout product lifecycle to support sustainable smart manufacturing：a framework，challenges and future research directions [J]. Journal of Cleaner Production，2019，210：1343-1365.

[18] 孟小峰，慈祥. 大数据管理：概念、技术与挑战[J]. 计算机研究与发展，2013，50(1)：146-169.

[19] LANEY D. 3D data management：controlling data volume，velocity and variety[J]. META Group Research Note，2001，6(70)：1-4.

[20] MANYIKA J，CHUI M，BROWN B，et al. Big data：the next frontier for innovation，competition，and productivity[R]. McKinsey & Company，2011.

[21] KAUR P D，KAUR A，KAUR S. Performance analysis in big data[J]. International Journal of Information Technology and Computer Science，2015，11：55-61.

[22] Big data [EB/OL]. [2018-12-16]. https://en.wikipedia.org/wiki/Big_data.

[23] ZHONG R Y，NEWMAN S T，HUANG G Q，et al. Big data for supply

chain management in the service and manufacturing sectors：challenges，opportunities，and future perspectives[J]. Computers & Industrial Engineering，2016，101：572-591.

[24] 张洁，秦威，鲍劲松，等.制造业大数据[M].上海：上海科学技术出版社，2016.

[25] 顾新建，代风，杨青梅，等.制造业大数据顶层设计的内容和方法（上篇）[J].成组技术与生产现代化，2015，32(4)：12-17.

[26] 徐颖，李莉.制造业大数据的发展与展望[J].信息与控制，2018，47(4)：421-427.

[27] WAN J，TANG S，LI D，et al. A manufacturing big data solution for active preventive maintenance[J]. IEEE Transactions on Industrial Informatics，2017，2(16)：2039-2047.

[28] LEE J. Industrial big data：The revolutionary transformation and value creation in industry 4.0 era[M]. Beijing：China Machine Press，2015.

[29] LI J，TAO F，CHENG Y，et al. Big data in product lifecycle management[J]. The International Journal of Advanced Manufacturing Technology，2015，81(1-4)：667-684.

[30] DEKHTIAR J，DURUPT A，BRICOGNE M，et al. Deep learning for big data applications in CAD and PLM – research review，opportunities and case study[J]. Computers in Industry，2018，100：227-243.

[31] ZHANG Y F，REN S，LIU Y，et al. A framework for big data driven product lifecycle management[J]. Journal of Cleaner Production，2017，159：229-240.

[32] 屈鹏飞.复杂产品生命周期设计知识大数据集成和应用研究[D].杭州：浙江大学，2016.

[33] LOU S，FENG Y，ZHENG H，et al. Data-driven customer requirements discernment in the product lifecycle management via intuitionistic fuzzy sets and electroencephalogram[J]. Journal of Intelligent Manufacturing，2020，31(7)：1721-1736.

[34] TAO F，CHENG J，QI Q，et al. Digital twin-driven product design，manufacturing and service with big data[J]. The International Journal of Advanced Manufacturing Technology，2018，94(9-12)：3563-3576.

［35］ FAHMIDEH M，BEYDOUN G. Big data analytics architecture design-An application in manufacturing systems［J］. Computers and Industrial Engineering，2019，128：948-963.

［36］ LIM K，ZHENG P，CHEN C. A state-of-the-art survey of Digital Twin：techniques，engineering product lifecycle management and business innovation perspectives［J］. Journal of Intelligent Manufacturing，2020，31(6)：1313-1337.

［37］ JIN J，LIU Y，JI P，et al. Understanding big consumer opinion data for market-driven product design［J］. International Journal of Production Research，2016，54(10)：3019-3041.

［38］ JIANG H，KWONG C K，PARK W Y，et al. A multi-objective PSO approach of mining association rules for affective design based on online customer reviews［J］. Journal of Engineering Design，2018，29(7)：381-403.

［39］ MA J，KWAK M，KIM H M. Demand trend mining for predictive life cycle design［J］. Journal of Cleaner Production，2014，68：189-199.

［40］ LAI X，ZHANG Q，CHEN Q，et al. The analytics of product-design requirements using dynamic internet data：application to Chinese smartphone market［J］. International Journal of Production Research，2019，57(18)：5660-5684.

［41］ WANG Z，CHEN C，ZHENG P，et al. A graph-based context-aware requirement elicitation approach in smart product-service systems［J］. International Journal of Production Research，2019，59(2)：635-651.

［42］ ALI M M，DOUMBOUYA M B，LOUGE T，et al. Ontology-based approach to extract product′s design features from online customers′ reviews［J］. Computers in Industry. 2020，116：103175.

［43］ LI X，MING X，SONG W，et al. A fuzzy technique for order preference by similarity to an ideal solution – based quality function deployment for prioritizing technical attributes of new products［J］. Proceedings of the Institution of Mechanical Engineers，Part B：Journal of Engineering Manufacture，2016，230(12)：2249-2263.

［44］ SONG W，SAKAO T. Service conflict identification and resolution for design of product – service offerings[J]. Computers & Industrial Engineering，2016，98：91-101.

[45] AFSHARI H，PENG Q. Modeling and quantifying uncertainty in the product design phase for effects of user preference changes[J]. Industrial Management & Data Systems，2015，115(9)：1637-1665.

[46] 汪星刚. 大数据环境下机械产品配置设计关键技术研究[D]. 武汉：武汉理工大学，2017.

[47] YIN Z，GAO Q. A novel imperialist competitive algorithm for scheme configuration rules mining of product service system[J]. Arabian Journal for Science and Engineering，2020，45(4)：3157-3169.

[48] YIN H，JIANG Y，LIN C，et al. Big data：transforming the design philosophy of future internet[J]. IEEE Network，2014，28(4)：14-19.

[49] 王少杰，侯亮，方奕凯，等. 考虑产品运行大数据的装载机变速箱优化设计[J]. 机械工程学报，2018，54(22)：218-232.

[50] ZHUANG C，LIU J，XIONG H. Digital twin-based smart production management and control framework for the complex product assembly shop-floor[J]. The International Journal of Advanced Manufacturing Technology，2018，96(1-4)：1149-1163.

[51] WANG J，ZHANG J. Big data analytics for forecasting cycle time in semiconductor wafer fabrication system[J]，International Journal of Production Research，2016，54(23)：7231-7244.

[52] LI Y，CHANG Q，XIAO G，et al. Data-driven analysis of downtime impacts in parallel production systems[J]. IEEE Transactions on Automation Science and Engineering，2015，12(4)：1541-1547.

[53] HUANG B B，WANG W B，REN S，et al. A proactive task dispatching method based on future bottleneck prediction for smart factory[J]. International Journal of Computer Integrated Manufacturing，2019，32(3)：278-293.

[54] MORARIU C，MORARIU O，RAILEANU S，et al. Machine learning for predictive scheduling and resource allocation in large scale manufacturing systems[J]. Computers in Industry，2020，120：103244.

[55] KONG W，TAO F，WU Q. Real-manufacturing-oriented big data analy-

sis and data value evaluation with domain knowledge[J]. Computational Statistics，2020，35（2）：515-538.

［56］ZHU K，LI G，YANG Y. Big data oriented smart tool condition monitoring system[J]. IEEE Transactions on Industrial Informatics，2020，16（6）：4007-4016.

［57］MA S，ZHANG Y，REN S，et al. A case-practice-theory-based method of implementing energy management in a manufacturing factory[J]. International Journal of Computer Integrated Manufacturing，2021，34（7-8）：829-843.

［58］ZHANG C，WANG Z，DING K，et al. An energy-aware cyber physical system for energy big data analysis and recessive production anomalies detection in discrete manufacturing workshops[J]. International Journal of Production Research，2020，58（23）：7059-7077.

［59］王婷，廖斌，杨承诚. 大数据驱动的绿色智能制造模式及实现技术[J]. 重庆大学学报，2020，43（1）：64-73.

［60］姚锡凡，周佳军，张存吉，等. 主动制造——大数据驱动的新兴制造范式[J]. 计算机集成制造系统，2017，23（1）：172-185.

［61］刘伟杰，吉卫喜，张朝阳. 面向智能生产维护的大数据建模分析方法[J]. 中国机械工程，2019，30（2）：159-166.

［62］MAJEED A，LV J，PENG T. A framework for big data driven process analysis and optimization for additive manufacturing[J]. Rapid Prototyping Journal，2019，25（2）：308-321.

［63］周昊飞，刘玉敏. 基于深度置信网络的大数据制造过程实时智能监控[J]. 中国机械工程，2018，29（10）：1201-1207，1213.

［64］WU X，ZHAO J，TONG Y. Big data analysis and scheduling optimization system oriented assembly process for complex equipment[J]. IEEE Access，2018，6：36479-36486.

［65］雷亚国，贾峰，周昕，等. 基于深度学习理论的机械装备大数据健康监测方法[J]. 机械工程学报，2015，51（21）：49-56.

［66］LEI Y，LIU Z，WU X，et al. Health condition identification of multistage planetary gearboxes using a mRVM-based method[J]. Mechanical Systems and Signal Processing，2015，60：289-300.

［67］ LEI Y，JIA F，LIN J，et al. An intelligent fault diagnosis method using unsupervised feature learning towards mechanical big data［J］. IEEE Transactions on Industrial Electronics，2016，63(5)：3137-3147.

［68］ JIA F，LEI Y，LIN J，et al. Deep neural networks：a promising tool for fault characteristic mining and intelligent diagnosis of rotating machinery with massive data［J］. Mechanical Systems and Signal Processing，2016，72：303-315.

［69］ SI J，LI Y，MA S. Intelligent fault diagnosis for industrial big data［J］. Journal of Signal Processing Systems，2018，90(8)：1211-1233.

［70］ QI G，ZHU Z，ERQINHU K，et al. Fault-diagnosis for reciprocating compressors using big data and machine learning［J］. Simulation Modelling Practice and Theory，2018，80：104-127.

［71］ HU H，TANG B，GONG X，et al. Intelligent fault diagnosis of the high-speed train with big data based on deep neural networks［J］. IEEE Transactions on Industrial Informatics，2017，13(4)：2106-2116.

［72］ 余骋远. 基于工业大数据的设备健康与故障分析方法研究与应用［D］. 北京：中国科学院大学(中国科学院沈阳计算技术研究所)，2017.

［73］ KUMAR A，SHANKAR R，CHOUDHARY A，et al. A big data MapReduce framework for fault diagnosis in cloud-based manufacturing［J］. International Journal of Production Research，2016，54(23)：7060-7073.

［74］ O'DONOVAN P，LEAHY K，BRUTON K，et al. An industrial big data pipeline for data-driven analytics maintenance applications in large-scale smart manufacturing facilities［J］. Journal of Big Data，2015，2(1)：25.

［75］ LEE C K M，CAO Y，NG K H. Big data analytics for predictive maintenance strategies［M］//CHAN H K et al. Supply Chain Management in the Big Data Era. IGI Global，2017：50-74.

［76］ ZHANG Y，REN S，LIU Y，et al. A big data analytics architecture for cleaner manufacturing and maintenance processes of complex products［J］. Journal of Cleaner Production，2017，142：626-641.

［77］ BUMBLAUSKAS D，GEMMILL D，IGOU A，et al. Smart maintenance decision support systems (SMDSS) based on corporate big data analytics

[J]. Expert Systems with Applications，2017，90：303-317.

[78] MATYAS K，NEMETH T，KOVACS K，et al. A procedural approach for realizing prescriptive maintenance planning in manufacturing industries[J]. CIRP Annals，2017，66(1)：461-464.

[79] KUMAR A，SHANKAR R，THAKUR L S. A big data driven sustainable manufacturing framework for condition-based maintenance prediction[J]. Journal of Computational Science，2018，27：428-439.

[80] 杨叔子，史铁林. 和谐制造：制造走向制造与服务一体化[J]. 江苏大学学报(自然科学版)，2009，30(3)：217-223.

[81] 赵福全，刘宗巍，史天泽. 基于网络的汽车产品设计/制造/服务一体化研究[J]. 科技管理研究，2017，37(12)：97-102.

[82] WU K，BIAN P，GUO Y. Personalized product design and service system for cloud manufacturing[C]//Proceedings of IOP Conference Series-Materials Science and Engineering. England：IOP Publishing Ltd.，2019，573(1)，012103.

[83] 李浩，陶飞，王昊琪，等. 基于数字孪生的复杂产品设计制造一体化开发框架与关键技术[J]. 计算机集成制造系统，2019，25(6)：1320-1336.

[84] 周新杰，明新国，陈志华，等. 基于模型、数据、知识的设计与制造协同框架[J]. 计算机集成制造系统，2019，25(12)：3116-3126.

[85] 张凯，赵武，王杰，等. 面向服务型制造的产品设计信息集成方法[J]. 工程科学与技术，2018，50(2)：204-211.

[86] 黄斌达，齐雯雯，朱明熙，等. 航空机载产品设计制造一体化研制平台的开发[J]. 机床与液压，2020，48(9)：61-65.

[87] SIISKONEN M，MALMQVIST M，FOLESTAD S. Integrated product and manufacturing system platforms supporting the design of personalized medicines [J]. Journal of Manufacturing Systems，2020，56：281-295.

[88] HU D，LEI R. The product collaborative design system architecture based on cloud manufacturing services[J]. ACSR-Advances in Computer Science Research，2017，73：753-757.

[89] ZHAO L，WANG J，JIANG P，et al. Service design for product lifecycle in service oriented manufacturing[M]//XIONG C，et al. Intelligent Ro-

botics and Applications. Springer，2008，733-742.

[90] DO N. Integration of design and manufacturing data to support personal manufacturing based on 3D printing services[J]. International Journal of Advanced Manufacturing Technology，2017，9-12(90)：3761-3773.

[91] PHILLIPS R. Stakeholder theory and organizational ethics[M]. San Francisco：Berrett-Koehler Publishers，2003.

[92] OPRESNIK D，TAISCH M. The value of big data in servitization[J]. International Journal of Production Economics，2015，165：174-184.

[93] 程颖，戚庆林，陶飞. 新一代信息技术驱动的制造服务管理：研究现状与展望[J]. 中国机械工程，2018，29(18)：2177-2188.

[94] 王旭，李文川. 制造业的新理念——闭环产品生命周期管理[J]. 中国机械工程，2010，21(14)：1687-1693.

[95] 黄双喜，范玉顺. 产品生命周期管理研究综述[J]. 计算机集成制造系统—CIMS，2004，10(1)：1-9.

[96] LEE J，KAO H A，YANG S. Service innovation and smart analytics for industry 4.0 and big data environment[J]. Procedia CIRP，2014，16：3-8.

[97] WHITE T. Hadoop：The definitive guide[M]. O'Reilly Media Inc.，2012.

[98] CATTELL R. Scalable SQL and NoSQL data stores[J]. Acm Sigmod Record，2011，39(4)：12-27.

[99] JUN H B，SHIN J H，KIM Y S，et al. A framework for RFID applications in product lifecycle management[J]. International Journal of Computer Integrated Manufacturing，2009，22(7)：595-615.

[100] 任杉. 产品生命周期大数据驱动的设计-运维集成服务方法研究[D]. 西安：西北工业大学，2019.

[101] 刘刚，高琦，魏松，等. 产品生命周期数据获取技术研究[J]. 组合机床与自动化加工技术，2010(6)：93-96，100.

[102] 张建雄，吴晓丽，杨震，等. 基于工业物联网的工业数据采集技术研究与应用[J]. 电信科学，2018，34(10)：124-129.

[103] 常洁，王艺，李洁，等. 工业通信网络现有架构的梳理总结和未来运营商的发展策略[J]. 电信科学，2017，33(11)：123-133.

[104] 延婉梅. 动车组大数据清洗关键技术研究与实现[D]. 北京：北京交通大

学，2015.

[105] 杜伟. 面向智能工厂的多源制造信息感知方法及应用[D]. 西安：西北工业大学，2016.

[106] 李莉，史天运，李亚洁，等. 基于数据融合的动车组转向架健康状态评估[C]. 第 36 届中国控制会议，2017.

[107] KRIZHEVSKY A，SUTSKEVER I，et al. ImageNet classification with deep convolutional neural networks[J]. Communications of the ACM，2017，60(6)：84-90.

[108] 陈炳旭. 基于深度卷积循环神经网络的刀具状态监测技术研究[D]. 武汉：华中科技大学，2019.

[109] JIN L，LI S，HU B. RNN models for dynamic matrix inversion：a control-theoretical perspective[J]. IEEE Transactions on Industrial Informatics，2017，14(1)：189-199.

[110] 高星海. 从基于模型的定义(MBD)到基于模型的企业(MBE)——模型驱动的架构：面向智能制造的新起点[J]. 智能制造，2017(5)：25-28.

[111] 张菲菲. 航天薄壁件多尺度 MBD 模型构建及可视化研究[D]. 上海：东华大学，2018.

[112] 周秋忠，范玉青. MBD 技术在飞机制造中的应用[J]. 航空维修与工程，2008(3)：55-57.

[113] 周秋忠，查浩宇. 基于三维标注技术的数字化产品定义方法[J]. 机械设计，2011，28(1)：33-36.

[114] 周红桥，张红旗. 支持 MBD 研发模式的产品数据集成研究[J]. 电子机械工程，2015，31(6)：50-53.

[115] 余志强，陈嵩，孙炜，等. 基于 MBD 的三维数模在飞机制造过程中的应用[J]. 航空制造技术，2009(25)：82-85.

[116] 夏秀峰，赵小磊，孔庆云. MBE 与大数据给 PDM 带来的思考[J]. 制造业自动化，2013，35(20)：70-74.

[117] 何永亮. MBD 技术在国内外航空制造业的应用对比浅析[J]. 科技创新与应用，2013(12)：73.

[118] CHANDRASEKARAN B. AI，knowledge and the quest for smart systems[J]. IEEE Expert，1994，9(6)：2-6.

[119] 赵美佳. 复杂产品设计过程知识建模及重用研究[D]. 天津：天津大

学，2014.

[120] 赵巍. 高速动车组运维智能决策知识库的研究和实现[D]. 北京：北京交通大学，2016.

[121] 代风. 面向复杂产品研发过程的知识网络理论及集成应用研究[D]. 杭州：浙江大学，2015.

[122] 田富君，张红旗，陈帝江，等. MBD 环境下雷达生命周期质量管理技术研究[J]. 雷达科学与技术，2013(6)：107-110,114.

[123] FORAY D，LUNDVALL B. The knowledge based economy[M]. Paris：OCDE，1997.

[124] 桑成. 闭环全生命周期管理系统中知识语义化管理技术的研究[D]. 合肥：中国科学技术大学，2017.

[125] 吴振勇. 产品设计知识管理服务理论与方法研究[D]. 上海：上海交通大学，2014.

[126] CHEN D，ZHAO H. Research on the method of extracting domain knowledge from the freebase RDF dumps[J]. IEEE Access，2018，6：50306-50322.

[127] 朱建平. 面向实体知识的表示学习研究[D]. 武汉：华中师范大学，2017.

[128] ALAA H，ALI S，JEAN-YVES D，PATRICK M. Interoperability of QFD，FMEA，and KCs Methods in the Product Development Process[C]//Proceedings of the 2009 IEEE International Conference on IEEM. New York：IEEE，2009：403-407.

[129] 耿秀丽. 顾客价值驱动的产品服务系统方案设计建模与决策技术研究[D]. 上海：上海交通大学，2012.

[130] ZEITHAML V A. Consumer perceptions of price，quality，and value：a means-end model and synthesis of evidence[J]. The Journal of Marketing，1988,52(3)：2-22.

[131] WOODRUFF R B. Customer value：the next source for competitive advantage[J]. Journal of the Academy of Marketing Science，1997，25(2)：139.

[132] CHAN L K，WU M L. A systematic approach to quality function deployment with a full illustrative example[J]. Omega，2005，33(2)：

119-139.

[133] SAATY T L. A scaling method for priorities in hierarchical structures [J]. Journal of Mathematical Psychology，1977，15(3)：234-281.

[134] GRECO S，MATARAZZO B，SLOWINSKI R. Rough sets theory for multicriteria decision analysis[J]. European Journal of Operational Research，2001，129(1)：1-47.

[135] 宋文燕. 面向客户需求的产品服务方案设计方法与技术研究[D]. 上海：上海交通大学，2014.

[136] 王晓暾. 不确定信息环境下的质量功能展开研究[D]. 杭州：浙江大学，2011.

[137] 冯俊文，顾昌耀. 多目标不确定型问题的乐观系数决策方法及其在R&D项目选择中的应用[J]. 优选与管理科学，1990(2)：1-11.

[138] AURISICCHIO M，BRACEWELL R，ARMSTRONG G. The function analysis diagram［C］//ASME 2012 International Design Engineering Technical Conferences and Computers and Information in Engineering Conference. New York：ASME，2012：849-861.

[139] MAUSSANG N，ZWOLINSKI P，BRISSAUD D. Product-service system design methodology：from the PSS architecture design to the products specifications[J]. Journal of Engineering Design，2009，20(4)：349-366.

[140] 李延来，唐加福，姚建明，等. 质量屋构建的研究进展[J]. 机械工程学报，2009，45(3)：57-70.

[141] AKAO Y，KING B，MAZUR G H. Quality function deployment：integrating customer requirements into product design[M]. New York：Productivity Press，1990.

[142] 王晓暾，熊伟. 质量功能展开中顾客需求重要度确定的粗糙层次分析法[J]. 计算机集成制造系统，2010，16(4)：763-771.

[143] XU Z. An interactive approach to multiple attribute group decision making with multigranular uncertain linguistic information[J]. Group Decision and Negotiation，2009，18(2)：119-145.

[144] XU Z. Uncertain linguistic aggregation operators based approach to multiple attribute group decision making under uncertain linguistic envi-

ronment[J]. Information Sciences，2004，168(1-4)：171-184.

[145] 彭定洪. 模糊语言群体多准则决策方法研究[D]. 哈尔滨：哈尔滨理工大学，2012.

[146] 李宇龙，张根保，王勇勤，等. 数控机床基于元动作的 FMEA 分析技术研究[J]. 湖南大学学报，2019，46(10)：64-75.

[147] STONE B，WOOD L，CRAWFORD H. A heuristic method for identifying modules for product architectures[J]. Design Studies，2000，21(1)：5-31.

[148] 张恒. 基于元动作的数控机床可靠性分析与控制的研究[D]. 重庆：重庆大学，2012.

[149] 冉琰. 机电产品元动作单元建模及关键质量特性预测控制技术研究[D]. 重庆：重庆大学，2016.

[150] 张根保，张恒，范秀君，等. 数控机床基于 FMA 的功能分解与可靠性分析[J]. 机械科学与技术，2012，31(4)：528-533.

[151] 钟掘. 复杂机电系统耦合设计理论与方法[M]. 北京：机械工业出版社，2007.

[152] 张峰. 基于关系物元实例推理的产品配置设计方法[D]. 杭州：浙江工业大学，2009.

[153] 姜俊. 面向产品配置设计的知识表示及推理研究[D]. 杭州：浙江工业大学，2008.

[154] 李恒奎，曾庆臻，冯永华，等. 动车组转向架快速设计方法[J]. 机械设计与研究，2017，33(3)：165-169，173.

[155] 黎鑫. 动车组转向架快速配置设计系统研制[J]. 现代城市轨道交通. 2017(9)：14-19.

[156] 李兆弟. 基于特征分析的产品单元化关联设计技术研究[D]. 济南：济南大学，2018.

[157] 樊磊磊. 基于 QFD 的产品设计方法研究及其应用[D]. 重庆：重庆理工大学，2015.

[158] DAVID L. The power of events：an introduction to complex event processing in distributed enterprise system［M］. Boston：Addison Wesley，2002.

[159] 臧传真，范玉顺. 基于智能物件的实时企业复杂事件处理机制[J]. 机械

工程学报，2007，43（2）：22-32.

[160] CANETTI R，GOLDREICH O，HALEVI S. The random oracle methodology，revisited[J]. Journal of the ACM，2004，51（4）：557-594.

[161] AHMAD Y，CETINTEMEL U. Network-aware query processing for stream-based applications[C]. Proceedings 2014 VLDB conference，Hangzhou，China，2014：456-467.

[162] GRAUER M，KARADGI S，METZ D，et al. Online monitoring and control of enterprise processes in manufacturing based on an event-driven architecture[C]. International Conference on Business Process Management. Hoboken，NJ，USA：Springer，2010.

[163] 王熙照，翟俊海. 基于不确定性的决策树归纳[M]. 北京：科学出版社. 2012.

[164] QUINLAN J R. C4.5：programs for machine learning[M]. Morgan Kaufmann Publishers Inc.，1992.

[165] RUGGIERI S. Efficient C4.5[J]. IEEE Transactions on Knowledge & Data Engineering，2002，14（2）：438-444.

[166] KLIR G，YUAN B. Fuzzy sets and fuzzy logic[M]. New Jersey：Prentice Hall，1995.

[167] ELEYE-DATUBO A G，WALL A，WANG J. Marine and offshore safety assessment by incorporative risk modeling in a fuzzy-bayesian network of an induced mass assignment paradigm[J]. Risk Analysis：An Official Publication of the Society for Risk Analysis，2008，28（1）：95-112.

[168] FRIEDMAN N，GEIGER D，GOLDSZMIDT M. Bayesian network classifiers[J]. Machine Learning，1997，29（2-3）：131-163.

[169] 张连文，郭海鹏. 贝叶斯网引论[M]. 北京：科学出版社，2006.

[170] GENG Z Q，YANG K，HAN Y M，et al. Fault detection of large-scale process control system with higher-order statistical and interpretative structural model[J]. Chinese Journal of Chemical Engineering，2015，23（1）：146-153.

[171] SPIEGELHALTER D J，LAURITZEN S L. Sequential updating of conditional probabilities on directed graphical structures[J]. Networks，

1990，20(5)：579-605.

[172] TOSSERAMS S，ETMAN L F P，ROODA J E. An augmented Lagrangian decomposition method for quasi-separable problems in MDO [J]. Structural and Multidisciplinary Optimization，2007，34（3）：211-227.

[173] TOSSERAMS S，ETMAN L F P，ROODA J E. Augmented Lagrangian coordination for distributed optimal design in MDO[J]. International Journal for Numerical Methods In Engineering，2008，73(13)：1885-1910.

[174] 聂笃宪，屈挺，王美林，等. 复杂系统优化的主控式增广拉格朗日协调方法[J]. 计算机集成制造系统，2017，23(2)：422-432.

[175] 聂笃宪，屈挺，陈新，等. 基于增广拉格朗日协调的集群式供应链动态优化配置方法[J]. 计算机集成制造系统，2014，20(12)：3111-3124.

[176] QU T，NIE D X，CHEN X，et al. Optimal configuration of cluster supply chains with augmented Lagrange coordination[J]. Computers & Industrial Engineering，2015，84：43-55.

[177] QU T，NIE D X，LI C D，et al. Optimal configuration of assembly supply chains based on Hybrid angmented Lagrangian coordination in an industrial cluster[J]. Computers & Industrial Engineering，2017，112：511-525.

[178] 聂笃宪. 基于增广拉格朗日协调的集群式供应链动态优化配置方法研究[D]. 广州：广东工业大学，2016.

[179] TOSSERAM S，ETMAN L F P，PAPALAMBROS P Y，et al. An angmented Lagrangian relaxation for analytical target cascading using the alternating direction method of multipliers[J]. Structural and Multidisciplinary Optimization，2006，31(3)：176-189.

[180] KIM H M，MICHELENA N F，PAPALAMBROS P Y，et al. Target cascading in optimal system design[J]. Journal of Mechanical Design，2003，125(3)：474-480.

[181] KIM H M，RIDEOUT D G，PAPALAMBROS P Y，et al. Analytical target cascading in automotive vehicle design[J]. Journal of Mechanical Design，2003，125(3)：481-489.

[182] MICHALEK J J，FEINBERG F M，PAPALAMBROS P Y. Linking marketing and engineering product design decisions via analytical target cascading[J]. Journal of Product Innovation Management，2005，22 (1)：42-62.

[183] QU T，HUANG G Q，ZHANG Y，et al. A generic analytical target cascading optimization system for decentralized supply chain configuration over supply chain grid[J]. International Journal of Production Economics，2010，127(2)：262-277.

[184] HUANG G Q，QU T. Extending analytical target cascading for optimal configuration of supply chains with alternative antonomous suppliers [J]. International Journal of Production Economics，2008，115(1)：39-54.

[185] 黄英杰. 基于目标级联法和智能优化算法的车间调度问题研究[D]. 广州：华南理工大学，2012.

[186] QU T，HUANG G Q，CUNG V D，et al. Optimal configuration of assembly supply chains using analytical target cascading[J]. International Journal of Production Research，2010，48(23)：6883-6907.

[187] SIRE R，BESUNER P，SCHOOF C，et al. Techniques for fatigue life predictions from measured strains[J]. NTRS，1985.

[188] HINTON G E，SALAKHUTDINOV R R. Reducing the dimensionality of data with neural networks[J]. Science，2006，313(5786)：504-507.

[189] SUN W，SHAO S，ZHAO R，et al. A sparse auto-encoder-based deep neural network approach for induction motor faults classification[J]. Measurement，2016，89：171-178.

[190] JIA F，LEI Y，LIN J，et al. Deep neural networks：a promising tool for fault characteristic mining and intelligent diagnosis of rotating machinery with massive data[J]. Mechanical Systems and Signal Processing，2016，72：303-315.

[191] BENGIO Y，COURVILLE A，VINCENT P，et al. Representation learning：a review and new perspectives[J]. IEEE Transactions On Pattern Analysis and Machine Intelligence，2013，35(8)：1798-1828.

[192] ZHENG S，RISTOVSKI K，FARAHAT A K，et al. Long short-term

memory network for remaining useful life estimation[C]. IEEE International Conference On Prognostics and Health Management，2017：88-95.

[193] 陆廷孝，郑鹏州. 可靠性设计与分析[M]. 北京：国防工业出版社，2011.

[194] 吕言. 基于多目标优化的核电站系统维修决策研究[D]. 北京：清华大学，2016.

[195] 毛予锋. 解读机床行业供需关系新趋向[J]. 锻压装备与制造技术，2021，56(1)：4.

[196] 李孝斌. 云制造环境下机床装备资源优化配置方法及技术研究[D]. 重庆：重庆大学，2015.

[197] 施光辉. 组合机床主轴箱的智能设计研究[D]. 福州：福建农林大学，2006.

[198] 陈超山. CJK6132 数控车床主轴箱箱体的结构设计[D]. 南宁：广西大学，2013.

[199] 王清泉. 数控车床主轴箱加工工艺改进[J]. 南方农机，2018，49(8)：70.

[200] 韩凤霞. 高端数控机床服役过程可靠性评价与预测[D]. 北京：机械科学研究总院，2020.

[201] SHABBIR C B. 重型机床设备闭环 MRO 管理系统框架模型[D]. 天津：天津大学，2018.

[202] 台毅卓. 面向设备生产企业的 MRO 系统研究[D]. 太原：太原科技大学，2015.

[203] 孟博洋，李茂月，刘献礼，等. 机床智能控制系统体系架构及关键技术研究进展[J]. 机械工程学报，2021，57(9)：147-166.

[204] "7·23"甬温线特别重大铁路交通事故调查报告[EB/OL]. http://www.gov.cn/gzdt/2011-12/29/content_2032986.htm.

[205] 梁建英，刘韶庆，范龙庆，等. 大数据在我国高速动车组运维中的应用[J]. 控制与信息技术，2019(1)：7-11.

[206] 胡光忠. 模糊可重构设计关键技术研究及其在转向架中的应用[D]. 成都：西南交通大学，2012.

[207] 张海柱. 面向产品谱系的高速列车转向架定制设计方法研究[D]. 成都：

西南交通大学，2017.

[208] 刘云贵. 高速动车组备件库存管理研究[D]. 北京：首都经济贸易大学，2019.

[209] 徐晓燕. 一种基于需求特性分类的备件库存管理方法及其实证研究[J]. 系统工程理论与实践，2006(2)：62-67.

[210] 林海伦，王元卓，贾岩涛. 面向网络大数据的知识融合方法综述[J]. 计算机学报，2017，40(1)：1-27.

[211] 钱铭，吕晓春，黄成荣. 机车车辆造修一体化的思考[J]. 中国铁路，2020(10)，1-8.

[212] 盛世藩. 集成的总体规划和集成的主排程[J]. 民用飞机设计与研究，2009(11)：42.

[213] 盛世藩. 系统工程与系统集成[J]. 民用飞机设计与研究，2011(3)：9.

[214] 张玉金，等. 商用航空发动机系统工程及实践[M]. 北京：科学出版社，2021.